新世纪电子信息与电气类系列规划教材

模拟电子电路

主　编　黄丽薇　王迷迷

副主编　陆清茹　燕　洁　张照芳

参　编　史先强　陈慧琴　陈玉林

　　　　辛海燕　张立珍　郑　英

东南大学出版社

SOUTHEAST UNIVERSITY PRESS

·南京·

内 容 简 介

本教材是东南大学成贤学院2014年教改项目“面向应用型人才培养的理论教学与微项目实践融合的〈模拟电子电路〉教学改革研究”和2015年院级规划教材项目“模拟电子电路”的研究成果。

教材定位于应用型本科院校电子信息类、自动化类、电气工程类专业基础课程《模拟电子电路》教学使用，按照江苏省教育厅对应用型本科院校培养具有“知识应用能力、实践动手能力、职业岗位能力、创新创业能力的高素质应用型人才”目标的要求编写。

内容包括：绪论、集成运算放大器的基本电路结构及其应用、半导体基础与二极管、双极型晶体管及其放大电路、场效应管及其基本放大电路、组合放大电路、放大电路中的反馈、信号处理电路、波形的产生与变化、功率放大电路、直流稳压源。

教材可在“模拟电子电路”课程教学中使用，所涉专业有电子信息工程、自动化、电子科学、电力系统及其自动化（电力系统方向、继电保护方向、输配电方向）。机械工程系的机电一体化专业和化工系的化工自动化专业，也可以根据专业需要和学时安排，针对性的使用本教材。

图书在版编目(CIP)数据

模拟电子电路／黄丽薇，王迷迷主编. —南京：东南大学出版社，2016.12

ISBN 978-7-5641-6864-3

Ⅰ.①模… Ⅱ.①黄… ②王… Ⅲ.①模拟电路-高等学校-教材 Ⅳ.①TN710

中国版本图书馆CIP数据核字(2016)第285312号

模拟电子电路

出版发行 东南大学出版社
出 版 人 江建中
社　　址 南京市四牌楼2号
邮　　编 210096

经　　销 全国各地新华书店
印　　刷 大丰市科星印刷有限责任公司
开　　本 787mm×1092mm 1/16
印　　张 13.25
字　　数 330千字
版　　次 2016年12月第1版
印　　次 2016年12月第1次印刷
书　　号 ISBN 978-7-5641-6864-3
印　　数 1—2000册
定　　价 40.00元

前　言

本书基于应用型人才培养需要编写，有以下几个方面的特色：

(1) 在教材理念上，紧扣应用型本科人才培养目标，强化模电知识的应用，着重培养学生的知识应用和动手实践能力。

(2) 在教材内容上，梳理知识脉络，考虑后续专业方向课程的需要，筛选知识点，弱化理论性强实践性弱的知识，强化与应用型人才能力培养紧密关联的知识点，注重理论与应用结合。

(3) 在教材组织上，每章按知识点到习题、原理到应用、基础到综合方式组织。

本书由东南大学成贤学院模电课程组编写，黄丽薇、王迷迷担任主编，陆清茹、燕洁、张照芳担任副主编。课程组共同制定了本书的编写大纲，规划了11章内容。其中，黄丽薇对全书进行了统稿，并编写了1、3、6、8、10章，王迷迷编写了2、4、7章，陆清茹编写了第5章，燕洁编写了第9章，张照芳编写了第11章。史先强、辛海燕、陈慧琴完成了部分章节的校阅工作，陈玉林、张立珍、郑英从各专业需求角度给出了建议和支持，徐玉菁、曹诚伟、吴春红为本书提供了部分案例。在撰写本书期间，得到了东南大学成贤学院和东南大学出版社的支持和帮助，在此深表感谢。

本书可作为应用型本科院校电子信息类、自动化类、电气类、光电类相关专业的教材和教学参考书，也可作为工程技术人员和感兴趣读者的自学读物。

由于时间仓促，书中难免有疏漏之处，请读者理解。如果在学习或教学中遇到问题，可发邮件 liwei@cxxy. seu. edu. cn 与我们交流。

编者

2016年8月

目　　录

1 绪　　论

1.1 电信号

1）电信号

电子系统中的信号为电信号。电信号一般指随时间变化的电压或电流，常表示为时间 t 的函数。

2）模拟信号与数字信号

时间和数值上均连续的信号称为模拟信号。自然界和生活中大多数物理量，如温度、压力、流量、声音等，转换成的信号均为模拟信号。

时间和数值上均离散的信号称为数字信号。电压或电流的变化在时间上不连续，取值上也不连续。

通过电子电路或专用模/数转换器，模拟信号和数字信号可以实现相互转换。

图 1.1.1 为模拟信号与数字信号。

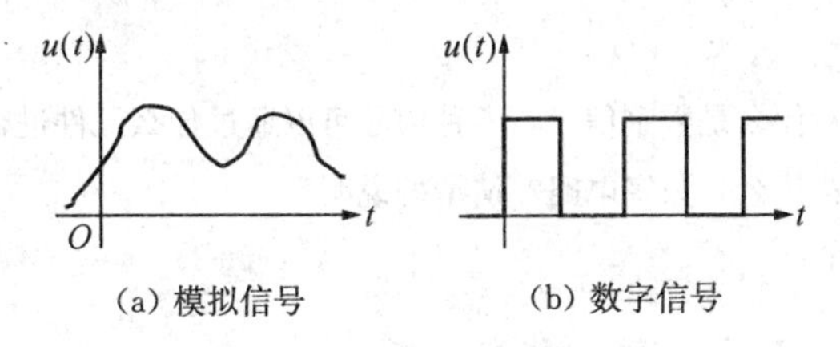

(a) 模拟信号　　(b) 数字信号

图 1.1.1　模拟信号与数字信号

3）模拟电路与数字电路

模拟电路是对模拟信号进行处理的电路。

常见的模拟电路有放大电路、滤波电路、运算电路、信号转换电路、信号发生电路、直流电源等等。

数字电路是对数字信号进行处理的电路。

根据电路的结构特点及其对输入信号响应规则的不同，数字电路可分为组合逻辑电路和时序逻辑电路。

1.2 电子系统

电子系统涉及信号提取、预处理、加工、驱动与执行。信号的提取可用传感器，实际系统中，传感器提取的信号数值较小，噪声很大，易受干扰，因此需要进行预处理，进行隔离、滤波等操作，提取有用部分。当信号足够大后，再进行运算、转换等操作。还需经过功率放大电路，以驱动负载。信号处理过程中，可能需要经过模/数转换电路将模拟信号变为数字信号，便于用计算机或微处理器处理，再经数模转换电路将处理后的数字信号转为模拟信号。

图 1.1.2 为某恒温系统的示意框图。

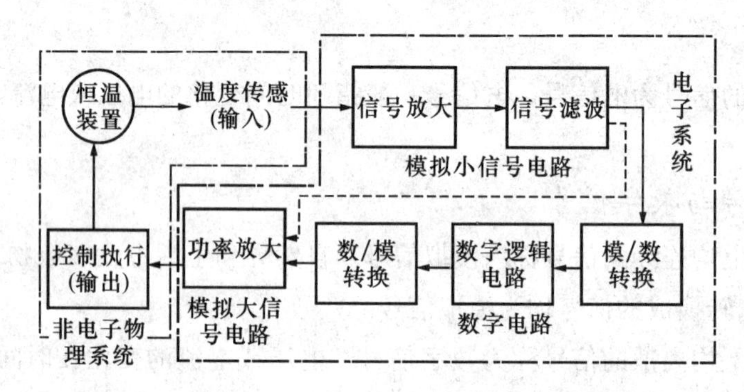

图 1.1.2 电子系统示例

习题 1

1.1 什么是模拟信号？什么是数字信号？两种信号可以通过什么元件进行转换？

1.2 什么是模拟电路？什么是数字电路？请举例说明。

2 集成运算放大器的基本电路结构及其应用

2.1 放大电路的基本知识

放大电路是电子系统中最常见的信号处理电路之一，其作用是将输入的微弱信号不失真地放大到所需要的数值。放大的前提是保证输出信号不失真，即只有在输出信号不失真的情况下放大才有意义。本节将讨论放大的基本概念及放大电路的主要性能指标。

2.1.1 放大电路的组成及放大的本质

1）放大电路的组成

如图 2.1.1 所示为放大电路的结构框图，其组成主要包括功率控制电路、偏置电路和耦合电路等，其中 $\dot{U}_s$ 为待放大的微弱交流信号源；R_s 为信号源的内阻，通常以正弦信号作为放大电路的测试信号；$\dot{U}_i$ 是放大电路的输入信号；$\dot{U}_o$ 是放大电路的输出信号；R_L 为负载电阻。在放大电路中，功率控制电路是构成放大电路的核心，它通常由双极型晶体管 BJT 或场效应管 FET 等有源器件构成，利用输入信号（电压或电流）对 BJT 或 FET 的输出控制作用，使输出信号的电压或电流得到放大。

要保证待放大的交流输入信号 $\dot{U}_s$ 能够顺利地加至放大电路的输入端，同时还要保证被放大后的交流信号能够顺利地输出至负载，以实现信号的放大，需要由输入、输出耦合电路完成。

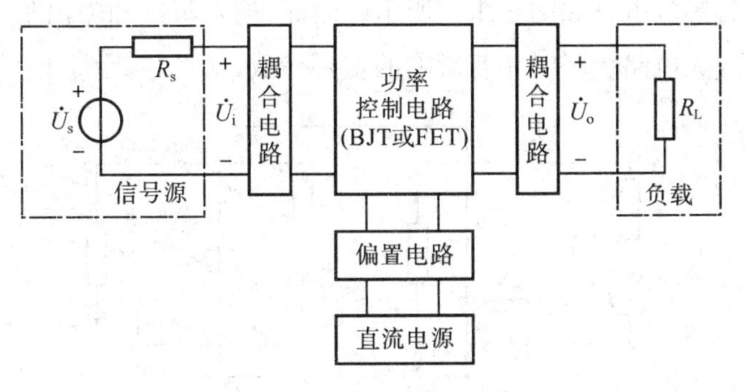

图 2.1.1 放大电路结构图

2）放大的本质

放大电路的基本功能是将微弱的电信号加以放大，根据能量守恒原理，能量只能转换，不能凭空产生，当然也不能被放大。信号放大后所增加的能量，实际上是由放大电路的直流供电电源中的能量转换而来的。放大是对变化量而言的，放大的本质实际上是能量的控制和转换。即在交流输入信号的控制下，将直流电源供给的能量转化为按输入信号变化的交流能量输出给负载，使负载获得的能量大于输入信号的能量。因此，放大的本质是功率的放大，即负载上总是获得比输入信号大得多的电压或电流，有时兼而有之，BJT 晶体管或 FET 场效应管则是能够控制能量转换的有源元件。

2.1.2 放大电路的主要性能指标

放大电路的性能指标是衡量电路性能优劣的标准，并决定其适用范围。这里主要讨论放大电路的输入阻抗、输出阻抗、增益、频率响应和非线性失真等几项指标，它们主要是针对放大能力和失真度两方面要求提出的。

小信号放大电路是线性有源二端口网络，它的组成框图如图 2.1.2 所示，在正弦稳态分析中的信号电压、电流均用相量表示。图中 $\dot{U}_s$、R_s 代表电压源的电压和内阻，信号源也可采用电流源（$\dot{I}_s$、R_s）表示，$\dot{U}_i$、$\dot{I}_i$ 为输入电压和电流，$\dot{U}_o$、$\dot{I}_o$ 为输出电压和电流，它们的正方向符合二端口网络的一般约定，R_L 是放大电路的负载电阻。

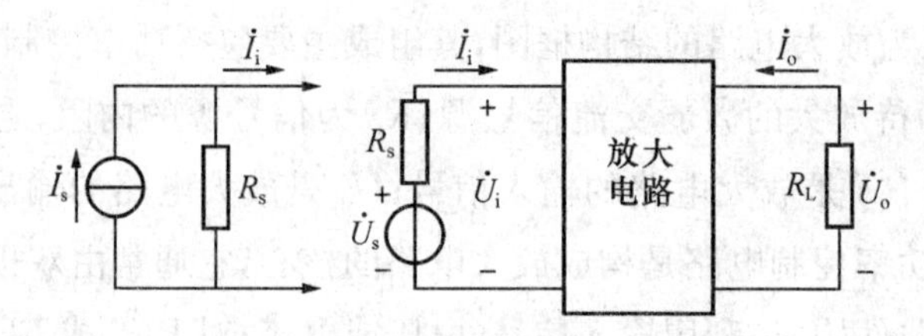

图 2.1.2 小信号放大电路的组成框图

1）输入阻抗和输出阻抗

放大电路的输入端要接信号源，在多级放大电路中，有时该信号源可能是前级放大电路，其输出阻抗即是等效信号源的内阻抗；输出端要接负载，有时该负载可能是下一级放大电路的输入阻抗，其等效电路如图 2.1.3 所示。因此，输入阻抗和输出阻抗是考虑放大电路与信号源、负载或放大电路级联时相互影响的重要参数。

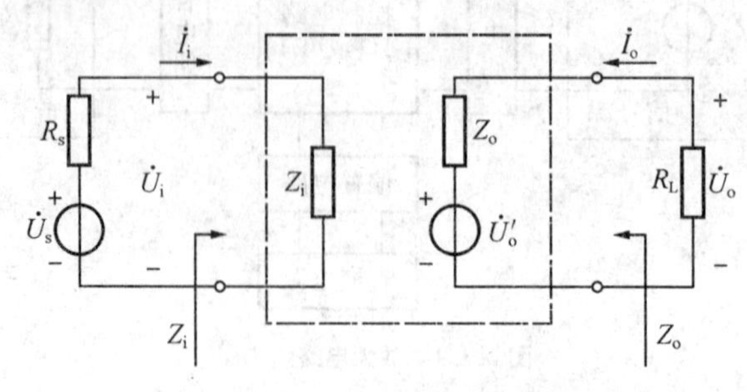

图 2.1.3 放大电路的输入阻抗

(1) 输入阻抗

放大电路的输入阻抗是从放大电路输入端看进去的等效阻抗，用 Z_i 来表示，如图 2.1.3 所示，即

$$Z_i=\frac{\dot{U}_i}{\dot{I}_i} \tag{2.1.1}$$

若放大电路工作在中频区，可不考虑电抗元件的作用，放大电路为纯阻性网络，可用输入电阻 R_i 来代替输入阻抗 Z_i，即

$$R_i=\frac{\dot{U}_i}{\dot{I}_i} \tag{2.1.2}$$

则放大电路的输入电压为：

$$\dot{U}_i=\frac{R_i}{R_i+R_s}\dot{U}_s \tag{2.1.3}$$

R_i 越大，表明放大电路从信号源索取的电流越小，$\dot{U}_i$ 越接近信号源电压值，信号源电压在内阻 R_s 上的损失就越小，所以 R_i 体现了放大电路对信号源电压的衰减程度。

(2) 输出阻抗

对负载电阻 R_L 而言，放大电路的输出即是它的信号源，可用戴维南定理将其等效为一个含有内阻抗的电压源，也可用诺顿定理等效为一个含有内阻抗的电流源，如图 2.1.3 所示。等效电压源或电流源的内阻抗 Z_o 即为放大电路的输出阻抗，所以输出阻抗 Z_o 即是从放大电路输出端所得的等效阻抗。

同样，若放大电路工作在中频区，可用输出电阻 R_o 代替输出阻抗 Z_o。

由图 2.1.3 可得：

$$\dot{U}_o=\frac{R_L}{R_L+R_o}\dot{U}'_o \tag{2.1.4}$$

式(2.1.4)表明，放大电路带负载时的输出电压 $\dot{U}_o$ 要比空载($R_L=\infty$)时的输出电压 $\dot{U}'_o$ 有所下降，R_o 越小，带负载前后输出电压相差越小，电路带负载能力越强，所以 R_o 的大小表示电路带负载的能力。

2) 增益

增益又称放大倍数，用 $\dot{A}$ 表示，定义为放大电路输出量与输入量的比值，是衡量放大电路放大能力的指标。

根据输出量和输入量的不同，可有四种类型的放大电路，即电压放大电路、电流放大电路、互阻放大电路和互导放大电路，它们相应的增益分别为电压增益 $\dot{A}_u=\frac{\dot{U}_o}{\dot{U}_i}$、电流增益 $\dot{A}_i=\frac{\dot{I}_o}{\dot{I}_i}$、互阻增益 $\dot{A}_r=\frac{\dot{U}_o}{\dot{I}_i}$ 和互导增益 $\dot{A}_g=\frac{\dot{I}_o}{\dot{U}_i}$，其中，$\dot{A}_u$ 和 $\dot{A}_i$ 为无量纲的数值，而 $\dot{A}_r$ 的单位是欧姆(Ω)，$\dot{A}_g$ 的单位为西门子(S)。

本章重点研究放大电路的电压放大倍数 $\dot{A}_u$，有时也需要考虑放大电路直接对信号源 $\dot{U}_s$

的放大倍数，后者称为源电压增益 $\dot{A}_{us}=\frac{\dot{U}_o}{\dot{U}_s}$，可推得：

$$\dot{A}_{us}=\frac{\dot{U}_o}{\dot{U}_s}=\frac{\dot{U}_o}{\dot{U}_i}\frac{\dot{U}_i}{\dot{U}_s}=\frac{R_i}{R_i+R_s}\dot{A}_u \tag{2.1.5}$$

同样可以推测源电流增益为：

$$\dot{A}_{is}=\frac{\dot{I}_o}{\dot{I}_s}=\frac{\dot{I}_o}{\dot{I}_i}\frac{\dot{I}_i}{\dot{I}_s}=\frac{R_s}{R_i+R_s}\dot{A}_i \tag{2.1.6}$$

四种类型放大电路的主要区别是对输入电阻 R_i 和输出电阻 R_o 的要求不同。

在输入端，为了将信号尽可能多地送至放大电路的输入端，且在 R_s 变化时保持输入信号基本不变，则当输入量是电压时，要求 $R_i \gg R_s$，即所谓恒流激励；当输入量是电流时，要求 $R_i \ll R_s$，即所谓恒压激励。

3）频率响应

一般情况下，放大电路只适合放大某一频段的信号。由于电路中电容和晶体管极间电容的影响，当输入信号频率较高或较低时，增益的幅值会下降并产生附加相移，如图 2.1.4(a)所示为一种典型增益的幅值与信号频率的关系曲线，称为幅频特性曲线；如图 2.1.4(b)所示为增益的相位与信号频率的关系曲线，称为相频特性曲线。在中频区，增益的大小和相位基本不随频率变化，分别用 A_{um} 和 φ_m 表示；在高频区和低频区，电压增益下降，相位亦随频率变化。当电压增益下降至 A_{um} 的 $\frac{1}{\sqrt{2}}\approx 0.707$，即下降 3 dB 时，对应的频率分别称为上限截止频率 f_H 和下限截止频率 f_L，f_H 和 f_L 之间的频率范围称为通频带，又称 3 dB 带宽，用 BW 表示，则

$$BW=f_H-f_L \tag{2.1.7}$$

一般有 $f_H \gg f_L$，所以，$BW \approx f_H$。可见通频带可用于衡量放大电路对不同频率信号的放大能力，通频带越宽，表明放大电路对不同频率信号的适应能力越强。

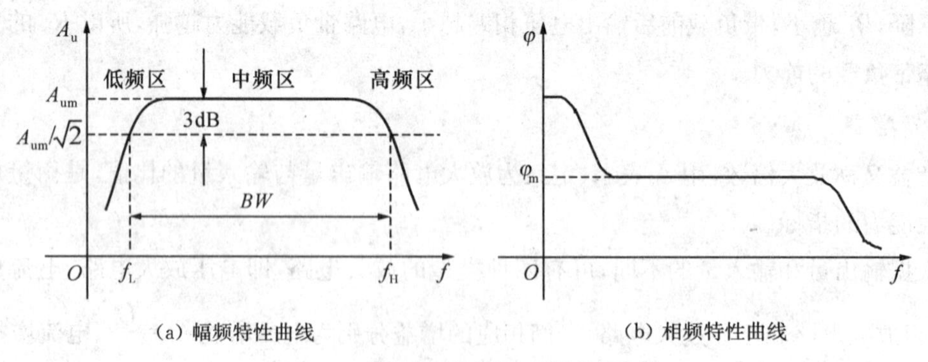

(a) 幅频特性曲线　　(b) 相频特性曲线

图 2.1.4　典型的幅频特性与相拼特性曲线

4）最大输出幅度

由于 BJT 的非线性和直流电源电压的限制，输出信号的非线性失真系数会随输入信号幅度的增大而增加。最大输出幅度是指非线性失真系数不超过额定值时的输出信号最大

值,用U_{omax}或I_{omax}表示,也可用峰-峰值U_{op-p}或I_{op-p}表示。

2.2 集成运算放大器概述

集成运算放大器(Integrated Operational Amplifier)简称集成运放,是由多级直接耦合放大电路组成的高增益模拟集成电路,是一个高性能的放大电路,因首先用于信号的运算而得名。

由于它具有体积小、重量轻、价格低、使用可靠、灵活方便、通用性强等优点,在检测、自动控制、信号产生与信号处理等许多方面得到了广泛应用。

1) 模拟集成电路运算放大器的结构特点

(1) 用有源器件代替无源器件。

(2) 采用复合结构的电路。

(3) 级间采用直接耦合方式。

(4) 外接少量分立元件。

2) 运算放大器的组成

在模拟集成电路中,模拟集成电路运算放大器发展最早、应用最广泛,通常将模拟集成运算放大器简称为集成运放或运放。

集成运放的内部电路可以看作一个直接耦合的多级放大电路,从电路结构上可分为四个部分:输入级、中间级、输出级和偏置电路,如图 2.2.1 所示。

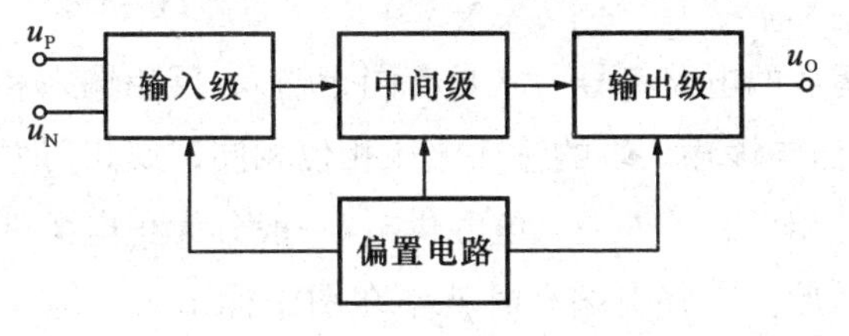

图 2.2.1 集成运放组成结构框图

(1) 输入级

输入级又称前置级,其性能直接影响集成运放的大多数性能参数。输入级一般要求输入电阻高,静态电流小,差模放大倍数大,抑制共模能力强。输入级一般采用差分式放大电路。

(2) 中间级

中间级是整个放大电路的主放大级,要求有较高的电压放大倍数,一般采用共射或共源放大电路。为了进一步提高放大倍数,常采用复合管为放大管,恒流源电路为有源负载。

(3) 输出级

输出级要求能为负载提供一定的输出功率,输出电阻小,带负载能力强,所以常采用各种形式的互补推挽输出放大电路。为保证得到大电流和高电压输出，输出级电路中还使用复合三极管结构形式和耐高压的共基一共射电路等。输出级设有保护电路，以保护输出级不致损坏。有些集成运放中还设有过热保护等。

(4) 偏置电路

偏置电路的作用主要是为集成运放各级放大电路提供稳定、合适的静态电流，从而设置合适的静态工作点。在集成运放中，偏置电路通常由电流源电路构成。

2.2.1 器件的基本工作特性

理想运算放大器具有下列基本特性：

- 差分输入。输出是同相输入端与反相输入端之间输入信号之差的放大结果。
- 无限增益。增益是无限大的。
- 无限带宽。没有带宽限制。
- 无限转换速率。输出转换速率没有界限，换句话说，就是 dU_{out}/dt 的极限为无限大。
- 零输入电流。两个输入端的电流均为零。
- 零输出电阻。输出电阻为零。
- 零功率耗散。理想运算放大器不消耗任何功率。
- 无限电源抑制。输出与供电电源的电压变换无关。
- 无限共模信号抑制。输出与共模信号的大小无关。

2.2.2 集成运算放大器的符号及电压传输特性

图 2.2.2 是集成运放的电路符号。它具有同相输入、反相输入和单端输出。这里的“同相”是指运放的输出电压与该输入端的输入电压相位相同；“反相”是指运放的输出电压与该输入端的输入电压相位相反。另外还有电源供电，一般分为正电源端和负电源端，以及调零端等，若不作特殊说明，后文有些引端有时就不在图中标出了。但在实际连接电路时，运放的电源端必须接到其所需的供电电压上，以确保其内部电路的正常工作。

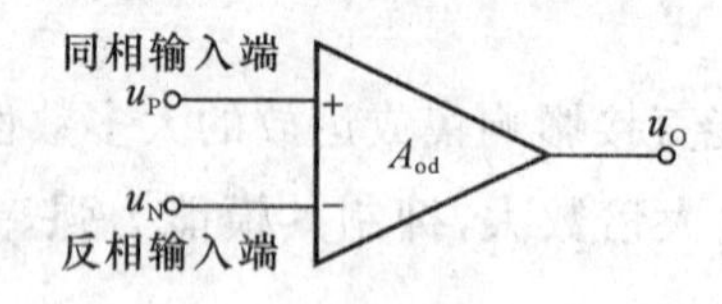

图 2.2.2 运放的电路符号

理想情况下，运算放大器的电压增益无穷大，输入阻抗无穷大，输出阻抗为零。理想运放代表了完美的电压放大器，通常作为电压控制电压源(VCVS)。

集成运放是一个比较理想的电压放大电路，它的输出电压与两个输入端的电压之差($u_{Id}=u_P-u_N$)即差模输入电压的关系可表示为：

$$u_O=A_{ud}(u_P-u_N) \tag{2.2.1}$$

式中，A_{ud}为集成运放的开环差模电压放大倍数。可见，集成运放实际上是一个高电压增益的差分放大电路。

集成运放的电压传输特性反映的是输出电压与差模输入电压的关系，如图 2.2.3 所示。传输特性可分为线性区与非线性区，而非线性区即正向饱和区和负向饱和区。静态时，即差模输入电压 u_{Id}为零时，输出电压 u_O 也为零，这相当于集成运放工作于传输特性的原点处。当差模输入电压 u_{Id}不为零且幅值很小时，输出电压 u_O 随着输入电压 u_{Id}的增加而线性增加，此时运放工作于线性区，其开环差模电压增益即直线的斜率。当运放工作在线性区时是一个高增益的差模电压放大器，典型的集成运放的差模电压增益在 10^5 以上，甚至有的可达 10^7。由于 A_{ud}的值很大，故运放输入电压的线性区很窄。当输入电压增加到一定程度时，受供电电压的限制，输出电压不再增加，达到了正的最大值 u_{OM}和负的最大值$-u_{OM}$，即运放工作进入非线性区。

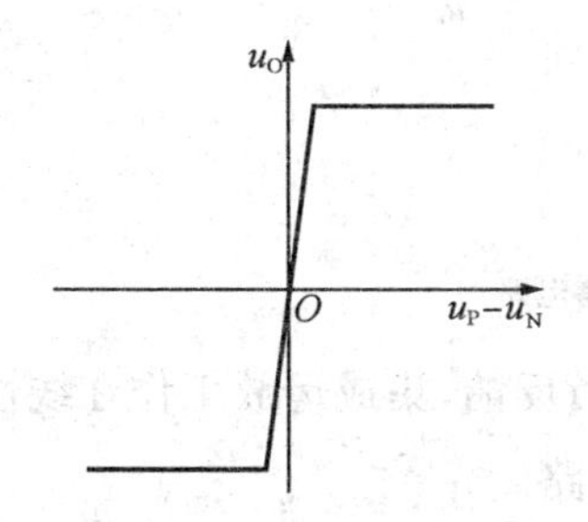

图 2.2.3 集成运放电压传输特性

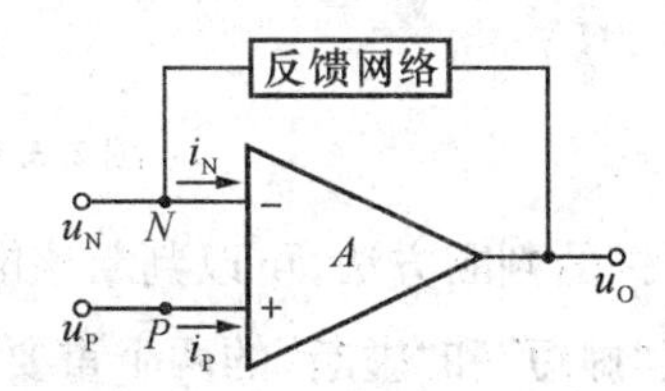

图 2.2.4 加入反馈的集成运放电路

为了确定集成运放工作在线性区还是非线性区，现在引入“反馈”这一概念，所谓反馈，就是将放大电路输出信号(电压或电流)的部分或全部通过一定的电路(反馈电路)回送到输入回路的反送过程。引入了反馈的放大电路叫做闭环放大电路(或闭环系统)，如图 2.2.4 所示，未引入反馈的放大电路叫做开环放大电路(或开环系统)。

所以，定性分析时，判断运放工作状态的方法一般是看电路中引入的反馈的极性，若为负反馈，则工作在线性区；若为正反馈或者没有引入反馈(开环状态)，则运放工作在非线性区。

集成运放工作在线性区时，有两个重要特性：

(1) 虚短

运放工作在线性区时具备的线性关系有，$u_O=A_{ud}(u_P-u_N)$，而在理想情况下，开环差模电压增益 A_{ud}趋于无穷大，因此，$u_P-u_N\approx0$，即 $u_P\approx u_N$。

(2) 虚断

集成运放差模输入电阻为无穷大，因此，$i_P\approx i_N\approx0$。

因此，这两条重要结论是分析和设计工作于线性状态下的集成运放的重要工具。

2.3 线性运算放大电路

2.3.1 反相比例放大器电路

利用集成运放构成的反相比例放大器电路如图 2.3.1 所示。信号电压 u_I 通过电阻 R 加到运放的反相输入端，输出电压 u_O 通过电阻 R_f 反馈到运放的反相输入端，同相输入端通过 R' 接地。

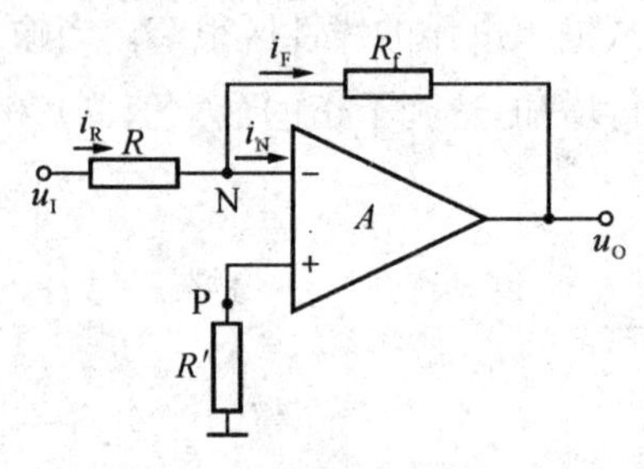

图 2.3.1 反相比例放大器电路

根据反馈的判断方法，可以判断该电路引入的是负反馈，集成运放工作在线性区，因此，利用线性区“虚短”和“虚断”的两个重要特性分析该电路。

根据“虚断”

$$i_R = i_F$$

即

$$\frac{u_I - u_N}{R} = \frac{u_N - u_O}{R_f}$$

根据“虚短”

$$u_N = u_P = 0$$

$$\frac{u_I - 0}{R} = \frac{0 - u_O}{R_f}$$

可得

$$u_O = -\frac{R_f}{R} u_I \tag{2.3.1}$$

表明该电路的输出电压与输入电压为反相比例运算关系，故该电路称为“反相比例放大器电路”，将式(2.3.1)写作为：

$$A_{uf} = -\frac{R_f}{R} \tag{2.3.2}$$

式中：“−”说明输出电压与输入电压反相，且电路的闭环电压增益仅取决于$\frac{R_f}{R}$的值，故该电路又称为反相输入放大电路。

2.3.2　同相比例放大器电路

利用集成运放构成的同相比例放大器电路如图 2.3.2 所示。信号电压 u_I 通过平衡电阻 R'加到运放的同相输入端,输出电压 u_O 通过电阻 R_f,R 串联分压,在 R 上得到反馈电压,作用于运放的反相输入端。

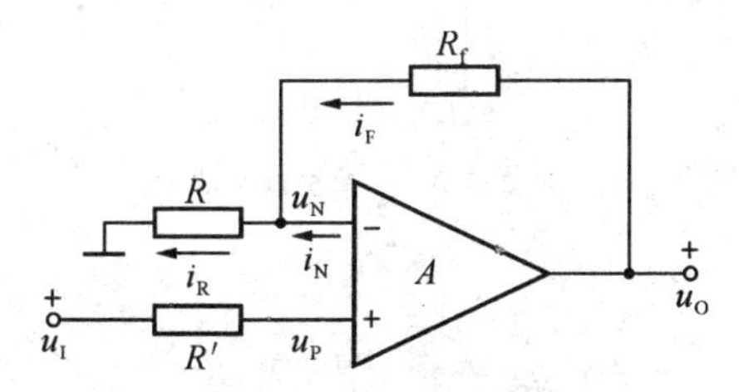

图 2.3.2　同相比例放大器电路

集成运放工作在线性区,根据“虚短”和“虚断”两个重要特性分析该电路。

因为 $i_N=0$,故 $i_R=i_F$,即$\frac{u_N-0}{R}=\frac{u_O-u_N}{R_f}$,因此,$u_O=\left(1+\frac{R_f}{R}\right)u_N$,又有 $u_N=u_P=u_I$,故

$$u_O=\left(1+\frac{R_f}{R}\right)u_I \tag{2.3.3}$$

该电路为同相比例放大器电路,该电路的闭环电压增益为:

$$A_{uf}=1+\frac{R_f}{R} \tag{2.3.4}$$

表明 A_{uf}取决于$\frac{R_f}{R}$的值,且恒为正值,即输出电压与输入电压同相,故又称为同相输入放大电路。

由式(2.3.4)可知,当 $R\to\infty$,即断开 R 时,则 $A_{uf}=1$,即 $u_O=u_I$,此时电路为电压跟随器,如图 2.3.3 所示。

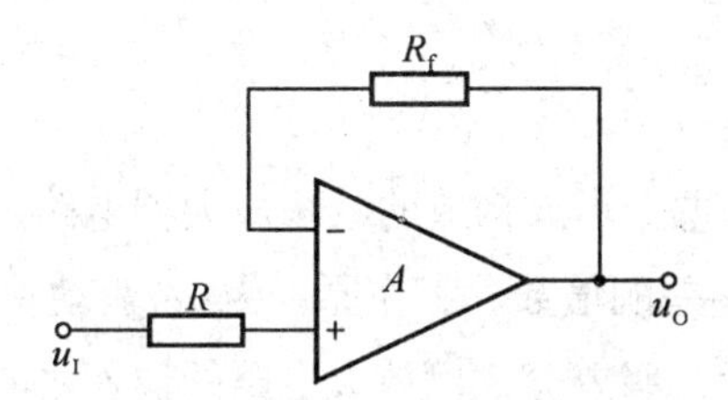

图 2.3.3　电压跟随器(图中反馈电阻是 R_f)

2.3.3　差分放大器电路

如图 2.3.4 所示是一个连接成差分放大器的运算放大器。

图 2.3.4 电路中,所需的输入电压 u_I 称为差模输入电压,该电路将差模输入电压 u_I 放大到输出电压 u_O。令 $u_{I2}=0$,输出电压为:

$$u_O'=-\frac{R_f}{R_1}u_{I1}$$

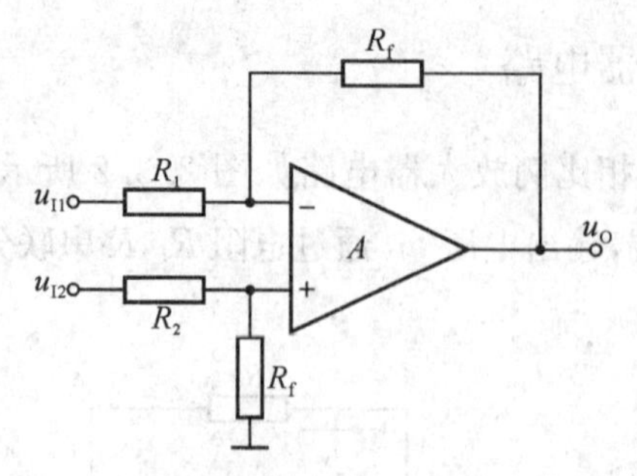

图 2.3.4　差分放大器

令 $u_{I1}=0$,输出电压为:

$$u''_O = 1+\frac{R_f}{R_1}u_P$$

$$=\left(1+\frac{R_f}{R_1}\right)\frac{R_f}{R_1+R_f}u_{I2}$$

$$=\frac{R_f}{R_1}u_{I2}$$

根据叠加定理,有:

$$u_O=u'_O+u''_O=\frac{R_f}{R_1}(u_{I2}-u_{I1}) \tag{2.3.5}$$

式(2.3.5)表明输出电压 u_O 与两个输入电压之差($u_{I2}-u_{I1}$)成正比,故该电路称为差分比例运算电路(或减法运算电路)。电路的闭环差模电压增益为:

$$A_{uf}=\frac{u_O}{u_{I2}-u_{I1}}=\frac{R_f}{R_1} \tag{2.3.6}$$

故该电路又称差分输入放大电路。

2.3.4　加法放大器电路

1) 减法运算放大器

如图 2.3.5 所示电路是由两个运放构成的减法放大器电路。其功能是将两个输入电压相减,产生的输出电压是 u_{I1} 与 u_{I2} 差的倍数。工作原理为:u_{I1} 驱动一个同相比例放大器电路,第一级的输出为 u_{O1},这个电压是第二级差分比例放大电路的输入之一,另一个输入为 u_{I2}。

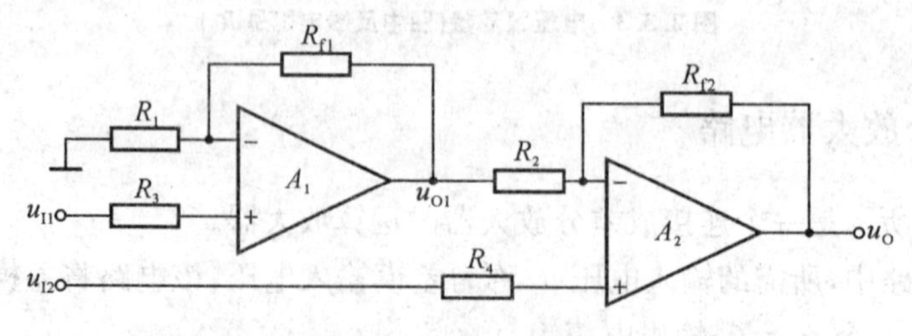

图 2.3.5　减法运算电路

考虑到第一级运放 A_1 采用了电压负反馈,使 A_1 的输出电阻趋于零,故第二级 A_2 的接入不影响第一级的输出电压 u_{O1}。于是，有：

$$u_{O1}=\left(1+\frac{R_{f1}}{R_1}\right)u_{I1}$$

$$u_O=-\frac{R_{f2}}{R_2}u_{O1}+\left(1+\frac{R_{f2}}{R_2}\right)u_{I2}$$

即

$$u_O=-\frac{R_{f2}}{R_2}\left(1+\frac{R_{f1}}{R_1}\right)u_{I1}+\left(1+\frac{R_{f2}}{R_2}\right)u_{I2}$$

为了使问题简化，取 $R_1=R_{f2}$，$R_2=R_{f1}$，则

$$u_O=\left(1+\frac{R_{f2}}{R_2}\right)(u_{I2}-u_{I1}) \tag{2.3.7}$$

表明该电路为减法放大器。显然，有 $R'=R_1/\!/R_{f1}$，$R''=R_2/\!/R_{f2}$，且 $R'=R''=R_2/\!/R_{f2}$。

需要指出的是，如图 2.3.5 所示电路属于多级运算电路，但由于各级电路的输出电阻为零（设运放为理想运放），其输出电压为恒压，即后级电路的接入不影响前级电路的输出电压，因此，在这一类电路的分析中，对每一级电路的分析和单级电路完全相同。

2) 加法运算放大器

在反相比例放大器电路的基础上，再增加两个信号输入端，即为三输入信号反相加法电路，如图 2.3.6 所示。显然，$R_4=R_1/\!/R_2/\!/R_3/\!/R_f$。

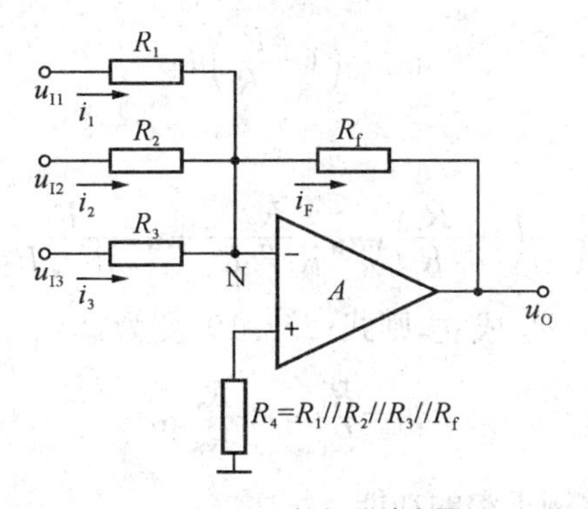

图 2.3.6 反相加法放大器

采用类似于反相比例放大器电路的分析方法，根据“虚短”和“虚断”有：

$$i_F=i_1+i_2+i_3$$

即

$$\frac{0-u_O}{R_f}=\frac{u_{I1}-0}{R_1}+\frac{u_{I2}-0}{R_2}+\frac{u_{I3}-0}{R_3}$$

因此

$$u_O=-\frac{R_f}{R_1}u_{I1}-\frac{R_f}{R_2}u_{I2}-\frac{R_f}{R_3}u_{I3} \tag{2.3.8}$$

表明输出电压 u_o 为三输入信号电压的反相比例相加。特殊情况下，若有 $R_1=R_2=R_3=R$，那么有：

$$u_{O}=-\frac{R_{f}}{R}(u_{I1}+u_{I2}+u_{I3}) \tag{2.3.9}$$

可见,在该电路中,改变 R_1 或 R_2 等并不影响其他输入电压与输出电压的比例关系(注意 R_1、R_2、R_3 均不为零)。类似地,可以得到更多输入的反相加法器放大电路。在测量和自控系统中,可用这种电路对多路信号按不同比例进行调节。

同理,在反相比例放大器电路的基础上,可以得到同相比例放大器电路,如图 2.3.7 所示。

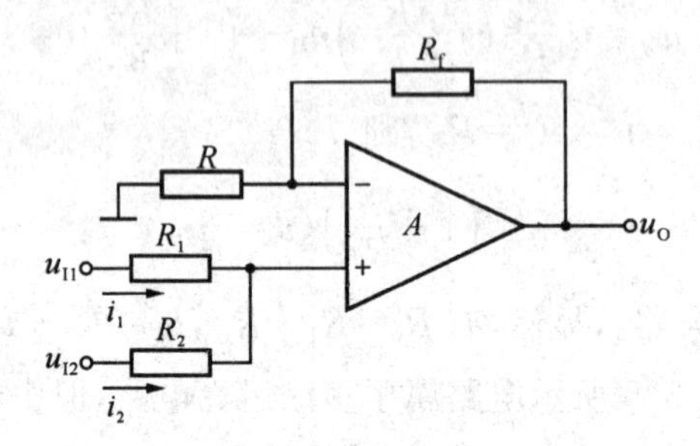

图 2.3.7 同相加法放大器

根据叠加定理对该电路进行分析

$$u_{+}=u_{I1}\frac{R_2}{R_1+R_2}+u_{I2}\frac{R_1}{R_1+R_2}$$

又有

$$u_{O}=\left(1+\frac{R_f}{R}\right)u_{+}$$

则

$$u_{O}=\left(1+\frac{R_f}{R}\right)\left(u_{I1}\frac{R_2}{R_1+R_2}+u_{I2}\frac{R_1}{R_1+R_2}\right) \tag{2.3.10}$$

显然,若有 $R/\!/R_f=R_1/\!/R_2$ 成立,则式(2.3.10)变为:

$$u_{O}=\frac{R_f}{R_1}u_{I1}+\frac{R_f}{R_2}u_{I2} \tag{2.3.11}$$

表明该电路具有同相比例求和的功能。

【例 2.3.1】 如图 2.3.8 所示,电路中的 $R_1=1\ \text{k}\Omega$,$R_2=2\ \text{k}\Omega$,$R_3=3\ \text{k}\Omega$,$R_4=4\ \text{k}\Omega$,$R_5=5\ \text{k}\Omega$,$R_f=6\ \text{k}\Omega$. 求输出电压 u_O?

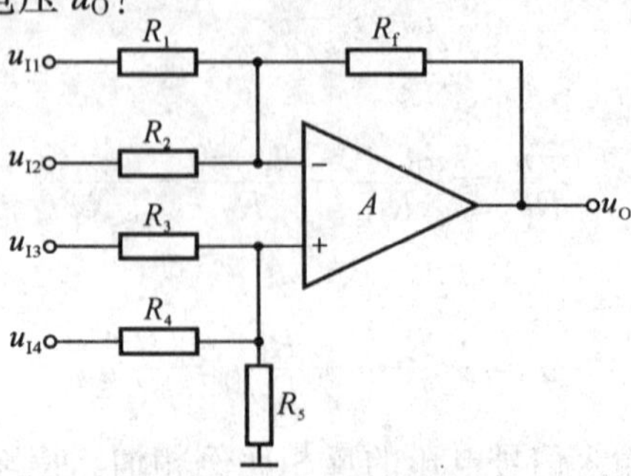

图 2.3.8 通用加法器

解:利用叠加定理确定电路的输出电压。考虑反相端输入电压 u_{I1} 和 u_{I2} 作用,同时令同相端输入电压 u_{I3} 和 u_{I4} 为零,此时,如图 2.3.8 所示电路变为二输入反相加法放大器,其输出电压为:

$$u_{O1}=-\left(\frac{R_f}{R_1}u_{I1}+\frac{R_f}{R_2}u_{I2}\right)$$

考虑同相端输入电压 u_{I3} 和 u_{I4} 作用,同时令反相端输入电压 u_{I1} 和 u_{I2} 为零,此时,如图 2.3.8 所示电路变为二输入同相加法放大器,其输出电压为:

$$u_{O2}=\left(1+\frac{R_f}{R_1/\!/R_2}\right)\left(u_{I3}\frac{R_4/\!/R_5}{R_3+R_4/\!/R_5}+u_{I4}\frac{R_3/\!/R_5}{R_4+R_3/\!/R_5}\right)$$

则所有输入信号同时作用时的输出电压为:

$$u_O=u_{O1}+u_{O2}=-6u_{I1}-3u_{I2}+\frac{200}{47}u_{I3}+\frac{150}{47}u_{I4}$$

2.3.5　积分运算电路

积分运算电路如图 2.3.9 所示,在反相比例放大电路的基础上,将反馈电阻 R_f 用电容 C 取代即可。利用“虚短”和“虚断”,$i_N=i_P=0$,$u_N=u_P=0$,因此,

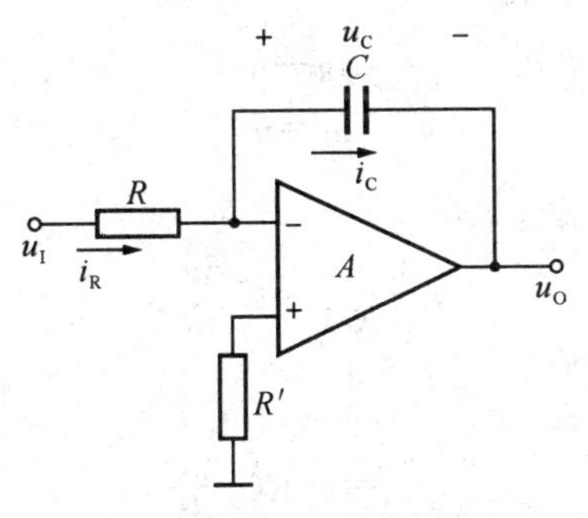

图 2.3.9　积分运算电路

$$i_R=i_C$$

$$u_O=-u_C$$

所以有

$$\frac{u_I-0}{R}=C\frac{du_C}{dt}$$

即

$$\frac{u_I-0}{R}=-C\frac{du_O}{dt}$$

因此

$$u_O=-\frac{1}{RC}\int u_I dt \tag{2.3.12}$$

即

$$u_O=-\frac{1}{RC}\int_{t_1}^{t_2}u_I dt+u_O(t_1) \tag{2.3.13}$$

式(2.3.13)中，$u_O(t_1)$为积分的初始条件。此式表明输出电压为输入电压对时间的积分。

2.3.6 微分运算电路

将如图 2.3.9 所示的积分运算电路中的电阻 R 和电容 C 的位置互换，可得到微分运算电路，如图 2.3.10 所示。

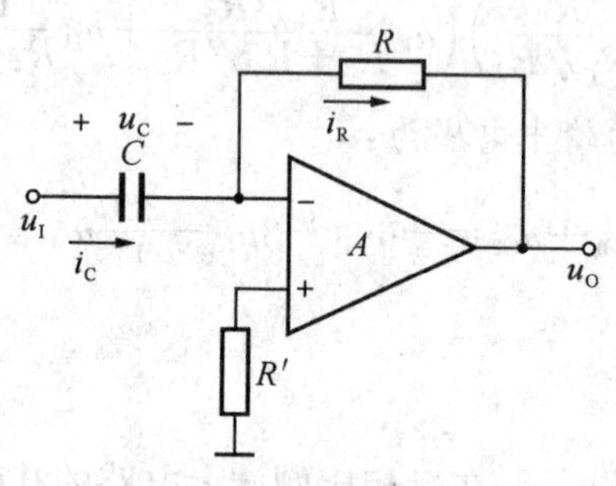

图 2.3.10 微分运算电路

同样，根据“虚短”和“虚断”，得

$$i_R = i_C$$
$$u_I = u_C$$

所以有

$$\frac{0-u_O}{R} = C\frac{du_I}{dt}$$

即

$$u_O = -RC\frac{du_I}{dt} \tag{2.3.14}$$

表明输出电压 u_O 与输入电压的微分$\frac{du_I}{dt}$成正比。

2.4 非线性运算放大电路

集成运算放大器价格便宜、用途广泛且性能可靠。它们不仅可以用于线性电路，如电压放大器、电流源和有源滤波器，还可以用于非线性电路，如比较器、波形生成器和有源二极管电路。集成电压比较器是另一种重要的模拟集成电路，它的基本功能是对两个输入电压进行比较，并根据结果输出高电平或低电平。因此，比较器作为模拟电路和数字电路的“接口”电路，广泛应用于信号处理和检测电路、模数转换以及各种非正弦波信号的发生和变换电路中等。

2.4.1 集成运放非线性区的电压传输特性

如图 2.4.1 所示，根据第 2.1 节介绍的集成运放的电压传输特性可知，在理想情况下，

当 $u_P > u_N$ 时，输出电压为 U_{OM}；反之，当 $u_P < u_N$ 时，输出电压为 $-U_{OM}$，也就是只要设法将运放工作在其非线性区，即可实现电压比较器的基本功能。所以，电压比较器的电压传输特性与运放是类似的，其电压传输特性如图 2.4.1 所示，其中的线性区对于运放来说即放大区，而对于比较器来说，即比较器的不灵敏区。因为当 $u_P - u_N$ 的值在此范围内时，输出电压既非 U_{OM} 也非 $-U_{OM}$，故无法判断 u_P、u_N 相对的大小。当然，作为比较器，希望其线性区越窄越好，即电压增益越高，当输入两个电压进行比较时，其输出电压越能够迅速做出反应，比较器的鉴别灵敏度越高。

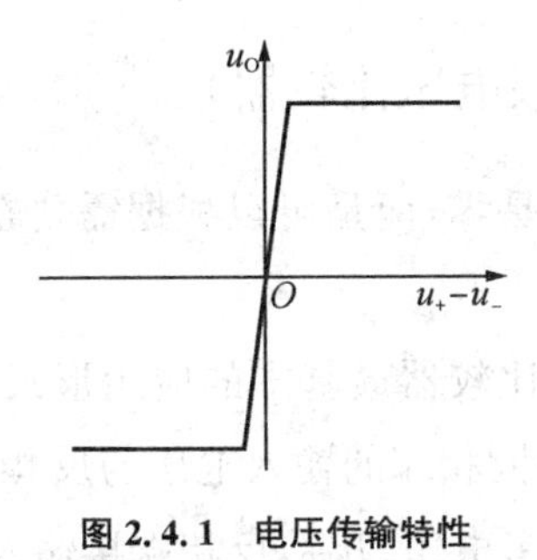

图 2.4.1　电压传输特性

2.4.2　过零比较器

在电路中，经常需要比较电压的大小，此时，比较器是很好的选择。比较器和运算放大器相似，有两个输入电压（同相端电压和反相端电压）和一个输出电压。与线性运放电路不同的是，比较器只有两个输出状态，即低电平和高电平。因此，比较器通常用于模拟电路和数字电路的接口。

构造比较器最简单的方法是直接连接运放而不使用反馈电阻，如图 2.4.2 所示。由于比较器具有很高的开环电压增益，正的输入电压会产生正饱和压降 $+U_{OM}$，而负的输入电压会产生负饱和压降 $-U_{OM}$。

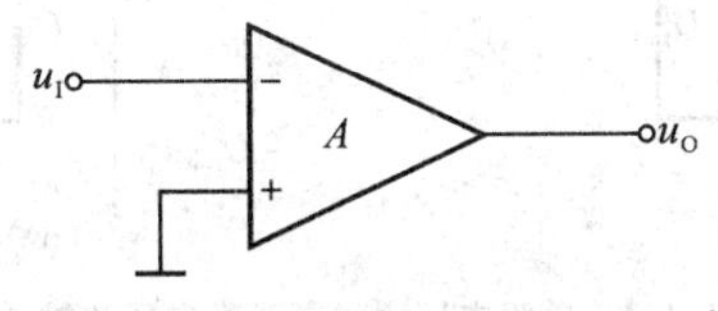

图 2.4.2　过零电压比较器

图 2.4.2 中的比较器为过零电压比较器或过零检查器，因为理想情况下，输出会在输入电压经过零点时，从低转换到高或从高转换到低。研究比较器的电压传输特性发现，对于过零比较器有：

$$当\ u_I < 0,\ u_O = +U_{OM}$$

$$当\ u_I > 0,\ u_O = -U_{OM}$$

在图 2.4.3 中，由于电路只有一个比较门限电压，故称单门限电压比较器；又由于门限电压 $u_T = 0$，故称其为过零电压比较器。

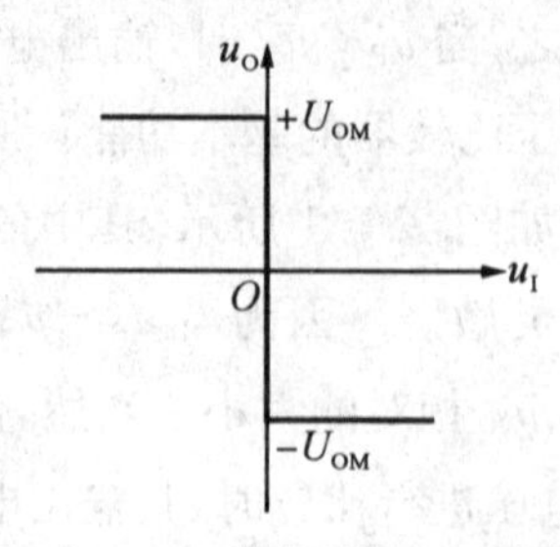

图 2.4.3 过零比较器电压传输特性

2.4.3 非过零比较器(单限电压比较器)

有一些应用中的阈值电压不是零,而是可以根据需要在任一输入端增加偏值来改变阈值电压。

如图 2.4.4 所示为单限电压比较器最基本的应用形式,即在比较器的反相端接参考电压 U_{REF},同相端接输入电压 u_I,将同相端的输入电压与反相端的参考电压比较,即同相比较器。或者在比较器的同相端接参考电压 U_{REF},反相端接输入电压 u_I,将反相端的输入电压与同相端的参考电压比较,即反相比较器。这里,我们均假设比较器线性区的宽度很小,可以忽略。

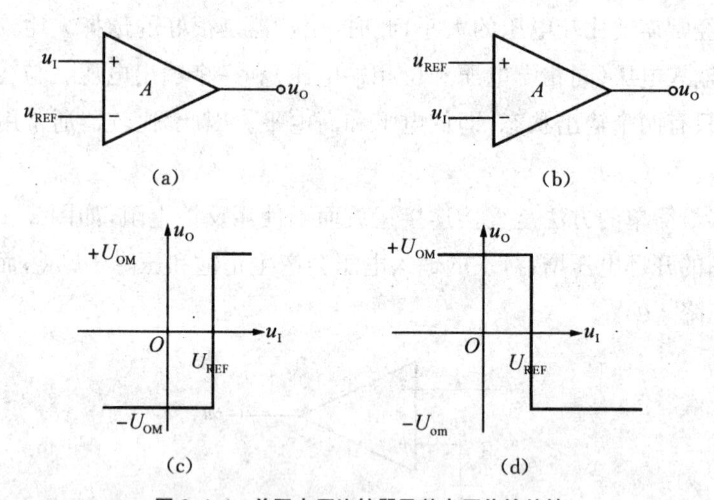

图 2.4.4 单限电压比较器及其电压传输特性

研究电压比较器主要是对其电压传输特性的分析,进而讨论输入/输出波形。根据图 2.4.4(a)可知,对于同相比较器来说,有:

$$当\ u_I > U_{REF}, u_O = +U_{OM}$$

$$当\ u_I < U_{REF}, u_O = -U_{OM}$$

据图 2.4.4(b)可知,对于反相比较器来说,有:

$$当\ u_I < U_{REF}, u_O = -U_{OM}$$

$$当\ u_I > U_{REF}, u_O = +U_{OM}$$

由此，可画出它们的电压传输特性，分别如图 2.4.4(c)和图 2.4.4(d)所示。图中，假设参考电压 U_{REF} 为正值。

需要指出的是，在上述比较器中，若比较器是运放构成的，则输出电压 U_{OM}（或 $-U_{OM}$）的值较大，接近电源电压 V_{CC}（或 $-V_{CC}$）。

【例 2.4.1】 如图 2.4.5 所示电路，求其门限电压 U_T，并画出电压传输特性。

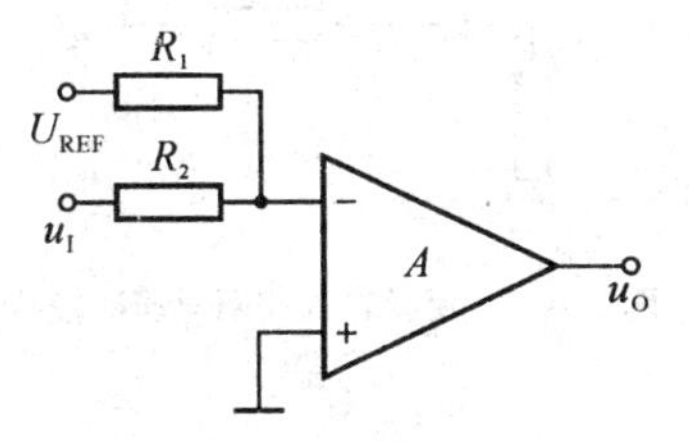

图 2.4.5 反相电压比较器

解：根据图 2.4.5，利用叠加定理，可得：

$$u_N = \frac{R_2}{R_1+R_2}U_{REF} + \frac{R_1}{R_1+R_2}u_I$$

令 $u_N = u_P = 0$，得门限电压

$$U_T = -\frac{R_2}{R_1}U_{REF} \tag{2.4.1}$$

有

$$u_I > U_T \text{ 时}, u_O = -U_{OM}$$
$$u_I < U_T \text{ 时}, u_O = +U_{OM}$$

由此，可以画出图 2.4.5 电路的电压传输特性，如图 2.4.6 所示。

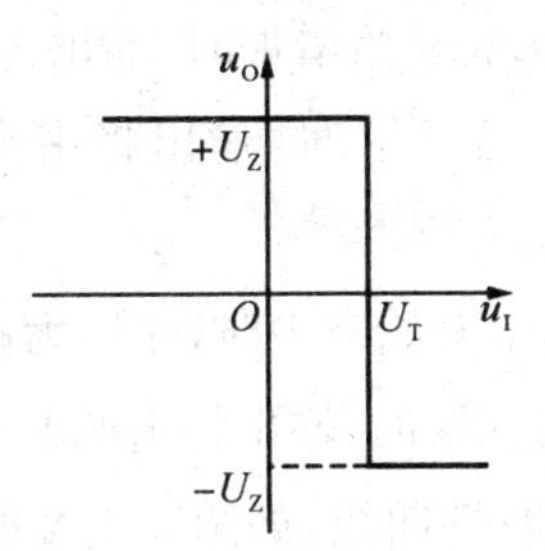

图 2.4.6 电压传输特性

2.4.4 滞回比较器

如果比较器的输入包含大量噪声，当 u_I 接近翻转点（门限电压）时，输出电压就会不稳定。减小噪声的一种方法是使用正反馈连接的比较器。一是正反馈加速了输出状态的转换，从而改善了输出波形的前后沿；二是正反馈将产生两个独立的翻转点，将单限比较器变为具有上、下门限的滞回比较器，可以防止由输入端噪声造成的错误翻转。下面以反相滞回电压比较器为例，对这类比较器的电路及传输特性加以介绍。

如图 2.4.7 所示，在反相比较器的基础上，电阻 R_1、R_2 接入同相端构成正反馈，加速了比较器的转换速度；输入信号 u_I 作用于比较器的反相端。

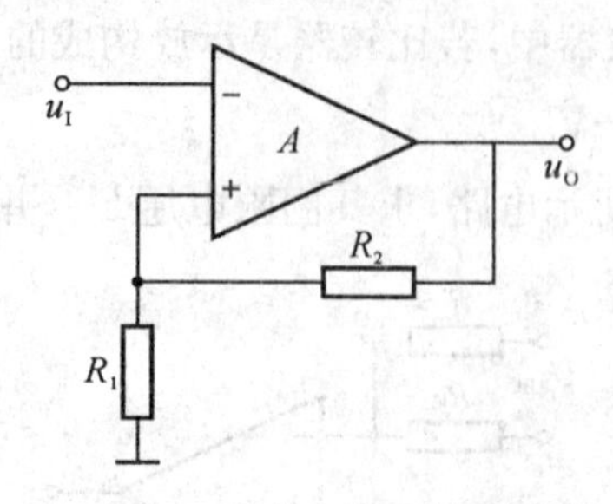

图 2.4.7　反相输入滞回电压比较器

根据电路得，

$$u_N = u_I$$

$$u_P = \frac{R_1}{R_1 + R_2} u_O$$

令 $u_N = u_P$，得

当 $u_O = +U_{OM}$时，

$$u_I = U_{T1} = +\frac{R_1}{R_1 + R_2} U_{OM} \tag{2.4.2}$$

当 $u_O = -U_{OM}$时，

$$u_I = U_{T2} = -\frac{R_1}{R_1 + R_2} U_{OM} \tag{2.4.3}$$

式中，U_{T1}为上门限电压；U_{T2}为下门限电压。

当 u_I 的值从小于下门限电压 U_{T2} 开始增加时，输出为高电平 U_{OM}，即比较器的同相端电压 u_P 为上门限电压 U_{T1}。当 u_I 大于 U_{T1} 时，输出将由高电平转换为低电平，之后保持低电平。

当 u_I 的值从大于上门限电压 U_{T1} 开始减少时，输出为高电平 $-U_{OM}$，即比较器的同相端电压 u_P 为下门限电压 U_{T2}。当 u_I 大于 U_{T2}时，输出将由低电平转换为高电平，之后保持高电平。

根据以上分析，可以画出传输特性曲线，如图 2.4.8 所示。可以看出，只要输入电压 U_{T2} 满足 $U_{T2} < u_I < U_{T1}$，输出电压将保持原来的状态，即电路具有记忆功能；只有当 u_I 增大到 U_{T1} 以上或下降到 U_{T2} 以下时，输出才会转换状态。尤其注意，曲线是具有方向性的。

正反馈导致了如图 2.4.8 所示的滞回特性。如果没有正反馈，式(2.4.2)中的 $\frac{R_1}{R_1 + R_2}$ 将等于零，滞回便会消失，因为门限电压等于零。滞回比较器的上门限电压 U_{T1} 与下门限电压 U_{T2} 之差称为回差电压，用 ΔU_T 表示，即

$$\Delta U_T = U_{T1} - U_{T2} = \frac{2R_1}{R_1 + R_2} U_{OM} \tag{2.4.4}$$

由此可见，正是由于回差电压的存在，才使得滞回电压比较器输出状态跳变。这样，当

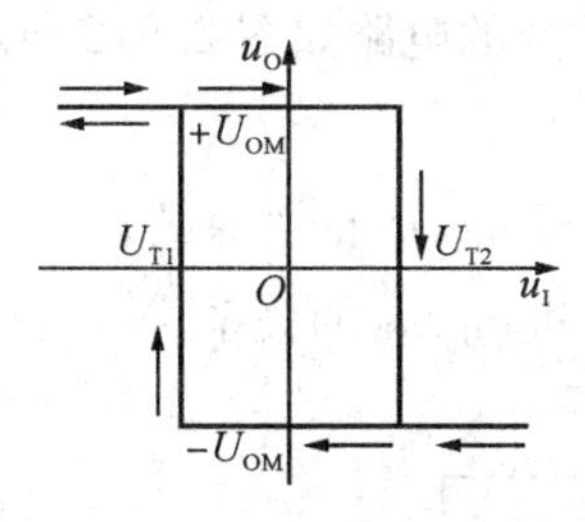

图 2.4.8　滞回电压比较器的传输特性

噪声信号作用于比较器时，只要噪声信号峰值电压小于滞回电压，噪声就不会导致比较器输出状态的误跳变。

2.4.5　窗口比较器

普通比较器显示的是当输入电压超过某个限定值或阈值时的状态，窗口比较器（也称双端限幅检测器）检测的是处于两个限定值之间的输入电压，这个中间区域称为窗口。比如电冰箱的过电压、欠电压保护电路要求将电冰箱的工作电压限定在 220 V±22 V 之间，这就要求保护电路中的比较器有两个门限电平，需要使用窗口比较器。为了实现窗口比较器，需要使用两个具有不同阈值电压的比较器。

2.5　电路应用

【例 2.5.1】　某运算放大器构成的电路如图 2.5.1 所示，已知输入电压 $u_{I1}=2$ V、$u_{I2}=1$ V，各相关电阻大小已经标出，试求：

(1) A 点的电压值 u_A；

(2) 输出电压 u_O 的大小。

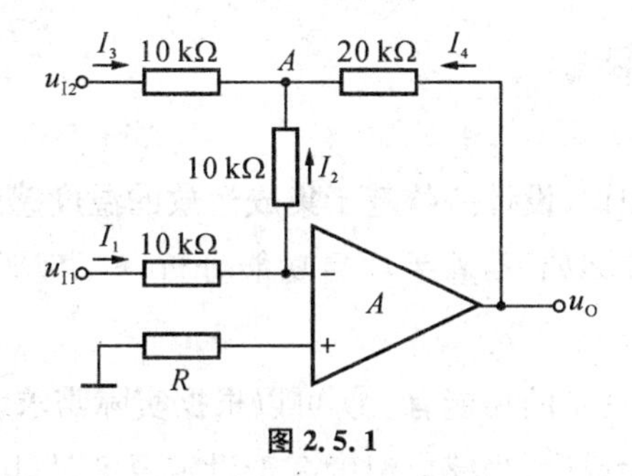

图 2.5.1

解：(1) $I_1=\dfrac{u_{I1}-0}{10}=I_2=\dfrac{0-u_A}{10}$，所以，$u_A=-u_{I1}=-2$ V。

(2) $I_2+I_3+I_4=0$，$I_2=\dfrac{0-u_A}{10}$，$I_3=\dfrac{u_{I2}-u_A}{10}$，$I_4=\dfrac{u_O-u_A}{20}$，

所以，$\dfrac{0-u_A}{10}+\dfrac{u_{I2}-u_A}{10}+\dfrac{u_O-u_A}{20}=0$，代入数值得，$u_O=-12$ V。

【例 2.5.2】 某运算放大器构成的电路如图 2.5.2 所示，已知输入电压 u_{I1}、u_{I2}，那么

(1) 求 A 点的电压值 u_A；

(2) 求输出电压 u_{O1} 和输入电压 u_{I1}、u_{I2} 的关系式；

(3) 若 $R_2=0$，$R_5=R_6$，求 u_O 和 u_{I1}、u_{I2} 的关系式。

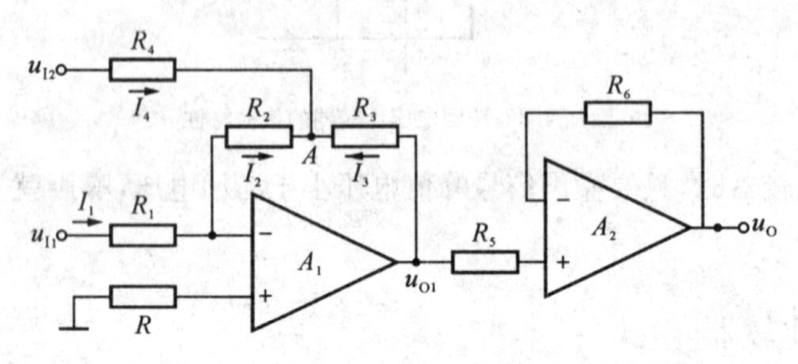

图 2.5.2　例 2.5.2 图

解：(1) $I_1=\dfrac{u_{I1}-0}{R_1}=I_2=\dfrac{0-u_A}{R_2}$

所以

$$u_A=-\frac{R_2}{R_1}u_{I1}$$

(2) $I_2+I_3+I_4=0$，$I_2=\dfrac{0-u_A}{R_2}$，$I_3=\dfrac{u_{O1}-u_A}{R_3}$，$I_4=\dfrac{u_{I2}-u_A}{R_4}$

联立方程可得

$$u_{O1}=-\frac{R_3R_2}{R_1}\left(\frac{1}{R_2}+\frac{1}{R_3}+\frac{1}{R_4}\right)u_{I1}-\frac{R_3}{R_4}u_{I2}$$

(3) 若 $R_2=0$，

$$u_{O1}=-\frac{R_3}{R_1}u_{I1}-\frac{R_3}{R_4}u_{I2}$$

若 $R_5=R_6$，

$$u_O=u_{O1}$$

所以

$$u_O=u_{O1}=-\frac{R_3}{R_1}u_{I1}-\frac{R_3}{R_4}u_{I2}$$

2.6　微项目演练

结合本章所学的主要知识，设计一款基于集成运放的温度感应灯，用来监控所处环境的温度。项目设计的思路和步骤如下：着手项目功能分析→原理图设计→电路仿真→电路焊接→电路调试、运行。

注意，本款温度感应灯具备的功能有：① 可以根据实际需求设定某一温度值；② 利用温度传感器感应当前环境中的温度，当感应温度高于设定温度时，LED 灯点亮。

请思考：① 利用本章学习的哪一种电路来实现感应温度与设定温度的比较？② 在仿真电路中，利用哪种元件可以辅助模拟温度的变化？

结合温度感应灯的功能分析，电路原理图设计如图 2.6.1 所示。

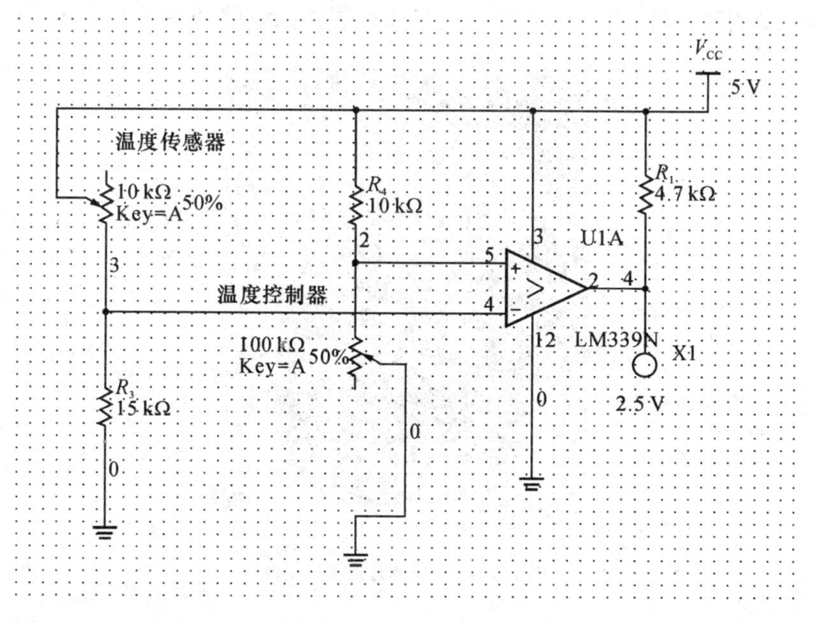

图 2.6.1 温度感应灯原理图

电路原理图设计出来之后,通过计算以及查找资料确定了电路中的电阻阻值。注意可能会存在刚开始电路便可以正常运行并显示效果,但经过测量发现输出的电压很低,根本不能驱动电路,怎么才能解决呢? 办法是在电压比较器输出接下拉电阻,然后通过计算求出阻值,使输出电压达到预计效果。仿真电路效果图如图 2.6.2 所示。

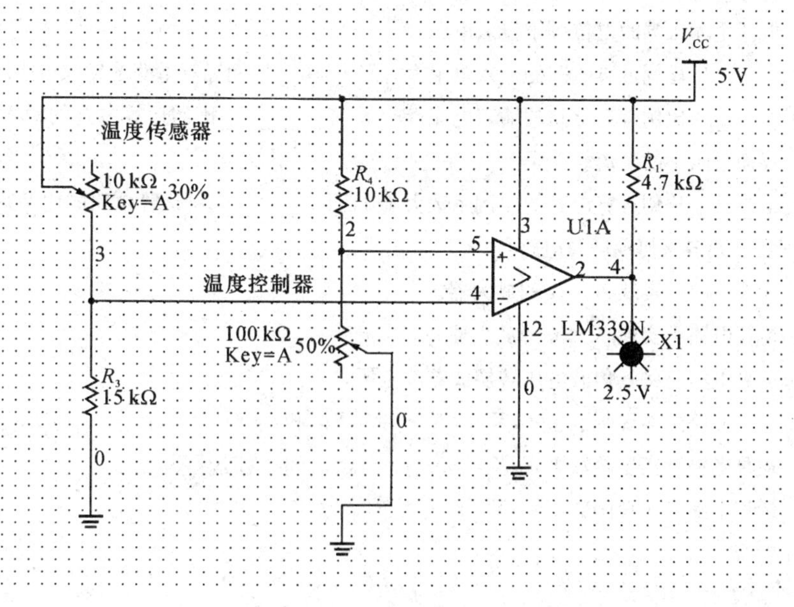

图 2.6.2 温度感应灯仿真图

下一步便是购买元件，进行电路的焊接工作。焊接的电路如图 2.6.3 所示。

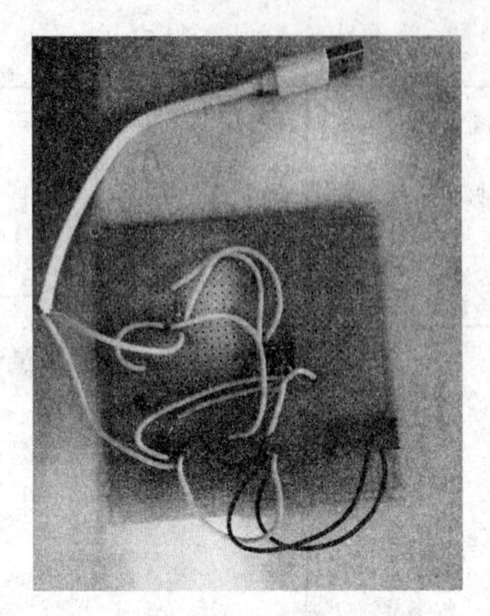

图 2.6.3　温度感应灯焊接电路

习题 2

本章习题中的集成运放均为理想运放。

2.1　分别选择"反相"或"同相"填入下列横线内。

(1) ________比例运算电路中集成运放反相输入端为虚地，而________比例运算电路中集成运放两个输入端的电位等于输入电压。

(2) ________比例运算电路的输入电阻大，而________比例运算电路的输入电阻小。

(3) ________比例运算电路的输入电流等于零，而________比例运算电路的输入电流等于流过反馈电阻中的电流。

(4) ________比例运算电路的比例系数大于 1，而________比例运算电路的比例系数小于零。

2.2　请回答下列各是何种运算电路：

(1) 运算电路可实现 $A_u>1$ 的放大器。

(2) 运算电路可实现 $A_u<0$ 的放大器。

(3) 运算电路可将三角波电压转换成方波电压。

(4) 运算电路可实现函数 $Y=aX_1+bX_2+cX_3$，a、b 和 c 均大于零。

(5) 运算电路可实现函数 $Y=aX_1+bX_2+cX_3$，a、b 和 c 均小于零。

(6) 运算电路可实现函数 $Y=aX^2$。

2.3 电路如图题 2.3 所示，集成运放输出电压的最大幅值为±14 V，填表。

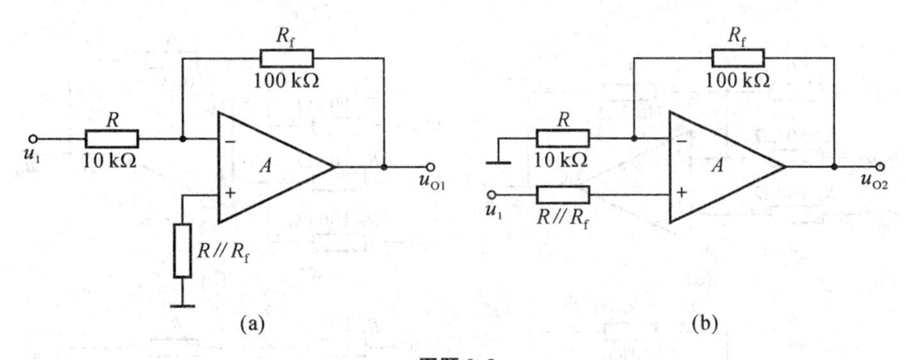

图题 2.3

u_I(V)	0.1	0.5	1.0	1.5
u_{O1}(V)				
u_{O2}(V)				

2.4 设计一个比例运算电路，要求输入电阻 R_i＝20 kΩ，比例系数为－100。

2.5 电路如图题 2.5 所示，试求：

(1) 输入电阻；

(2) 比例系数。

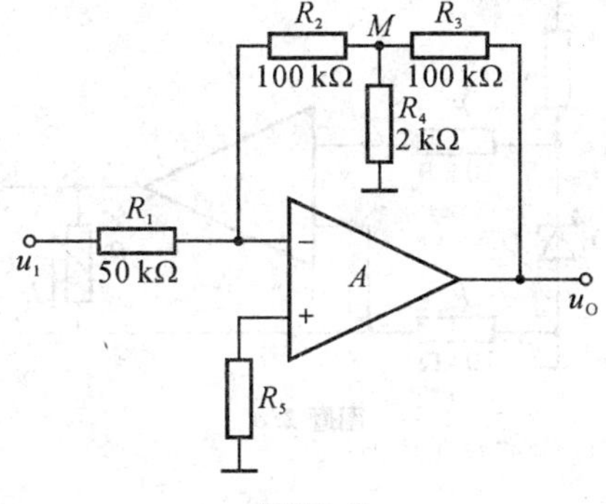

图题 2.5

2.6 电路如图题 2.5 所示，集成运放输出电压的最大幅值为±14 V，u_I 为 2 V 的直流信号。分别求出下列各种情况下的输出电压。

(1) R_2 短路；

(2) R_3 短路；

(3) R_4 短路；

(4) R_4 断路。

2.7　试求如图题 2.7 所示各电路输出电压与输入电压的运算关系式。

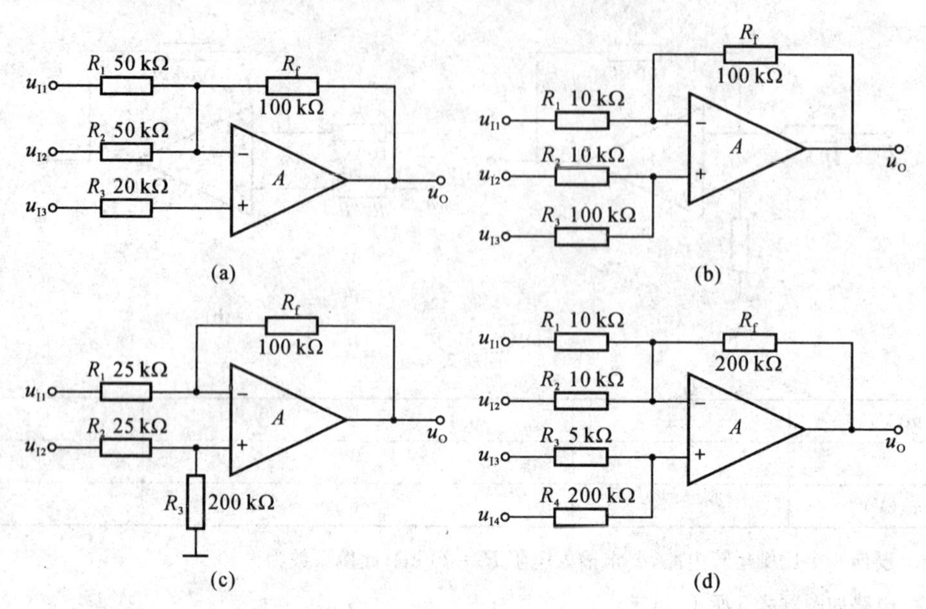

图题 2.7

2.8　如图题 2.8 所示为恒流源电路，已知稳压管工作在稳压状态，试求负载电阻中的电流。

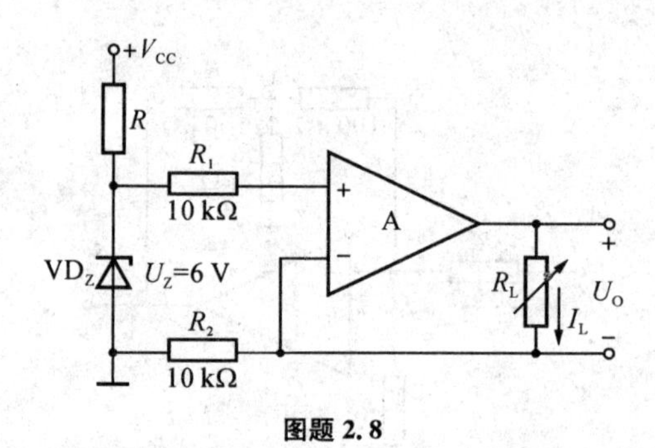

图题 2.8

3 半导体基础与二极管

3.1 半导体基础知识

自然界的物质，按其导电能力可以分为导体、绝缘体、半导体。容易传导电流的物质称为导体，几乎不能导电的称为绝缘体，导电性介于导体与绝缘体之间的物质称为半导体。半导体是构成电子电路的基础。

导体的最外层电子在外电场作用下很容易产生定向移动，形成电流，如铁、铝、铜等金属元素。绝缘体的最外层电子受原子核的束缚力很强，只有在外电场强到一定程度时才可能导电，如惰性气体、橡胶等。半导体的原子最外层电子受原子核的束缚力介于导体与绝缘体之间，如硅(Si)、锗(Ge)。

半导体易因光、热的作用使导电能力发生显著改变。在纯净的半导体中掺入微量其他元素，导电能力将增强。半导体呈电中性，不带电。

3.1.1 本征半导体

本征半导体是纯净的晶体结构的半导体。常用的半导体器件材料是四价元素硅、锗。正四价的原子核外部有四个带负电的电子，称为价电子。价电子受相邻两个原子核的束缚，为其所共有，形成共价键，如图 3.1.1(a)所示。共价键将两个原子牢固的束缚在一起。

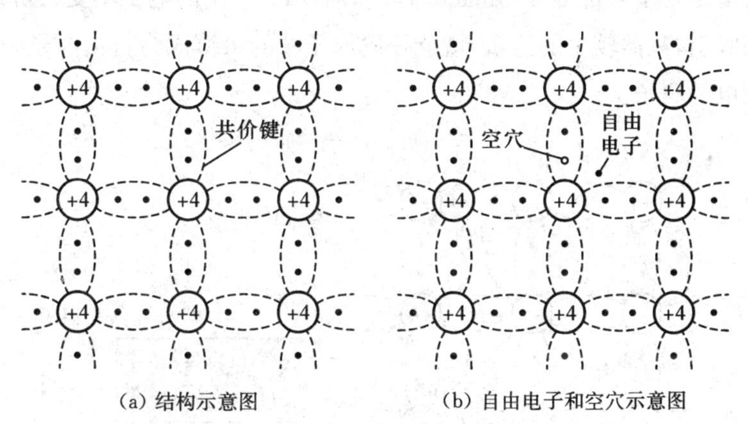

(a) 结构示意图　　(b) 自由电子和空穴示意图

图 3.1.1 本征半导体

在热力学温度 0 K(−273 ℃)、无外界激发时，本征半导体的价电子被共价键束缚，晶体中不存在自由移动的电子，此时本征半导体不能导电，相当于绝缘体。当温度升高，一些价电子因受热获得能量，挣脱共价键的束缚，成为能导电的自由电子，原来的共价键中会留下一个空位，称为空穴，空穴相当于一个单位的正电荷，如图 3.1.1(b)所示，此方式称为本征激发。本征激发引起的自由电子和空穴成对产生，数量相等。在 $T=300$ K 时，硅本征激发引起的自由电子或空穴的浓度约为 1.43×10^{10} cm^{-3}，而硅原子浓度约为 4.96×10^{22} cm^{-3}，自由电子或空穴浓度仅约为原子浓度的三万亿分之一。

运载电荷的粒子称为载流子。本征半导体有两种载流子，带负电的自由电子和带正电的空穴，两种载流子均参与导电。在外电场的作用下，自由电子将定向移动，形成电子电流。空穴也会定向移动，即价电子按一定方向依次填补空穴，形成空穴电流。电子电流与空穴电流的方向相反。

温度升高，热运动(本征激发)加剧，挣脱共价键的电子增多，自由电子与空穴对的浓度加大，导电性增强。载流子浓度随温度升高近似按指数规律增加。

当自由电子与空穴相遇时，自由电子填补空穴，使两者同时消失，这个过程称为复合。一定温度下，电子空穴对的产生和复合不停地进行，达到动态平衡，使自由电子与空穴对的浓度一定。本征激发产生的载流子数目较少，因此导电性很差。

3.1.2 杂质半导体

通过一定的工艺，在本征半导体中掺入少量杂质，可得到杂质半导体。杂质半导体主要靠多数载流子导电。掺入杂质越多，多子浓度越高，导电性越强。杂质半导体可实现可控导电性。

1) N 型半导体

在本征半导体硅中掺入微量磷、砷等五价元素，原来晶格中的某些硅原子被杂质原子代替，形成 N 型半导体。杂质原子有五个价电子，其中四个与相邻的四个硅原子组成共价键，多出的一个价电子处于共价键外，如图 3.1.2(a)所示。多出的电子不受共价键的束缚，仅受杂质原子核的吸引，只需较少的能量，就能挣脱原子核的束缚成为自由电子，相应的，杂质原子也变为带正电的离子。

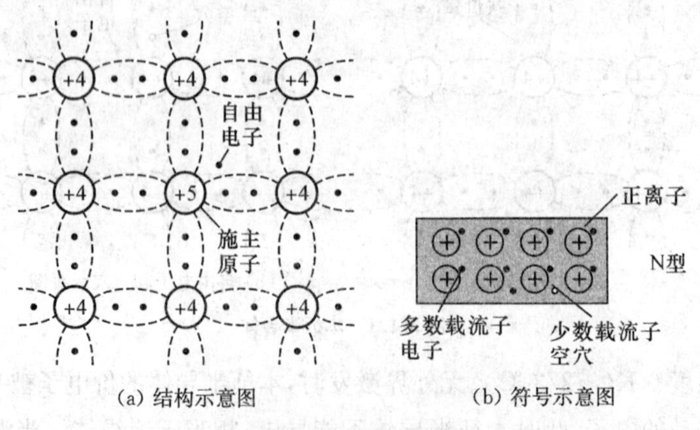

图 3.1.2 N型半导体

N型半导体中,本征激发会产生自由电子、空穴对,而杂质原子产生自由电子的同时并不产生空穴,因此电子的浓度大于空穴的浓度,称电子为多数载流子,简称多子;称空穴为少数载流子,简称少子。磷、砷等元素提供了自由电子,称为施主杂质。N型半导体主要依靠电子导电。图3.1.2(b)为N型半导体符号示意图,标有正号的小圆圈表示正离子。N型半导体呈电中性。

2) P型半导体

在本征半导体硅中掺入硼、铝等三价元素,原来晶格中的某些硅原子被其代替,形成P型半导体。因硼、铝有三个价电子,与相邻的三个硅原子的价电子组成共价键,相邻的第四个硅原子外层缺少一个电子,无法构成共价键,出现一个空位。该空位易接受其他硅原子共价键的价电子,使杂质原子变为带负电的离子;同时原硅原子的共价键因缺少一个电子而产生空穴,空穴带正电。如图3.1.3(a)所示。

P型半导体中,电子的浓度小于空穴的浓度,主要依靠空穴导电。空穴为多子,自由电子为少子。掺入杂质越多,空穴浓度越高,导电性越强。硼、铝等元素提供了多余的空穴接受电子,称为受主杂质。图3.1.3(b)为P型半导体符号示意图。标有负号的小圆图表示负离子。P型半导体呈电中性。

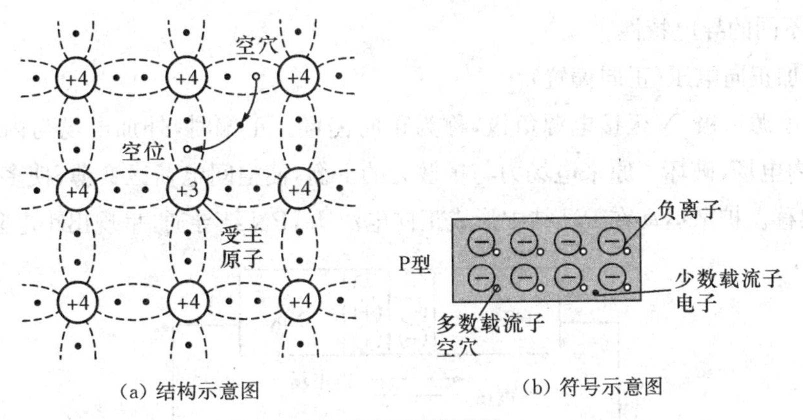

(a) 结构示意图 (b) 符号示意图

图3.1.3 P型半导体

3.1.3 PN结的形成及其单向导电性

用一定的工艺将P型半导体和N型半导体制作在一块硅片上,交界面就形成PN结。

1) PN结的形成

PN结的形成涉及两个概念:扩散运动和漂移运动。扩散运动由物质的浓度差引起,指物质总是由浓度高的地方向浓度低的地方运动。漂移运动指自由电子和空穴在内电场作用下的运动。

PN结的形成过程可概括为以下三步:

(1) 载流子的浓度差引起多子的扩散运动。当把P型半导体和N型半导体制作在一起时,交界面两种载流子的浓度差很大,P 区的多子空穴向 N 区扩散,N 区的多子自由电子向 P 区扩散,如图 3.1.4(a)所示。

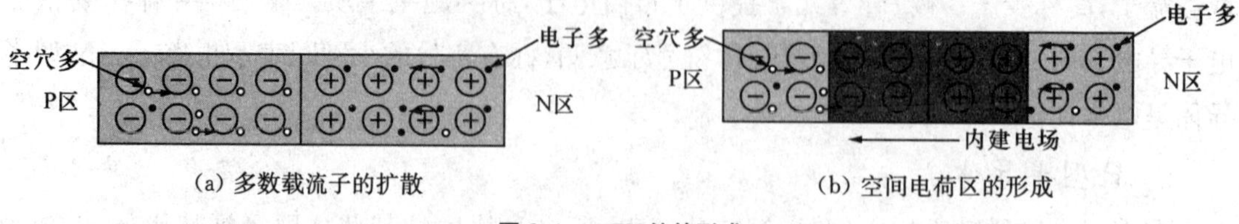

图 3.1.4 PN 结的形成

(2) 扩散运动使交界面附近载流子复合概率增大,载流子复合,浓度下降,区内几乎不存在自由电子或空穴,只剩下由正负离子组成的空间电荷区。该区也称为耗尽层,存在由 N 区指向 P 区的内电场,电位差为零点几伏,如图 3.1.4(b)所示。内电场阻止多子扩散进行,促进少子的漂移。

(3) 当参与扩散的多子和参与漂移的少子数目相等时,即内电场力与扩散力平衡时,扩散运动停止,达到动态平衡,形成 PN 结。

2) PN 结的单向导电性

在 PN 结两端外加电压破坏平衡后,扩散电流将不等于漂移电流。外加电压极性不同,PN 结呈现不同的导电特性。

(1) 外加正向电压(正向偏置)

P 区接电源正极,N 区接电源负极,称为正向偏置。正偏时,外加电场与内电场方向相反,削弱了内电场,破坏了原来电场力与扩散力的平衡,使空间电荷区变薄,使多子的扩散强于少子的漂移。扩散运动在 PN 结中形成正向电流 I_F,PN 结导通,呈现出小电阻特性。

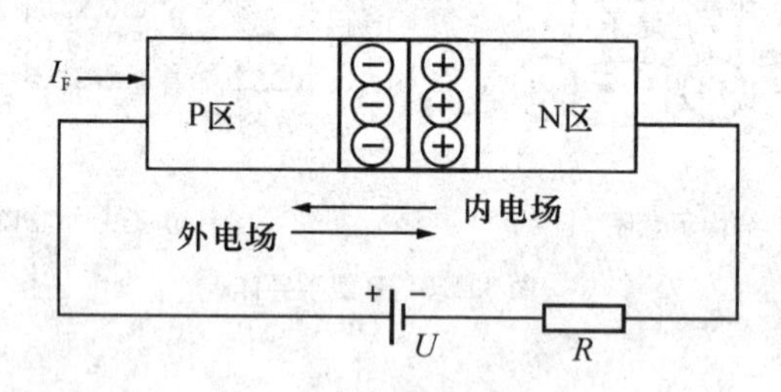

图 3.1.5 PN 结正偏

(2) 外加反向电压(反向偏置)

P 区接电源负极,N 区接电源正极,称为反向偏置。反偏时,外加电场与内电场方向相同,内电场增强,使空间电荷区变宽,多子的扩散减弱,少子的漂移加剧,在 PN 结中形成反向漂移电流 I_S。由于少子浓度有限,反向电流很小。当反偏电压大于一定数值后,反向电流值不再改变,这时的电流称为反向饱和电流。由于电流很小,可认为 $I_S=0$,PN 结处于截止状态,呈现出大电阻特性。

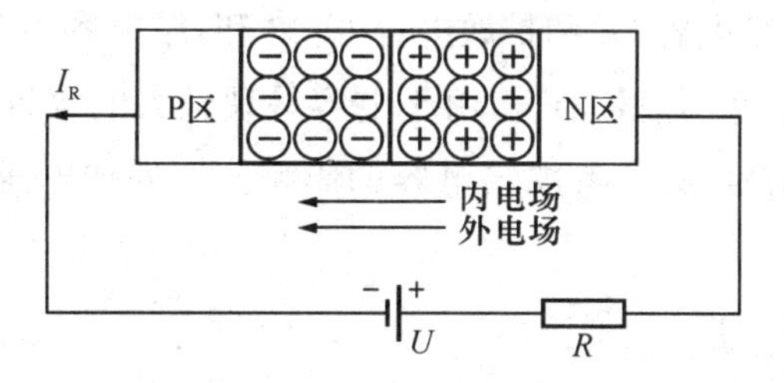

图 3.1.6 PN 结反偏

PN 结的单向导电性：正偏导通，呈小电阻，电流较大；

反偏截止，电阻很大，电流近似为零。

3) PN 结的伏安特性

伏安特性指偏置电压与电流间的关系。PN 结的伏安特性如图 3.1.7 所示，表示为：

$$i=I_S(e^{\frac{u_D}{U_T}}-1)$$

式中，I_S 为反向饱和电流；U_T 为温度的电压当量。当 $T=300$ K(27 ℃)时，$U_T=26$ mV。

外加正偏电压时，当电压值大于开启电压 U_{th}时，$i=I_S e^{\frac{u_D}{U_T}}$，当电压值小于开启电压时，电流几乎不变。外加反偏电压时，只要反压绝对值大于 U_T 几倍以上，电流为恒定值，$i=-I_S$。

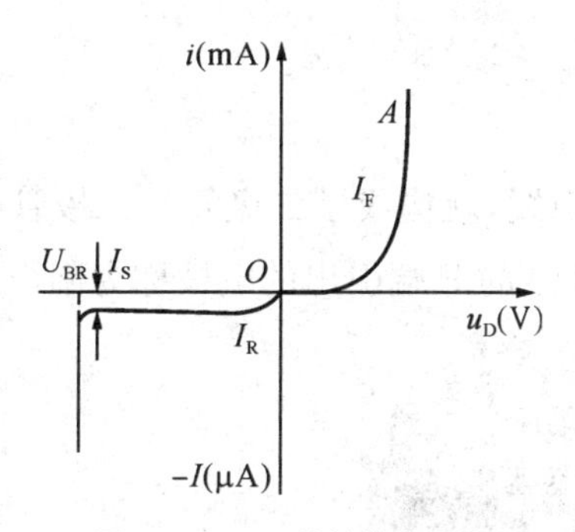

图 3.1.7 PN 结的伏安特性

4) PN 结的电容效应

(1) 势垒电容

PN 结外加电压变化时，空间电荷区的宽度将发生变化，变宽时电荷量增加，变窄时电荷量减少，电荷的积累和释放的过程，与电容的充放电相同，其等效电容称为势垒电容 C_b。正偏电压加大，C_b 增大；反偏电压加大，C_b 减小。

(2) 扩散电容

PN 结外加的正向电压变化时，两个区的多子扩散，越过 PN 结成为另一区的少子，这些少子并不会立刻复合消失，而是在一段路程内，边扩散边复合，在对方区域内形成少子的浓度梯度。加大外压，正向电流增加，更多的载流子扩散到对方，反之减少。外加电压改变引起 PN 结两侧积累电荷的变换过程，其等效电容称为扩散电容 C_d。PN 结正偏时，C_d 较大；反偏时，较小。

PN结的结电容是势垒电容 C_b 和扩散电容 C_d 之和，结电容不是常量，两者数值在几皮法到几百皮法之间。对于低频信号而言，由于电容呈现较大的容抗，PN结呈现的电容特性可以忽略。而对于高频信号，必须考虑结电容的影响。若外加电压频率高到一定程度，PN结可能失去单向导电性。

5) PN结的击穿特性

PN结反偏电压增大到一定数值 U_{BR}，反向电流将急剧增加，称为反向击穿。反向击穿可以分为电击穿和热击穿。电击穿时PN结未损坏，断电即恢复，是可逆的击穿。电击穿的典型应用为稳压管。热击穿是超过容许功率，PN结烧毁，是不可逆击穿。

掺杂浓度较高时，耗尽层宽度较窄，不太大的反向电压，如几伏大小，就可以形成很强的电场，将电子强行拉出共价键，产生电子空穴对，引起反向电流急剧增加，称为齐纳击穿。该种击穿电压一般小于6 V。

反向电场的增加使电场强度增大，少子漂移运动中不断被加速，动能增大，与共价键碰撞，将价电子撞出共价键，形成电子空穴对，新的电子、空穴撞击其他价电子，使反向电流急剧增加，称为雪崩击穿。该种击穿电压一般大于6 V。

3.2 二极管

将PN结封装，接上电极引线，就构成了二极管。二极管的外形如图3.2.1(a)所示，符号如图3.2.1(b)所示。由PN结的P端引出的电极称为阳极，N端引出的电极称为阴极。

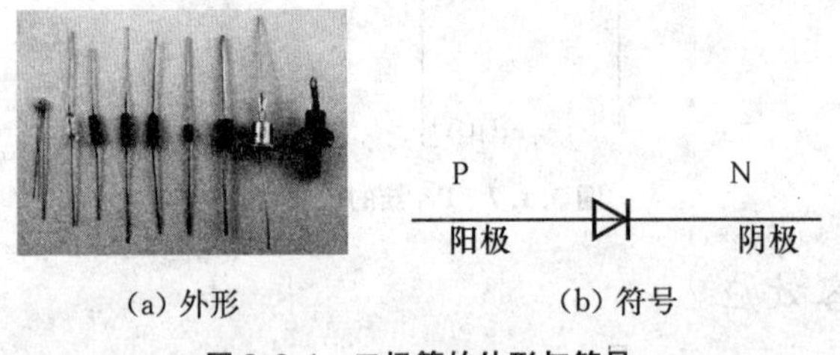

(a) 外形 (b) 符号

图3.2.1 二极管的外形与符号

小功率二极管的阴极，在外部大多采用色圈标出来，有些二极管用专用符号来表示阳极或阴极，也有采用符号标志P、N来表明极性。发光二极管的极性可从引脚长短来识别，长脚为阳极，短脚为阴极。

3.2.1 二极管的结构

二极管常用的结构有点接触型、面接触型、平面型，如图3.2.2所示。

点接触型二极管是在锗或硅材料的单晶片上压触一根金属针后，再通过电流（不超过几十毫安）而形成的。PN结面积小，正向特性和反向特性差，极间电容小，不能承受高反压和大电流；但构造简单，价格便宜，因此应用范围较广，适用于高频小电流电路，如用于小信号的检波、整流、调制、混频和限幅，典型如收音机的检波。国产锗二极管 2AP 系列、2AK 系列，都是点接触型的。

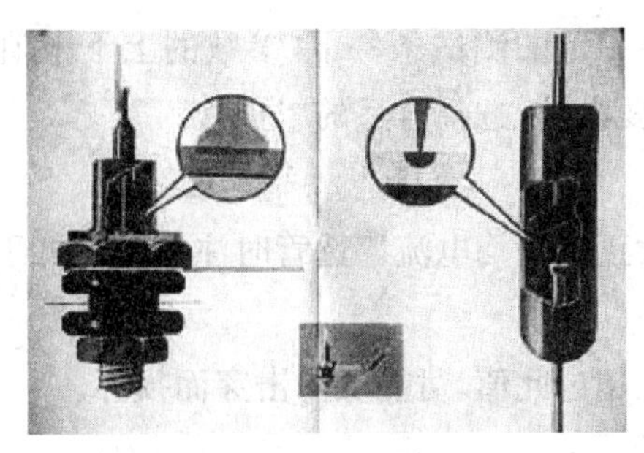

图 3.2.2　二极管结构

面接触型二极管的 PN 结面积较大，极间电容大，允许通过较大的电流（几安到几十安），主要用于把交流电变换成直流电的整流电路中，适用于大电流开关。国产 2CP 系列和 2CZ 系列的二极管大部分都是面接触型的。

平面型二极管采用扩散法制作而成，用于大功率整流或开关管。

3.2.2　二极管的名称

常见的"1N"字符开头的二极管名称以美国半导体器件型号命名方法命名，1N 代表一个 PN 结的晶体管，后缀数字是规格参数。"2CZ"开头的二极管命名方法依据国家标准 GB/T 249—1989 命名，代表硅材料\整流，后缀数字是规格参数。

1N400X、2CZ 系列是普通的整流二极管，参数相同的可通用，适用一般的工频整流，常用在电源等带载电路中。1N4148 是高频开关二极管，有快速恢复特性，应用在弱电控制电路中。2AP9、2AP10、1N60 是高频检波二极管。

3.2.3　二极管的伏安特性

在二极管两端加电压，测试电流情况。发现当正偏电压小于某个值（开启电压）时，电流为 0；当正偏电压大于此值后，正向电流由零随两端电压按指数规律增加。加反偏电压时，电流近似为 0，实际为微安级的 I_S；当反偏电压大于某个值（击穿电压）后，电流急剧增大，如图 3.2.3 实线所示。环境温度升高，正向特性曲线左移，反向特性曲线下移，如图 3.2.3 虚线所示。

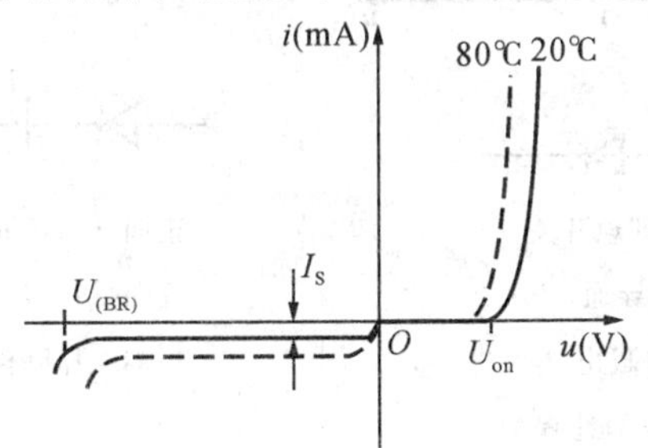

图 3.2.3　二极管伏安特性

3.2.4 二极管的参数

参数手册中给出的是在一定的测试条件下，参数的上下限值或范围；具体应用时，需根据实际情况，按以下几个主要参数，选择合适的二极管。

(1) 最大整流电流 I_F

运行时允许通过的最大正向平均电流。选管时注意不能低于电路中可能的最大电流。

(2) 最高反向工作电压 U_R

允许外加的最大反压。超过此值，可能反向击穿而损坏。

(3) 反向电流 I_R

未击穿时的反向电流。值越小，表示单向导电性越好。模型分析时常认为是 0。

(4) 最高工作频率 f_M

工作的上限截止频率。若工作频率大于此值，结电容效应加剧，二极管将不再具有单向导电性能。

3.2.5 二极管的电路模型

非线性的伏安特性对于二极管应用电路的分析是不利的。在一定的条件下，常用线性元件构成的电路模拟二极管特性。

1）两种折线模型

常用的由伏安特性折线化得到的电路模型有以下两种。

理想模型：认为二极管导通时正向压降为零，相当于 PN 两端短路；截止时反向电流为零，相当于 PN 两端开路。如图 3.2.4(a)所示。

压降模型：认为二极管导通时正向压降为开启电压值 U_{on}，相当于 PN 两端串接电压源 U_{on}；截止时反向电流为零，相当于 PN 两端开路。如图 3.2.4(b)所示。

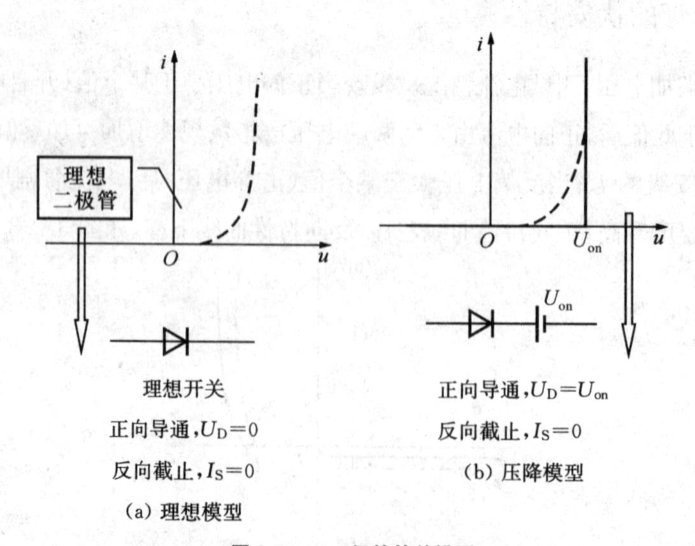

图 3.2.4 二极管等效模型

理想模型可以看做压降模型开启电压值 $U_{on}=0$ 的一种特例。使用理想模型分析电路时，正偏电压大于0就可以使二极管导通。使用压降模型分析电路时，正偏电压大于 U_{on} 才可以使二极管导通。

硅二极管（不发光类型）正向管压降约为0.7 V，锗管正向管压降约为0.3 V。

【例3.2.1】 电路如图3.2.5所示，试分别用二极管的理想模型和压降模型，分析二极管的工作状态（导通或截止），并求输出电压（提示：将二极管从电路中断开，分析原先连接P或N点的电路端点的电位，是否满足 $U_P>U_N$ 或 $U_P>(U_N+0.7\ \text{V})$）。

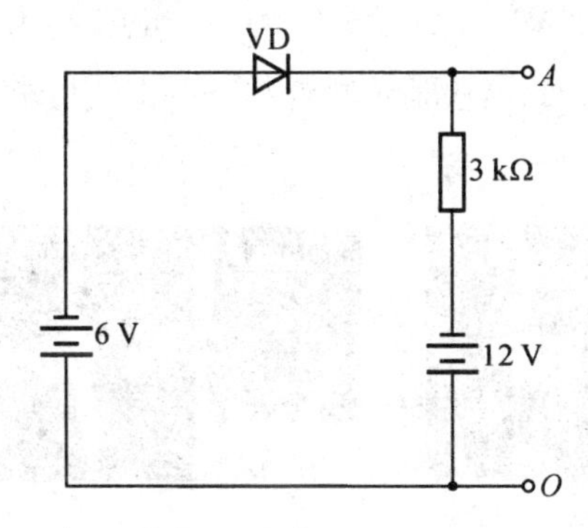

图3.2.5　例3.2.1图

解： 以 O 点为参考地电位。若为理想模型，设VD开路，原来与P点相连的点 $U_P=-6$ V，与N点相连的点 $U_N=-12$ V，所以 $U_P>U_N$，VD导通，导通电压为0，则 $U_{AO}=-6$ V。

若为压降模型，设VD开路，原来与P点相连的点 $U_P=-6$ V，与N点相连的点 $U_N=-12$ V，所以 $U_P>(U_N+0.7\ \text{V})$，VD导通，导通电压为0.7 V，则 $U_{AO}=-6.7$ V。

2）二极管的微变等效电路

在二极管的直流静态工作点 Q 基础上加微小变化量，可以用以 Q 点为切点的直线来近似表示，如图3.2.6(a)所示；等效为动态小电阻，电阻可以用表达式 $r_d=\dfrac{\partial u_D}{\partial i_D}=\dfrac{\partial u}{\partial[I_S(e^{\frac{u}{U_T}}-1)]}\approx\dfrac{U_T}{I_D}$ 表示，如图3.2.6(b)所示，该电路称为二极管的微变等效电路。

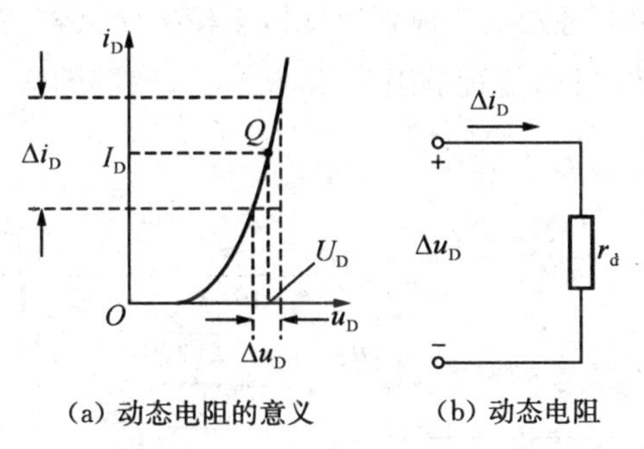

(a) 动态电阻的意义　　(b) 动态电阻

图3.2.6　二极管的微变等效电路

3.2.6　特殊二极管

1) 发光二极管

发光二极管,简称 LED,常在电路及仪器中作为指示灯。当给发光二极管加上正向电压后,电子和空穴复合,产生自发辐射的荧光,如图 3.2.7(a)所示。普通单色发光二极管的发光颜色取决于所用的半导体材料,比如砷化镓二极管发红光,磷化镓二极管发绿光,氮化镓二极管发蓝光。不同颜色的发光二极管正向管压降不同,比如红色为 2.0~2.2 V,黄色为 1.8~2.0 V,绿色为 3.0~3.2 V。正常发光时的额定电流约为 20 mA。常用的国产单色发光二极管有 BT(厂标型号)系列、FG(部标型号)系列和 2EF 系列。常用的进口单色发光二极管有 SLR 系列和 SLC 系列。

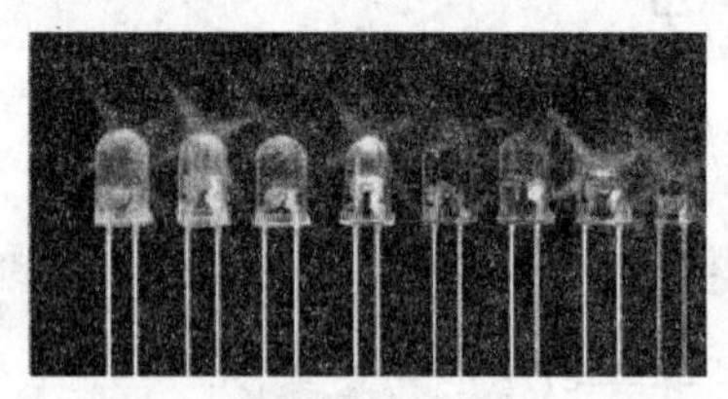

(a) 发光二极管

(b) 数码管

图 3.2.7　发光二极管

把发光二极管的管心做成条状,用 7 条条状的发光管组成 7 段式半导体数码管,每个数码管可显示 0~9 共 10 个阿拉伯数字以及 A、B、C、D、E、F 等部分字母,如图 3.2.7(b)所示。

2) 光电二极管

光电二极管是一种特殊的二极管。光的变化引起光电二极管电流变化,是把光信号转换成电信号的光电传感器件,有良好的线性特性,不仅响应速度快,灵敏度较高,而且噪声低,稳定可靠。外加正偏电压时,与普通二极管一样,有单向导电性。外加反偏电压,没有光照时,反向电流极其微弱,叫暗电流;有光照时,反向电流迅速增大到几十微安,称为光电流。光强度越大,光电流越大。

采用 2DU1 系列硅光电二极管作为探测器。光电二极管在电路中必须处于反向偏置,如图 3.2.8(a)所示。设计中将光电二极管反偏接至模数转换器 AD7705 的通道 1,即接到 7 脚和 8 脚上,同时接+5 V 电压,偏置电阻为 65 kΩ。传感器的输出由阴极到阳极,一般是毫伏级的微弱模拟信号。

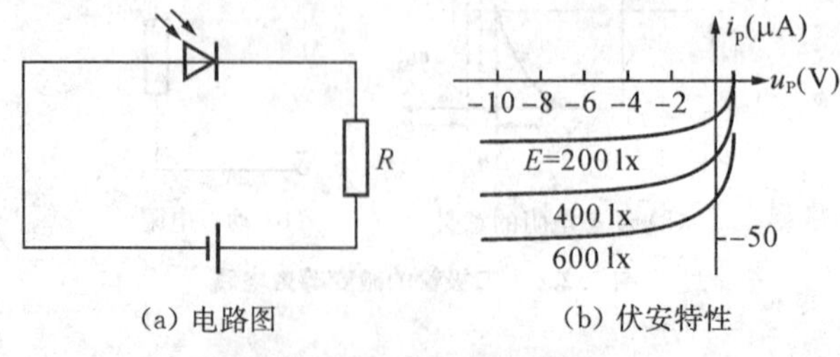

(a) 电路图　　(b) 伏安特性

图 3.2.8　光电二极管

3）稳压二极管

稳压二极管利用击穿区的特性制成。伏安特性如图 3.2.9(a)所示。正向特性为指数函数；反向加压到一定数值后击穿，击穿后曲线几乎与纵轴平行，即电流急剧增加，但电压几乎不变。图 3.2.9(b)为稳压管符号及等效电路图。正偏时可将其看作普通二极管；反偏时未超过额定电压仍看作普通二极管，超过额定电压后呈现出稳压管特有的性质。

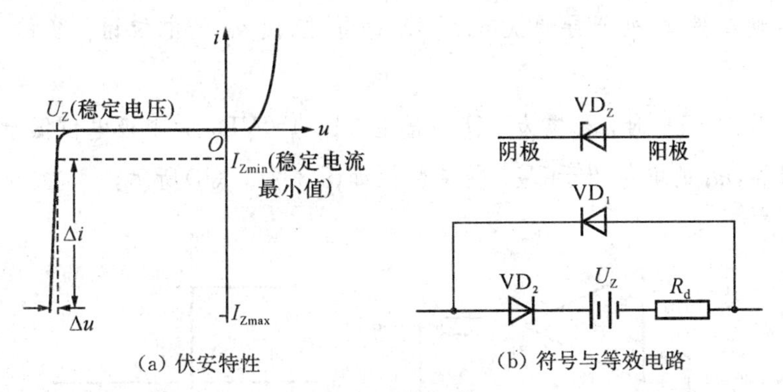

图 3.2.9 稳压管

稳压管有以下几个主要参数：

(1) 稳定电压 U_Z：流过规定的电流值时，稳压管两端的电压值。是挑选稳压管的主要依据之一，不同型号管值不同。

(2) 稳定电流 I_Z：正常工作下的参考电流。工作电流低，稳压效果变差；但工作电流也不能过高，不能超过额定功率。

(3) 额定功率 P_Z：稳定电压与最大电流之积，$P_Z=U_Z I_{Zmax}$。

【例 3.2.2】 如图 3.2.10 所示，电源电压 10 V，$R=200\ \Omega$，$R_L=1\ k\Omega$，$U_Z=8$ V，求稳压管中的电流 I_Z。

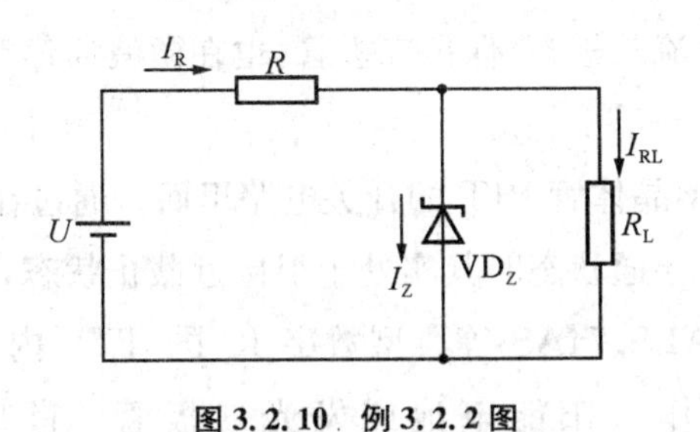

图 3.2.10 例 3.2.2 图

解：稳压管从阴极到阳极 $U_Z=8$ V，所以

$$I_{RL}=\frac{U_Z}{R_L}=\frac{8}{1\ 000}=8\ \text{mA}$$

电阻 R 上的电流为：

$$I_R=\frac{U-U_Z}{R}=\frac{10-8}{200}=10\ \text{mA}$$

稳压管上的电流为：

$$I_Z = I_R - I_{RL} = 2\ \text{mA}$$

【例 3.2.3】 电路如图 3.2.11(a)所示，电源的极限输出电压为$\pm U_{om}$，稳压管稳压U_Z，设导通时 PN 两端$U_D \neq 0$，试画出电压传输特性。

解：$u_I > 0$ 时，若无 VD_Z 时，u_O 应为$-U_{OM}$；接上 VD_Z 后，VD_Z 的阳极电位高于阴极，VD_Z 相当于普通二极管，处于导通状态。VD_Z 的导通，使 u_O 的电位钳于负的二极管导通电压$-U_D$。

$u_I < 0$ 时，若无 VD_Z 时，u_O 应为$+U_{om}$；接上 VD_Z 后，VD_Z 的阳极电位低于阴极，VD_Z 相当于稳压二极管，u_O 的电位钳于U_Z。传输特性如图 3.2.11(b)所示。

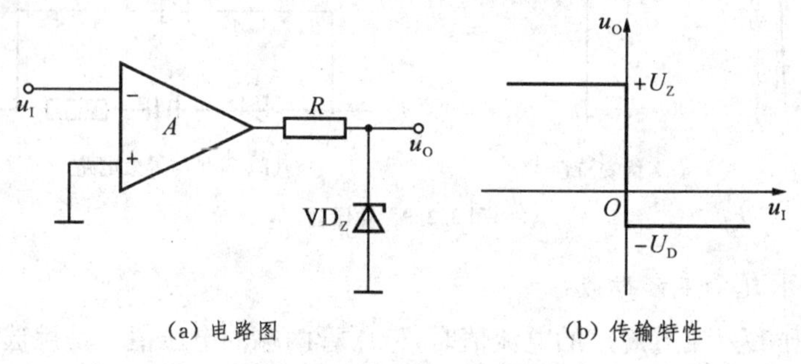

(a) 电路图　　(b) 传输特性

图 3.2.11　例 3.2.3 电路及解答图

4）肖特基二极管

肖特基(Schottky)二极管又称肖特基势垒二极管(SBD)，利用金属与半导体接触形成的金属一半导体结原理制作。它是一种低功耗、超高速半导体器件。最显著的特点是开关频率高和正向压降低，仅 0.4 V 左右；但其反向击穿电压比较低，大多不高于 60 V，最高仅约 100 V，反向恢复时间极短(可以小到几纳秒)。在通信电源、变频器等中比较常见，用作高频低压大电流整流二极管、续流二极管、保护二极管，也在微波通信等电路中作整流二极管、小信号检波二极管使用。

典型的应用是在双极型晶体管 BJT 的开关电路里面。通过在 BJT 上连接 Shockley 二极管来箝位，使得晶体管在导通状态时其实处于很接近截止状态，从而提高晶体管的开关速度。这种方法是 74LS、74ALS、74AS 等典型数字 IC 的 TTL 内部电路中使用的技术。肖特基二极管可以用来制作太阳能电池或发光二极管。肖特基二极管常见的型号是 MBR300100CT。

5）快恢复二极管(Fast Recovery Diode, FRD)

快恢复二极管是近年来问世的新型半导体器件，具有开关特性好、反向恢复时间短、正向电流大、体积小、安装简便等优点。超快恢复二极管(Superfast Recovery Diode, SRD)则是在快恢复二极管基础上发展而成的，其反向恢复时间 t_{rr} 值已接近于肖特基二极管的指标。它们可广泛用于开关电源、脉宽调制器(PWM)、不间断电源(UPS)、交流电动机变频调速

(VVVF)、高频加热等装置中，作高频、大电流的续流二极管或整流管，是极有发展前途的电力电子半导体器件。快恢复二极管，有 0.8～1.1 V 的正向导通压降，35～85 ns 的反向恢复时间，可在导通和截止之间迅速转换，提高了器件的使用频率并改善了波形。快恢复二极管在制造工艺上采用掺金单纯的扩散等工艺，可获得较高的开关速度，同时也能得到较高的耐压。目前快恢复二极管主要在逆变电源中做整流元件。

三者比较，快恢复二极管的恢复时间是 200～500 ns，超快速二极管的恢复时间是 30～100 ns，肖特基二极管的恢复时间是 10 ns 左右。正向导通电压也有所不同，肖特基二极管最小，快恢复二极管略高，超快速二极管最大。

经验：(1) 用万用表的欧姆挡辨别二极管的阳阴极

模拟型万用表的黑笔接表内直流电源正端，红笔接负端。将红笔、黑笔接到二极管两端，读出电阻值。交换红黑笔接线，读出电阻值。两次测量中，电阻读数小的，与黑笔接的脚为阳极，与红笔接的为阴极。数字表则相反。

(2) 选择二极管的基本原则

① 要求导通电压低时选锗管，要求反向电流小时选硅管；② 要求导通电流大时选面结合型，要求工作频率高时选点接触型；③ 要求反向击穿电压高时选硅管；④ 要求耐高温时选硅管。

3.3　微项目演练

1) LED 构成的极性探测电路

4 只阻值相同的电阻构成电桥，两只发光二极管串联后连接在桥路的两个臂上(见图 3.3.1)。

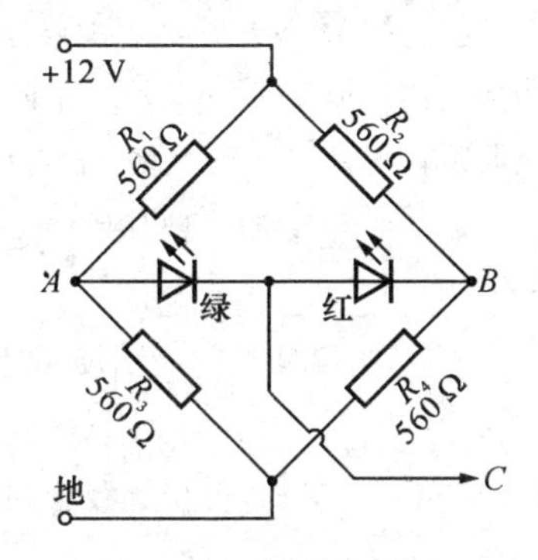

图 3.3.1　极性探测电路

通电后，AB 两点的电压相同，所以任何一只发光二极管均不会点亮；当探头接地或接电源的导线上时，电桥会失去平稳，相应的发光二极管会导通发光。

2) 电容漏电检测电路

可测出 500 MΩ 以上的漏电阻。L 接火线；N 接零线；E 接地线。电阻 R_1、R_2 串联在 L

与 N 两端，用于将电源分压后加到 VD_1 二极管的正极。R_1、R_2 分压后的电压经 VD_1 半波整流，在很短的时间内可以将 C_1 电解电容两端充电到大约 160 V 左右。

接上电容测试时，如果电容有漏电，氖灯会闪烁，闪烁的速率取决于电容的漏电程度(见图 3.3.2)。

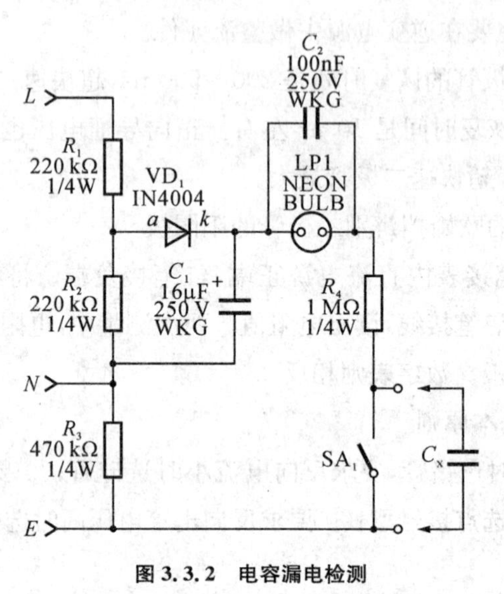

图 3.3.2　电容漏电检测

习题 3

3.1　选填合适的内容。

(1) 本征半导体________(带/不带)电。

(2) N 型半导体是本征半导体中掺入________价元素。

(3) N 型半导体中多子为________，少子为________，所以________(带正电/带负电/不带电)。

(4) PN 结正偏时，外电场方向与内电场方向________，空间电荷区________(变宽/变窄)，扩散运动________(增强/减弱)，有利于________(多子漂移/少子扩散)。

(5) PN 结的击穿分________和________；稳压管利用的是________。

(6) PN 结的电容效应可分为________和________。

(7) 二极管具有的特性是________，正偏时________，反偏时________。

(8) 在稳压电路中稳压管工作在________区。

3.2　设二极管导通电压分别为 0 V 和 0.7 V 时，分析二极管的工作状态(导通或截止)，求输出电压 U_{AO}。

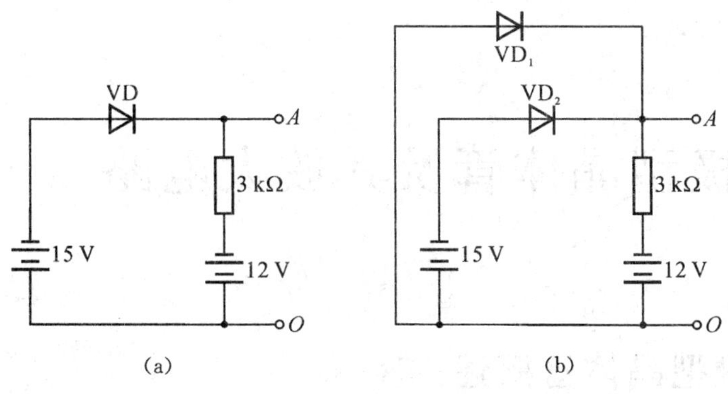

图题 3.2

3.3 如图题 3.3 所示，输入信号为峰值 8 V 的正弦波，二极管为理想二极管，请画出输出波形，请标出幅值。

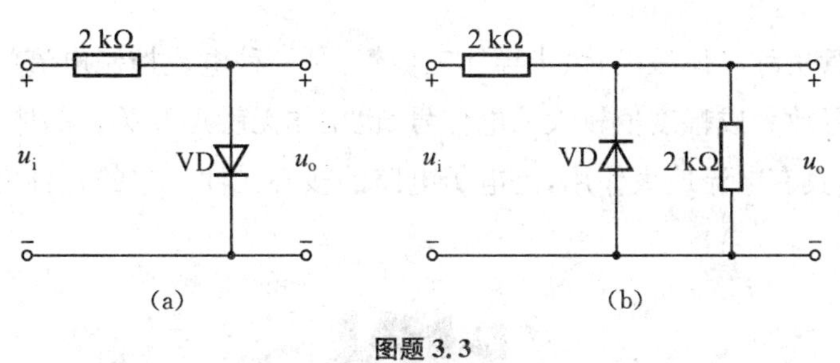

图题 3.3

3.4 如图题 3.4 所示，稳压电路中，稳定电压 $U_Z=6$ V，最小稳定电流 $I_{Zmin}=4$ mA，最大稳定电流 $I_{Zmax}=20$ mA，负载 $R_L=500$ Ω，求电阻 R 的取值范围。

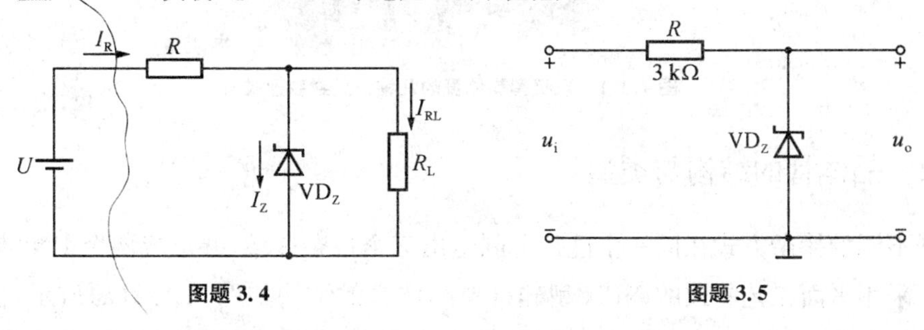

图题 3.4 图题 3.5

3.5 如图题 3.5 所示，稳压管的稳定电压 $U_Z=8$ V，电阻 3 kΩ，输入 $u_i=10\sin\omega t$，请画出输出波形。

3.6 如图题 3.6 所示，设电源的极限输出电压为 $\pm U_{OM}$，稳压管稳压 U_Z，设导通时 PN 两端 $U_D=0$，试画出电压传输特性。

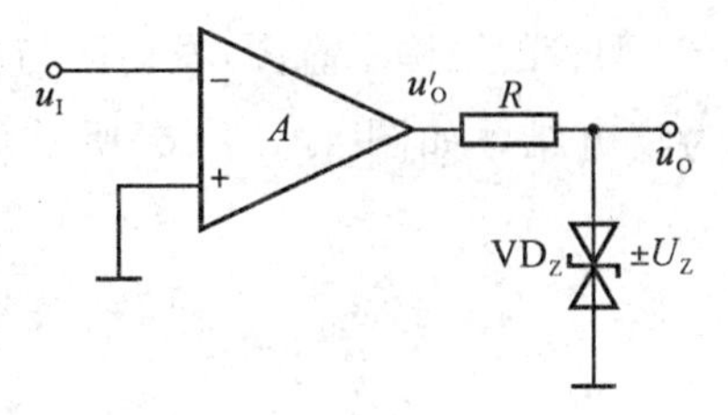

图题 3.6

双极型晶体管及其放大电路

4.1 双极型晶体管概述

4.1.1 双极型晶体管的封装

双极型晶体管也称晶体三极管、半导体三极管，是一种电流控制电流的半导体器件。其作用是把微弱信号放大成幅度值较大的电信号，也用作无触点开关。晶体三极管，是半导体基本元器件之一，具有电流放大作用，是电子电路的核心元件。它的几种常见的封装形式如图 4.1.1 所示。

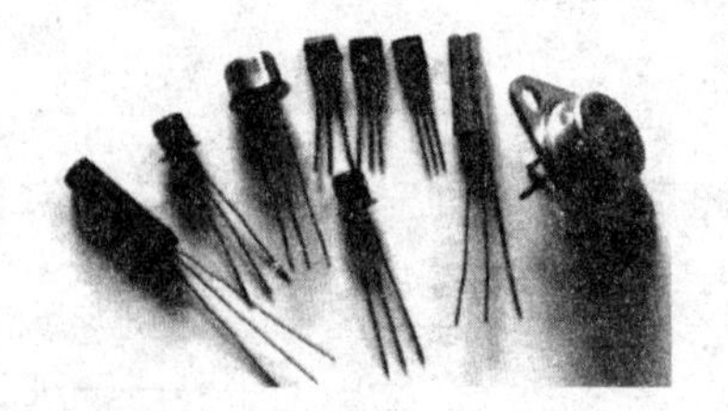

图 4.1.1 双极型晶体管的几种常见封装形式

4.1.2 晶体管的结构与类型

根据不同的掺杂方式在同一个硅片上制造出三个掺杂区域，并形成两个 PN 结，就构成晶体管。采用平面工艺制成的 NPN 型硅材料晶体管的结构如图 4.1.2(a)所示，位于中间的 P 区称为基区，它很薄且杂质浓度很低；位于上层的 N 区是发射区，掺杂浓度很高；位于下层的 N 区是集电区，面积很大。晶体管的外特性与三个区域的上述特点紧密相关。它们所引出的三个电极分别为基极 b、发射极 e 和集电极 c。

如图 4.1.2(b)所示为 NPN 型管的结构示意图，发射区与基区间的 PN 结称为发射结，基区与集电区间的 PN 结称为集电结。如图 4.1.2(c)所示为 NPN 型管和 PNP 型管的符号。

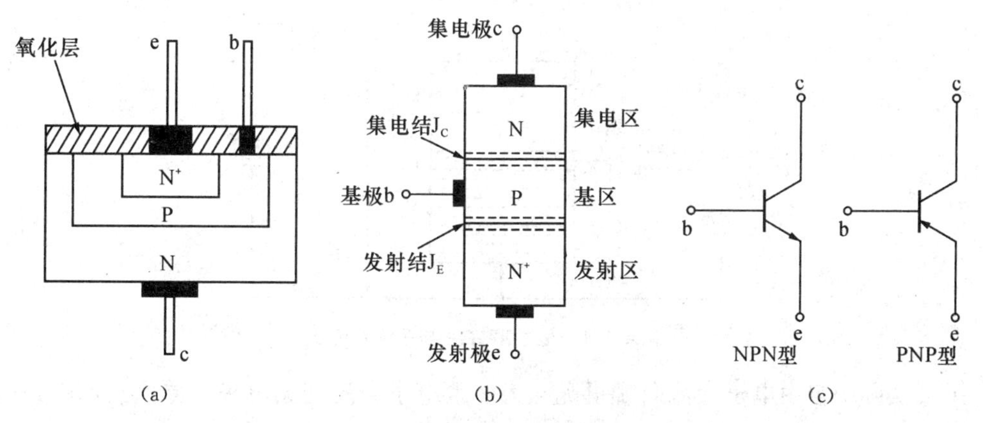

图 4.1.2 晶体管的结构与符号

本节以 NPN 型硅管为例讲述晶体管的放大作用、特性曲线和主要参数。

4.1.3 晶体管电流

未加偏置的晶体管像是两个背靠背的二极管，每个二极管的开启电压大约为 0.7 V。将外部电压源连接到晶体管上时，可以得到通过晶体管不同区域的电流。

1) 发射极载流子

图 4.1.3 是施加偏置的晶体管，负号表示自由电子，重掺杂发射极的作用是将自由电子发射或注入到基极。轻掺杂基极的作用是将发射极注入的电子传输到集电极。集电极收集或聚集来自基极的绝大部分电子，因而得名。

如图 4.1.3 所示是晶体管的常见偏置方式。其中左边的电源 V_{BB} 使发射结正偏，右边的电源 V_{CC} 使集电结反偏。

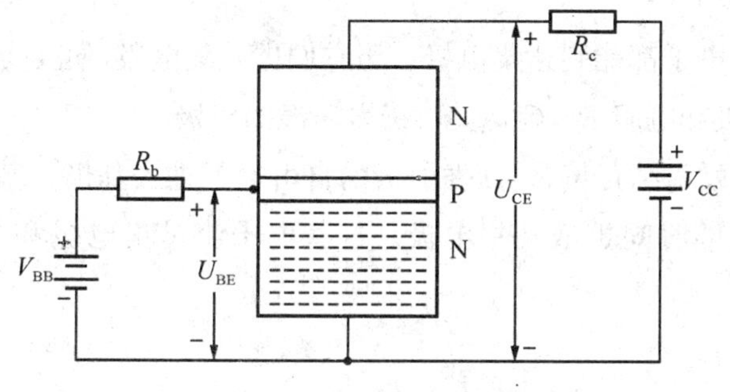

图 4.1.3 加偏置的晶体管

2) 基极载流子

图 4.1.4 中，在发射结正偏的瞬间，发射极中的电子尚未进入到基区。如果 V_{BB} 大于发射极—基极的开启电压，那么发射极电子进入基区，如图 4.1.4 所示。理论上，这些自由电子可以沿着以下两个方向中任意一个流动。① 向左流动并从基极流出，通过该路径上的 R_B，到达电源正极；② 流到集电极。

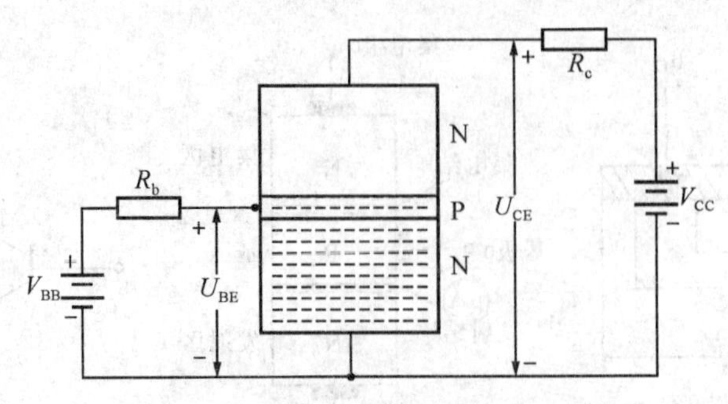

图 4.1.4 发射极将自由电子注入基极

那么实际中自由电子会流向哪里呢？大多数电子会流到集电极。原因有两个：一是基极轻掺杂；二是基区很薄。轻掺杂意味着自由电子在基区的寿命长；基区很薄则意味着自由电子只需通过很短的距离就可以到达集电极。由于这两个原因，几乎所有发射极注入的电子都能通过基极到达集电极。只有很少的自由电子会与轻掺杂基极中的空穴复合，如图 4.1.5 所示，然后作为导电电子，通过基区电阻到达电源 V_{BB} 的正极。

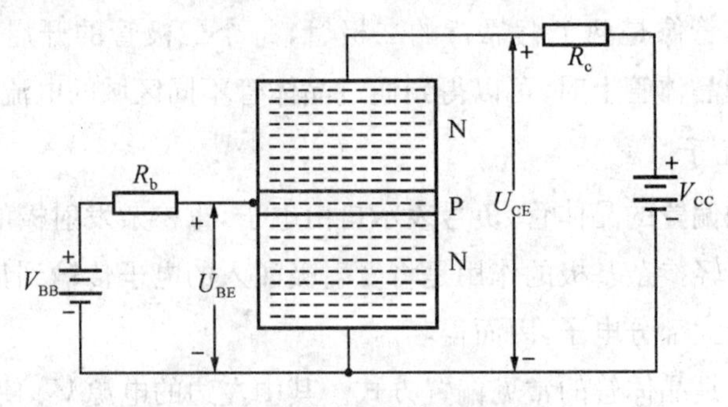

图 4.1.5 自由电子从基极流入集电极

3）集电极载流子

几乎所有的自由电子都能到达集电极。当它们进入集电极，便会受到电源电压 V_{CC} 的吸引，因而会流过集电极和电阻 R_c，到达集电极电压源的正极。

总结如下：V_{BB} 使发射结正偏，迫使发射极的自由电子进入基极。基极很薄而且浓度低，使几乎所有电子有足够时间扩散到集电极。这些电子流过集电极和电阻 R_c，到达电压源 V_{CC} 的正极。

4.2 晶体管的共射特性曲线

进一步研究晶体管的外部特性，在两极之间加入一定的电压进行测试。由于晶体管是三端器件，必有一端为公共端，根据连接形式的不同，其外部特性有以基极为公共端的共基极特性和以发射极为公共端的共发射极特性之分。下面重点介绍共发射极特性。

共发射极特性的测试电路如图 4.2.1 所示。图中，电源 V_{BB}、电阻 R_b 和基极—发射极（即发射结）构成输入回路；电源 V_{CC}、电阻 R_c 和集电极—发射极构成输出回路，其中，发射极为输入回路和输出回路的公共端，故由此得到的电路特性称为共发射极特性。

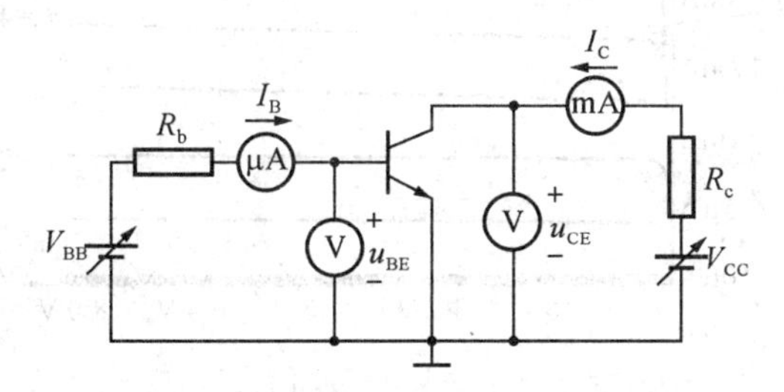

图 4.2.1 共发射极特性的测试电路

1）输入特性

对于输入回路来说，在给定 u_{CE} 的条件下，研究基极电流 I_B 与基极—发射极间电压 u_{BE} 的关系，即

$$i_B = f(u_{BE})\big|_{u_{CE}=\text{常数}}$$

可得到晶体管的输入特性。当 u_{CE} 为一系列值时，将得到一曲线族，如图 4.2.2 所示。

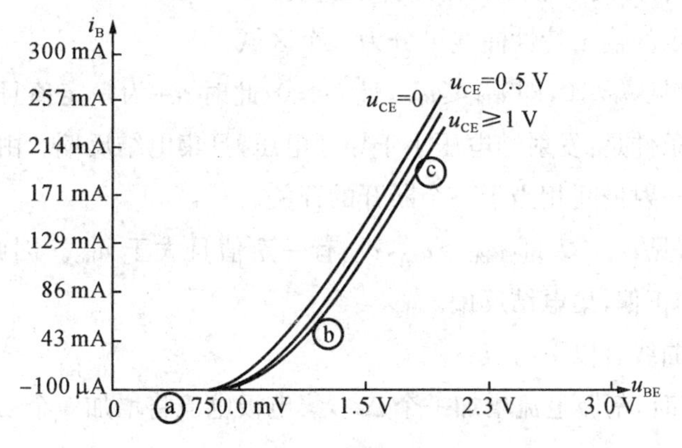

图 4.2.2 共发射极输入特性

从图 4.2.2 中可以看出，$u_{CE}=0$ 的曲线相当于集电极与发射极短路，即与二极管的伏安特性曲线类似。随着 u_{CE} 增大，曲线右移，且 u_{CE} 超过一定值后，曲线不再明显右移。因此，一般情况下，可以用 $u_{CE}=1$ V 的曲线来近似表示 u_{CE} 大于 1 V 的所有曲线。

2）输出特性

对于输出回路来说，在给定 i_B 的条件下，研究集电极电流 i_C 与集电极—发射极间电压 u_{CE} 的关系，即

$$i_C = f(u_{CE})\big|_{i_B=\text{常数}}$$

可得到晶体管的输出特性。当 i_B 为一系列值时，将得到一曲线族，如图 4.2.3 所示。

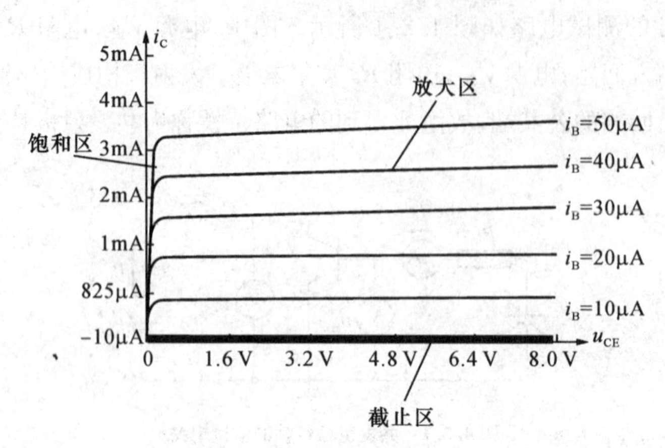

图 4.2.3　共发射极输出特性

从图 4.2.3 中可以看出，每一个确定的 i_B 对应一条曲线。每一条曲线的特点是，当 u_{CE} 从 0 逐渐增大时，i_C 以线性增大；当 u_{CE} 增大到一定值后，i_C 值基本恒定，几乎与 u_{CE} 无关。

当然，也可以利用晶体管特性图示仪直接在屏幕上观察晶体管的输入和输出特性曲线，并测量有关参数，或利用计算机仿真软件得到晶体管的特性曲线。图 4.2.2 和图 4.2.3 就是利用 Multisim 仿真得到的输入和输出特性曲线。

如图 4.2.2 所示的输出特性曲线可分为三个区域：

截止区：由图可见，$i_B \leqslant 0$，即 $u_{BE} \leqslant u_{on}$，且 $i_C \approx 0$，此时 u_{CE} 为一定值且大于 u_{BE}。因此，晶体管处于截止区的条件是：发射结电压小于导通电压，且集电结反偏。由于 $i_C \approx 0$，且 $u_C \gg 0$，故此时晶体管的集—射极间相当于一个断开的开关。

放大区：由图可见，$i_B \neq 0$，即 $u_{BE} > u_{on}$，u_{CE} 有一定值且大于 u_{BE}。因此，晶体管处于放大区的条件是：发射结正偏，集电结反偏。

放大区的特性曲线有以下特点：

(1) 当 u_{CE} 一定时，基极电流增加一个 Δi_B，集电极电流将增加一个 Δi_C，共射极交流电流放大系数为：

$$\beta = \left. \frac{\Delta i_C}{\Delta i_B} \right|_{u_{CE}=\text{常数}}$$

(2)对于曲线上的一点来说，共发射极直流电流放大系数为：

$$\bar{\beta} = \left. \frac{i_C}{i_B} \right|_{u_{CE}=\text{常数}}$$

因有 $\bar{\beta} \approx \beta$，故在实际应用中，$\bar{\beta}$ 与 β 是不加区别的。

E 增加时，i_C 是升高的，即输出特性曲线是倾斜的，将各条输出特性曲线向左方延长，将与横坐标轴的负向相交于同一点，交点值为 $-u_A$。u_A 称为厄尔利(Early)电压，如图 4.2.4 所示。

在放大区，由于 i_C 与 i_B 成正比，故此时晶体管相当于一个由基极电流 i_B 控制集电极电流 i_C 的流控电流源。

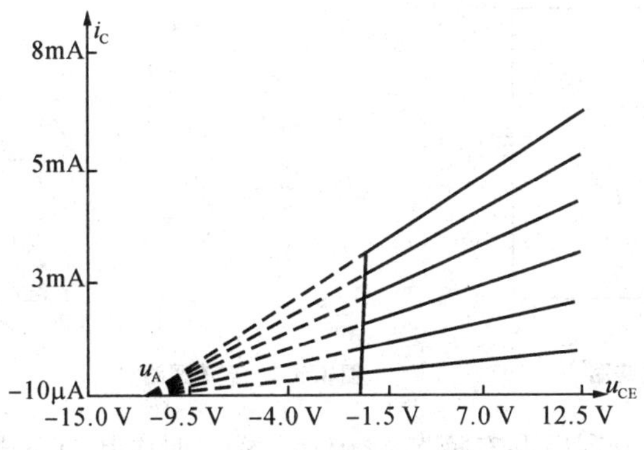

图 4.2.4　厄尔利(Early)电压

饱和区:由图可见,$i_B \neq 0$,即 $u_{BE} > u_{on}$,i_C 有一定值,且 u_{CE}很小($u_{CE}=u_{CES}$为晶体管的饱和压降),$u_{CE}<u_{BE}$。因此,晶体管处于饱和区的条件是:发射结和集电结均正偏。由于 i_C 有一定值,且 u_{CE}很小,故此时晶体管的集—射极间相当于一个闭合的开关。

综上所述,当晶体管工作在截止区和饱和区时,晶体管相当于一个开关;当晶体管工作在放大区时,晶体管相当于一个流控电流源,集电极"放大"了基极电流 β 倍。因此,晶体管具有"开关"和"放大"两个作用。"开关"作用主要用于数字电路,产生 0、1 信号;"放大"作用主要用于模拟电路,以实现输入信号对输出信号的控制作用。

4.3　放大电路的分析方法

BJT 可以实现电流控制作用,利用 BJT 的这一特性可以组成各种基本放大电路。本节将以晶体管构成三种组态的基本放大电路为例,对放大电路进行静态和动态分析。

4.3.1　直流通路和交流通路

直流通路是在直流电源作用下直流电流流经的通路,也就是静态电流流经的通路,用于研究静态工作点。对于直流通路有:① 交流电压信号源视为短路,交流电流信号源视为开路,保留其内阻 R_s;② 电容视为开路;③ 电感线圈视为短路。

交流通路是交流输入信号作用下交流信号流经的通路,用于研究动态参数。对于交流通路,在中频区有:① 直流电源视为短路(接地);② 大容量电容视为短路;③ 电感线圈视为开路。

如图 4.3.1 所示为共射极放大电路,其直流通路如图 4.3.2 所示,交流通路如图 4.3.3 所示。

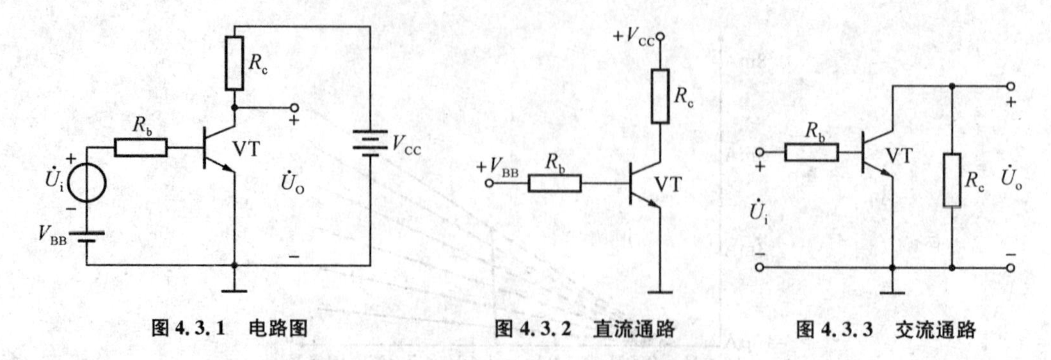

图 4.3.1 电路图　　图 4.3.2 直流通路　　图 4.3.3 交流通路

求解静态工作点时应利用直流通路，求解动态参数时应利用交流通路，两种通路切不可混淆。静态工作点合适，动态分析才有意义。所以，对放大电路进行分析计算应包括两方面的内容：一是直流分析（静态分析），求出静态工作点；二是交流分析（动态分析），主要是计算电路的性能或分析电压、电流的波形等。

静态工作点的分析步骤如下：

(1) 画出放大电路的直流通路；

(2) 根据输入回路，求出 I_{BQ}、U_{BEQ}；

(3) 根据输出回路，求出 I_{CQ}、U_{CEQ}。

4.3.2 放大电路的微变等效电路分析法

BJT 特性的非线性使其放大电路的分析变得非常复杂，不能直接采用线性电路原理来分析计算。但在输入信号电压幅值比较小的条件下，可以把 BJT 在静态工作点附近小范围内的特性曲线近似的用直线代替，这时可以把 BJT 用小信号模型代替，从而将由 BJT 组成的放大电路当成线性电路来理解，这就是微变等效电路分析法。需要强调的是，使用这种方法的条件是放大电路的输入信号为低频小信号。

可以将 BJT 看成一个双口网络，根据输入、输出端口的电压、电流关系式求出相应的网络参数，从而得到它的等效模型。

1) BJT 的 H 参数及微变等效电路

如图 4.3.4 所示为一个由二端口有源器件组成的网络，输入端口和输出端口的电压、电流分别为 u_{BE}、i_B 和 u_{CE}、i_C，选择这四个参数中的两个作为自变量，其余两个作为因变量，可得到不同的网络参数来描述该网络。其中选择 i_B、u_{CE} 为自变量，u_{BE}、i_C 为因变量，即

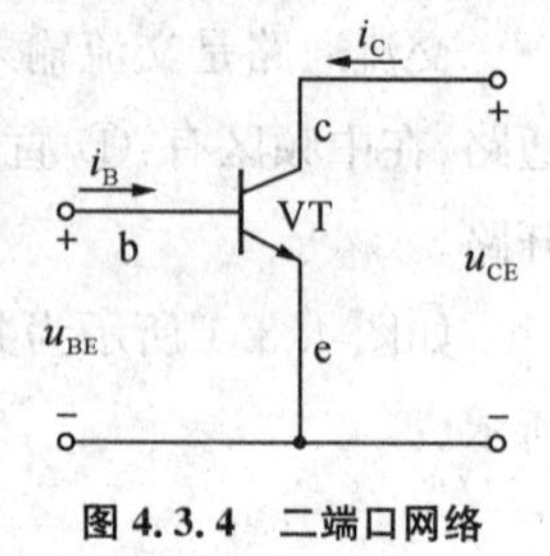

图 4.3.4 二端口网络

$$u_{BE}=f_1(i_B,u_{CE})$$
$$i_C=f_2(i_B,u_{CE}) \tag{4.3.1}$$

易实现，且在低频范围内为实数，所以，在低频时使用较广泛。

为了求得低频小信号模型，可以通过对式(4.3.1)求全微分，得到电压、电流变化量之间

的关系，即

$$du_{BE}=\frac{\partial u_{BE}}{\partial i_B}\bigg|_{U_{CEQ}}di_B+\frac{\partial u_{BE}}{\partial u_{CE}}\bigg|_{I_{BQ}}du_{CE}$$

$$di_C=\frac{\partial i_C}{\partial i_B}\bigg|_{U_{CEQ}}di_B+\frac{\partial i_C}{\partial u_{CE}}\bigg|_{I_{BQ}}du_{CE} \qquad (4.3.2)$$

若考虑输入信号为正弦波，以瞬间量 u_{BE}等取代微分量 du_{BE}，则式(4.3.2)变为：

$$u_{be}=h_{ie}i_b+h_{re}u_{ce} \quad (a)$$

$$i_c=h_{fe}i_b+h_{ce}u_{ce} \quad (b) \qquad (4.3.3)$$

式中，h_{ie}、h_{re}、h_{fe}和 h_{ce}称为晶体管共射极连接时的 H 参数。其中 $h_{ie}=\frac{\partial u_{BE}}{\partial i_B}\Big|_{u_{CE}}$ 是输出端交流短路时的输入电阻，常用 r_{be}表示；$h_{fe}=\frac{\partial i_C}{\partial i_B}\Big|_{u_{CE}}$ 是输出端交流短路时的正向电流传输比或电流放大系数，即 β；$h_{re}=\frac{\partial u_{BE}}{\partial u_{CE}}\Big|_{I_B}$ 是输入端交流开路时的反向电压传输比(无量纲)；$h_{ce}=\frac{\partial i_C}{\partial u_{CE}}\Big|_{I_B}$ 是输入端交流开路时的输出电导，也可用 $1/r_{ce}$表示。四个参数量纲各不相同，故称为混合参数(H 参数)。

事实上，式(4.3.3)也可以通过对晶体管输入、输出特性曲线的分析而得到。

下面根据式(4.3.3)，画出晶体管的低频小信号等效电路。

由式(4.3.3)(a)可知，在晶体管的输入回路中，输入电压 u_{be}等于两个电压之和，即基极电流 i_b 在电阻 r_{be}上的压降与输出电压 u_{ce}对输入回路的反馈电压 $h_{re}u_{ce}$之串联，如图 4.3.5 的左半图；由式(4.3.3)(b)可知，在晶体管的输出回路中，输出电流 i_c 等于两个电流之和，即受基极电流 i_b 控制的流控电流源 βi_b 与输出电压 u_{ce}在输出电阻 r_{ce}上引起的电流之并联，如图 4.3.5 的右半图。

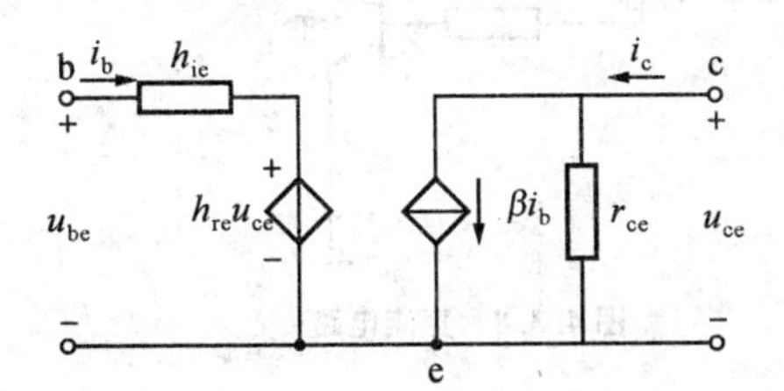

图 4.3.5　晶体管的低频小信号等效电路

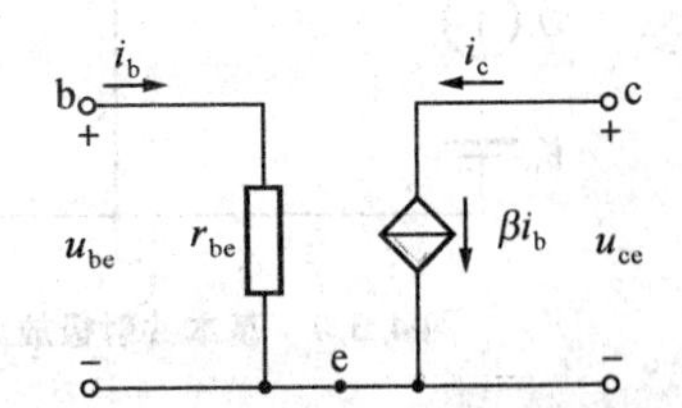

图 4.3.6　晶体管的简化低频小信号等效电路

若忽略 h_{re}和 h_{ce}，则可得晶体管的简化低频小信号等效电路，如图 4.3.6 所示。图 4.3.5 和图 4.3.6 中，i_b 和 βi_b 的关系反映了晶体管的输入与输出间的基本控制关系，由于 i_b 和 βi_b 为控制与被控制的关系，故在分析问题时，要特别注意电流方向。

电阻 r_{be}的值可由式(4.3.4)求得：

$$r_{be}=r_{bb'}+(1+\beta)\frac{26(\mathrm{mV})}{I_{EQ}(\mathrm{mA})} \qquad (4.3.4)$$

式中，$r_{bb'}$为基区体电阻，对于小功率的晶体管，其值约为几十至几百欧。

注意，r_{be}是交流电阻。从输入特性曲线上可以看出，其大小与 Q 点的位置有关。正如式(4.3.4)所示的那样，r_{be}的值与静态值 I_{EQ}的大小有关。

2）微变等效电路分析法

(1) 根据电路画出放大电路的微变等效电路；

(2) 估算 r_{be}

$$r_{be}=r_{bb'}+(1+\beta)\frac{U_T}{I_{EQ}} \tag{4.3.5}$$

(3) 求电压增益 A_u；

(4) 求输入电阻 R_i；

输入电阻 R_i 是指断开电压信号源，忽略内阻，从输入端看的等效电阻。

(5) 求输出电阻 R_o；

输出电阻 R_o 是指负载 R_L 开路，电压信号源视为短路，保留内阻，从输出端看的等效电阻。

4.3.3 共射极放大器

1）静态分析

如图 4.3.7 所示为共射极放大器，其直流通路如图 4.3.8 所示，根据直流通路做静态分析，求解静态工作点 I_{BQ}、I_{CQ}、U_{BEQ}、U_{CEQ}。

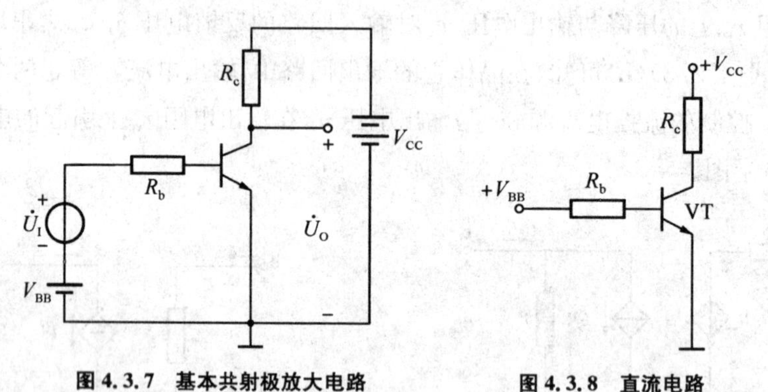

图 4.3.7 基本共射极放大电路　　图 4.3.8 直流电路

根据图 4.3.8 直流通路的输入回路，可得：

$$I_{BQ}=\frac{V_{BB}-U_{BEQ}}{R_b}$$

因此

$$I_{CQ}=\beta I_{BQ}$$

根据输出回路得：

$$U_{CEQ}=V_{CC}-I_{CQ}R_c$$

2）动态分析

首先根据如图 4.3.7 所示电路，画出对应的微变等效电路如图 4.3.9 所示。

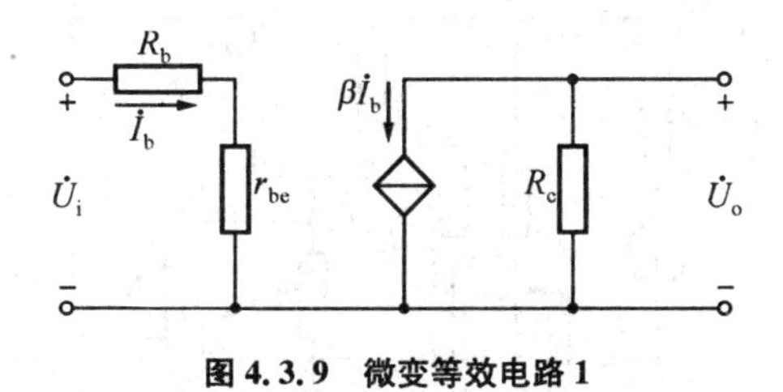

图 4.3.9 微变等效电路 1

然后，根据静态工作点 I_{EQ} 和公式(4.3.5)可以估算出 r_{be} 的值。

(1) 电压增益 $\dot{A}_u$

根据图 4.3.9 可得：

$$\dot{U}_i=\dot{I}_i(R_b+r_{be})=\dot{I}_b(R_b+r_{be})$$

$$\dot{U}_o=-\dot{I}_cR_c$$

因此

$$\dot{A}_u=\frac{\dot{U}_o}{\dot{U}_i}=-\frac{\beta R_c}{R_b+r_{be}}$$

(2) 输入电阻 R_i

根据定义，有：

$$R_i=\frac{\dot{U}_i}{\dot{I}_i}=R_b+r_{be}$$

(3) 输出电阻 R_o

根据定义，有：

$$R_o=R_c$$

4.3.4 共集电极放大器

如图 4.3.10 所示为分压偏置共集电极放大电路，直流分析与分压偏置共射极放大电路的分析方法相似，这里不再赘述。下面重点对电路做动态分析。

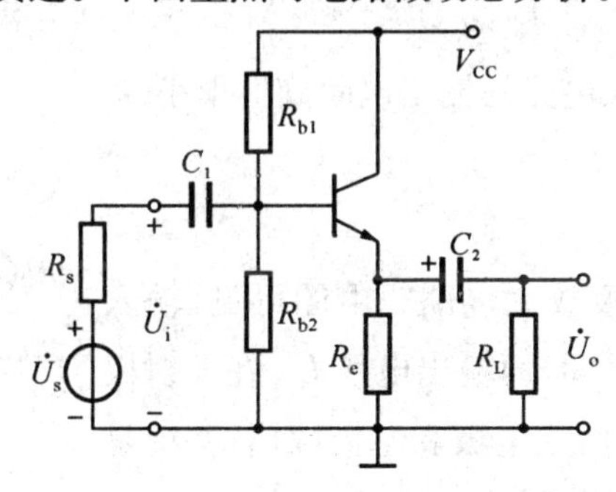

图 4.3.10 分压偏置共集电极放大电路

根据图 4.3.10 画出它的微变等效电路如图 4.3.11 所示。

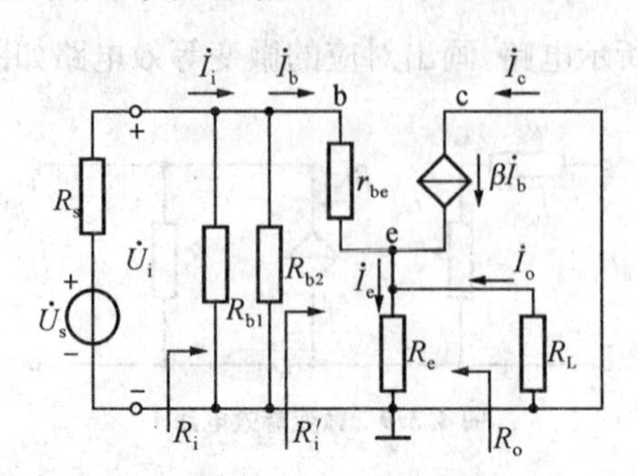

图 4.3.11 微变等效电路图 2

(1) 电压增益 $\dot{A}_u$

由图 4.3.11 可知：

$$U_o = -I_b(r_{be} + R_s')$$

$$R_s' = R_s \parallel R_{b1} \parallel R_{b2}$$

$$\dot{U}_i = \dot{I}_b r_{be} + \dot{I}_e(R_e /\!/ R_L)$$

因此

$$\dot{A}_u = \frac{\dot{U}_o}{\dot{U}_i} = \frac{\dot{I}_e(R_e /\!/ R_L)}{\dot{I}_b r_{be} + \dot{I}_e(R_e /\!/ R_L)} = \frac{(1+\beta)(R_e /\!/ R_L)}{r_{be} + (1+\beta)(R_e /\!/ R_L)}$$

表明 $|\dot{A}_u|$ 恒小于 1，但是在 $(1+\beta)(R_e /\!/ R_L) \gg r_{be}$ 时，$|\dot{A}_u|$ 趋于 1，且 $\dot{U}_o$ 与 $\dot{U}_i$ 同相。

(2) 输入电阻 R_i

$$R_i = R_{b1} \parallel R_{b2} \parallel R_i'$$

$$R_i' = r_{be} + (1+\beta)(R_e \parallel R_L)$$

由于 R_i' 远大于 r_{be}，故共集电极放大电路的输入电阻较共射极放大电路大有提高。

(3) 输出电阻 R_o

$$\dot{I}_o' = -\dot{I}_e = -(1+\beta)\dot{I}_b$$

$$R_o' = \frac{\dot{U}_o}{\dot{I}_o'} = \frac{r_{be} + R_s'}{1+\beta}$$

$$R_o = \frac{\dot{U}_o}{\dot{I}_b}\bigg|_{U_s=0} = R_e \parallel R_o' = R_e \parallel \frac{r_{be} + R_s'}{1+\beta}$$

由此看出，共集电极放大电路的输出电阻确实很小。

4.3.5 共基极放大器

如图 4.3.12 所示是基极放大电路。由图可见，输入电压 u_i 加在基极和发射极之间，而输出电压 $\dot{U}_o$ 在发射极和集电极之间，输出信号 $\dot{U}_o$ 由集电极和基极取出，基极是输入和输出回路的共同端。

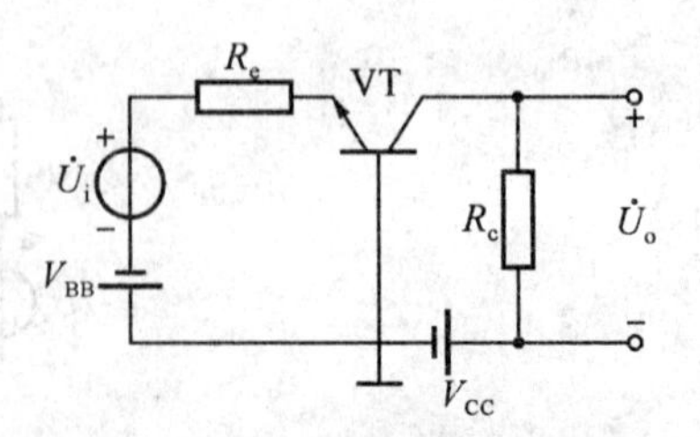

图 4.3.12 基本共基极放大电路

1）静态分析

图 4.3.12 的直流通路如图 4.3.13 所示，根据 Q 点的计算分析可知：

$$U_{BEQ}+I_{EQ}R_e=V_{BB}$$

$$I_{CQ}R_e+U_{CEQ}-U_{BEQ}=V_{CC}$$

由此得出：

$$I_{EQ}=\frac{V_{BB}-U_{BEQ}}{R_e}$$

$$I_{BQ}=\frac{I_{EQ}}{1+\beta}$$

$$U_{CEQ}\approx V_{CC}-I_{EQ}R_c+U_{BEQ}$$

2）动态分析

图 4.3.12 的微变等效电路如图 4.3.13 所示。

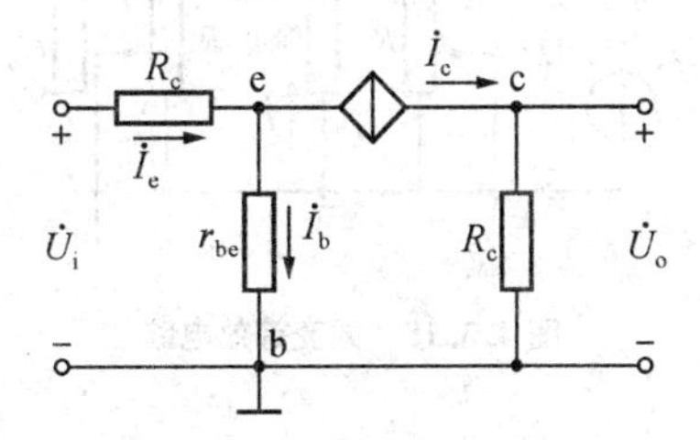

图 4.3.13　微变等效电路 3

(1) 电压增益 $\dot{A}_u$

由图 4.3.13 可知：

$$\dot{A}_u=\frac{\dot{U}_o}{\dot{U}_i}=\frac{\dot{I}_cR_c}{\dot{I}_br_{be}+\dot{I}_eR_e}=\frac{\beta R_c}{r_{be}+(1+\beta)R_e}$$

由此可知，只要参数选择合适，共基极放大电路具有电压放大能力，其输出电压与输入电压相位相同。

(2) 输入电阻 R_i

从图 4.3.13 可以看出，该电路的输入电阻 R_i 为：

$$R_i=R_e+\frac{r_{be}}{1+\beta}$$

由此可知，共基极放大电路的输入电阻远小于共射极放大电路的输入电阻。

(3) 输出电阻 R_o

$$R_o=R_c$$

根据图 4.3.13，可以确定共基极放大电路的输出电阻与共射极放大电路的输出电阻相同，近似于共集电极电阻 R_c。

3）分压偏置共基极放大电路

如图 4.3.14 所示为分压偏置共基极放大电路，直流分析与分压偏置共射极放大电路的相似，这里不再赘述。下面重点对电路做动态分析。

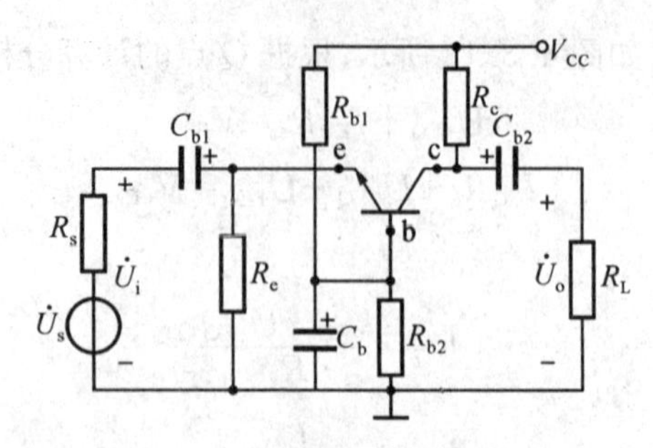

图 4.3.14 分压偏置共基极放大电路

图 4.3.14 的微变等效电路如图 4.3.15 所示。

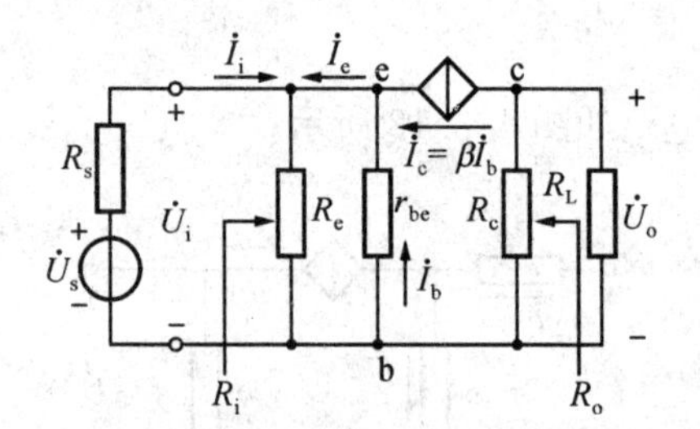

图 4.3.15 微变等效电路

(1) 电压增益 $\dot{A}_u$

根据电压增益的定义可得：

$$\dot{A}_u=\frac{\dot{U}_o}{\dot{U}_i}=\frac{\dot{I}_c(R_c/\!/R_L)}{-\dot{I}_b r_{be}}=\frac{\beta(R_c/\!/R_L)}{r_{be}}$$

(2) 输入电阻 R_i

根据输入电阻 R_i 的定义得：

$$R_i=\frac{\dot{U}_i}{\dot{I}_i}=R_e/\!/\frac{r_{be}}{1+\beta}$$

(3) 输出电阻 R_o

根据输出电阻 R_o 的定义得：

$$R_o=R_c$$

4.4 晶体管放大电路三种组态的比较

1）三种组态的判别

一般看输入信号加在 BJT 的哪个极，输出信号从哪个极取出。共射极放大电路中，信号由基极入、集电极出；共集电极放大电路中，信号由基极入，发射极出；共基极电路中，信号由发射极入，集电极输出。

2）三种组态的特点及用途

共射极放大电路的电压和电流增益都大于 1，输入电阻在三种组态中居中，输出电阻与集电极电阻有关，适用于低频情况下多级放大电路的中间级；共集电极放大电路只有电流放大作用，没有电压放大，有电压跟随作用，在三种组态中输入电阻最高，输出电阻最小，频率特性好，可用于输入级、输出级或缓冲级；共基极放大电路只有电压放大作用，没有电流放大作用，有电流跟随作用，输入电阻小，输出电阻与集电极电阻有关，高频特性较好，常用于高频或宽频带的输入阻抗的场合，模拟集成电路中亦兼有电位移动的功能。

放大电路三种组态的主要性能如表 4.1 所示。

表 4.1　放大电路三种组态的主要性能

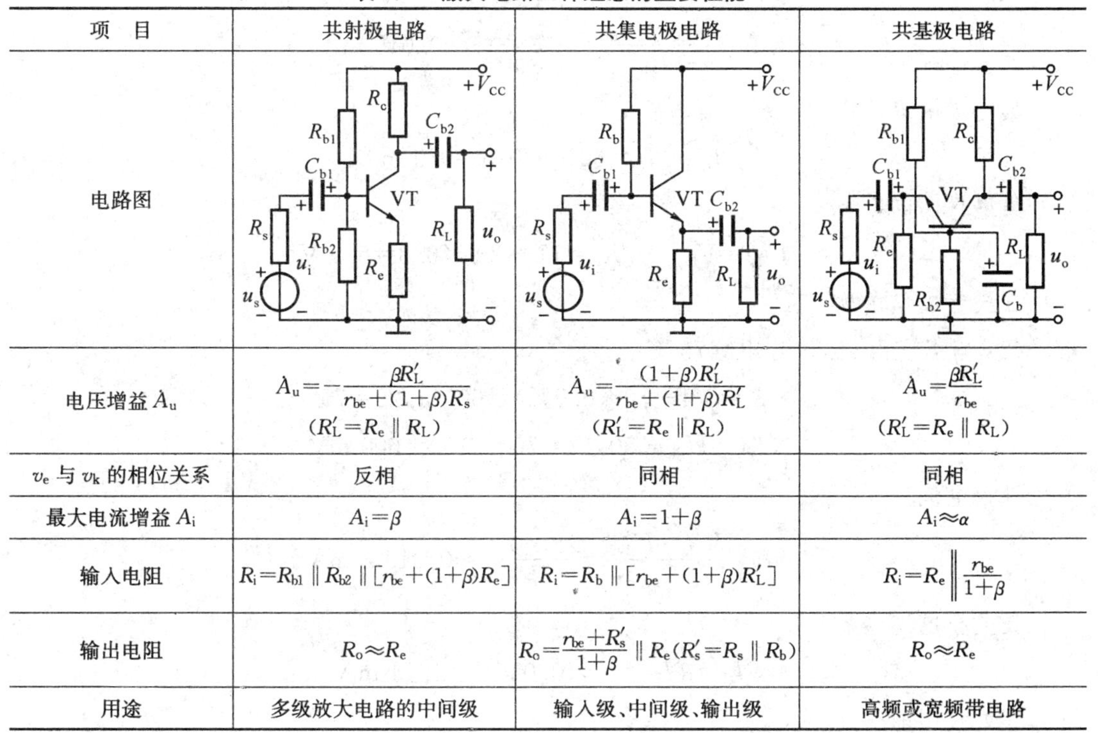

项　目	共射极电路	共集电极电路	共基极电路
电路图			
电压增益 $\dot{A}_u$	$\dot{A}_u=-\dfrac{\beta R'_L}{r_{be}+(1+\beta)R_s}$ $(R'_L=R_e \parallel R_L)$	$\dot{A}_u=\dfrac{(1+\beta)R'_L}{r_{be}+(1+\beta)R'_L}$ $(R'_L=R_e \parallel R_L)$	$\dot{A}_u=\dfrac{\beta R'_L}{r_{be}}$ $(R'_L=R_e \parallel R_L)$
v_e 与 v_k 的相位关系	反相	同相	同相
最大电流增益 A_i	$A_i=\beta$	$A_i=1+\beta$	$A_i\approx\alpha$
输入电阻	$R_i=R_{b1} \parallel R_{b2} \parallel [r_{be}+(1+\beta)R_e]$	$R_i=R_b \parallel [r_{be}+(1+\beta)R'_L]$	$R_i=R_e \parallel \dfrac{r_{be}}{1+\beta}$
输出电阻	$R_o\approx R_e$	$R_o=\dfrac{r_{be}+R'_s}{1+\beta} \parallel R_e(R'_s=R_s \parallel R_b)$	$R_o\approx R_e$
用途	多级放大电路的中间级	输入级、中间级、输出级	高频或宽频带电路

4.5　电路应用

【例 4.5.1】　对固定偏流电路，有 $V_{CC}=12$ V，$R_b=750$ kΩ，$R_c=6.8$ kΩ，采用 3DG6 型三极管。

(1) 当 $T=25$ ℃时，$\beta=60$，$U_{BE}=0.7$ V，求工作点 Q；

(2) 如 b 随温度的变化为 0.5%/℃，而 U_{BE} 随温度的变化为 −2 mV/℃，当温度升高至 75 ℃时，估算工作点的变动情况；

(3) 如温度维持在 25 ℃不变，只是换了一个 $\beta=115$ 的管子，则工作点如何变化，此时放大器的工作状态是否正常？

解:先画出电路如图 4.5.1 所示。

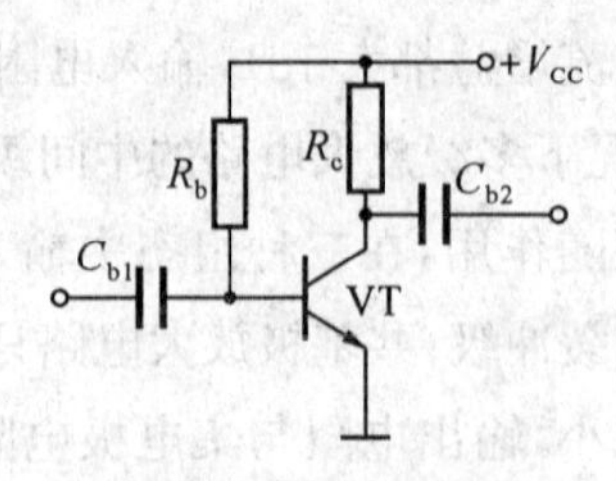

图 4.5.1　例 4.5.1 图

(1) 计算静态工作点

基极电流

$$I_B=\frac{V_{CC}-U_{BE}}{R_b}=\frac{12-0.7}{750}\approx 0.015\ \text{mA}$$

集电极电流

$$I_C=\beta I_B=60\times 0.015=0.9\ \text{mA}$$

集射极间电压

$$U_{CE}=V_{CC}-I_CR_c=12-0.9\times 6.8=5.9\ \text{V}$$

三极管工作在放大区。

(2) 当温度由 25 ℃上升到 75 ℃

$$\beta'=\beta(1+50\times 0.5\%)=60\times 1.25=75$$

$$U'_{BE}=U_{BE}-50\times 2=700-100=600\ \text{mV}$$

基极电流

$$I_B=\frac{V_{CC}-U'_{BE}}{R_b}=\frac{12-0.6}{750}\approx 0.015\ 2\ \text{mA}$$

集电极电流

$$I_C=\beta' I_B=75\times 0.015\ 2=1.14\ \text{mA}$$

集射极间电压

$$U_{CE}=V_{CC}-I_CR_c=12-1.14\times 6.8=4.25\ \text{V}$$

可见,当温度升高时,I_C 增大,U_{CE}减小。

(3) 换一个 $\beta=115$ 的管子

基极电流

$$I_B=\frac{V_{CC}-U_{BE}}{R_b}=\frac{12-0.7}{750}\approx 0.015\ \text{mA}$$

集电极电流

$$I_C=\beta I_B=115\times 0.015=1.725\ \text{mA}$$

集射极间电压

$$U_{CE}=V_{CC}-I_CR_c=12-1.725\times 6.8=0.27\ \text{V}$$

三极管工作在饱和区。

从上面的计算可见，固定偏置电路的工作点受温度和元件参数的影响较大。

【例 4.5.2】 如图 4.5.2 所示的偏置电路中，热敏电阻 R_t 具有负温度系数，则能否起到稳定工作点的作用。

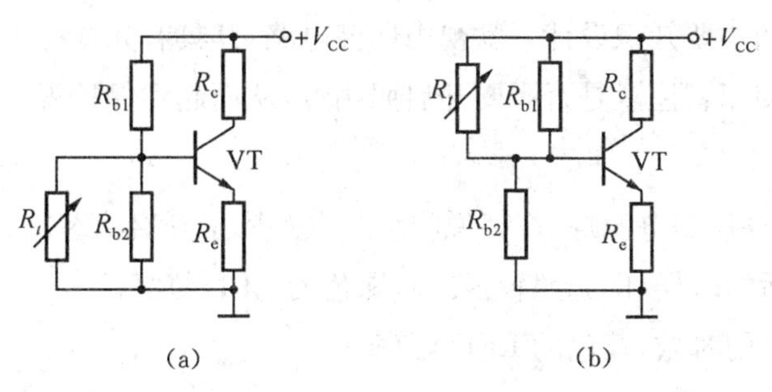

图 4.5.2　例 4.5.2 图

解：图 4.5.2(a)具有稳定工作点的作用。因温度升高时，β 和 I_{CBO} 增大，U_{BE} 减小，它们的共同作用是使 I_c 增大。由于 R_t 减小，三极管的基极电压降低，I_c 减小，两者相反作用使之接近原来的数值。

图 4.5.2(b)不具有稳定工作点的作用。因温度升高时 I_c 增大，R_t 减小，三极管的基极电压升高，I_c 比不加 R_t 时更大。

【例 4.5.3】 说明如图 4.5.3 所示的三个电路有无温度补偿作用。若有补偿作用，要求非线性元件 r 具有怎样的温度特性？

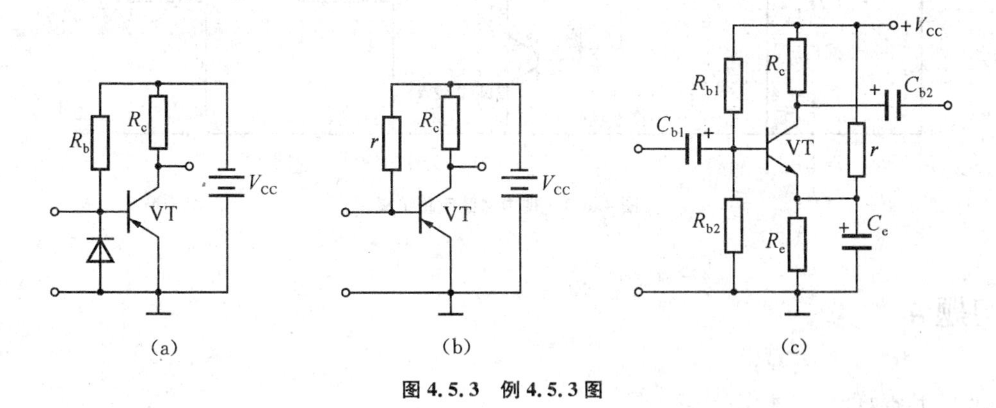

图 4.5.3　例 4.5.3 图

解：图 4.5.3(a)电路具有温度补偿作用。因温度升高时，三极管的发射极电压降低，二极管的导通电压也降低。

图 4.5.3(b)电路要求非线性元件 r 具有正温度特性时才具有温度补偿作用。

图 4.5.3(c)电路要求非线性元件 r 具有负温度特性时才具有温度补偿作用。

4.6 微项目演练

1）微项目简介

结合本章所学的主要知识设计一款视力保健电路，其具有光线亮度的监测功能，通过监测光线的亮度提醒使用者注意是否需要开启照明灯，从而起到保护视力的作用。

2）功能描述

(1) 红色的 LED 灯是电源灯，灯亮说明整个电路属于开启状态。

(2) 当光线合适的时候（即光照较强时），绿色的 LED 灯亮。

(3) 当光线较暗的时候，黄色的 LED 灯亮。

3）电路及实现原理（见图 4.6.1）

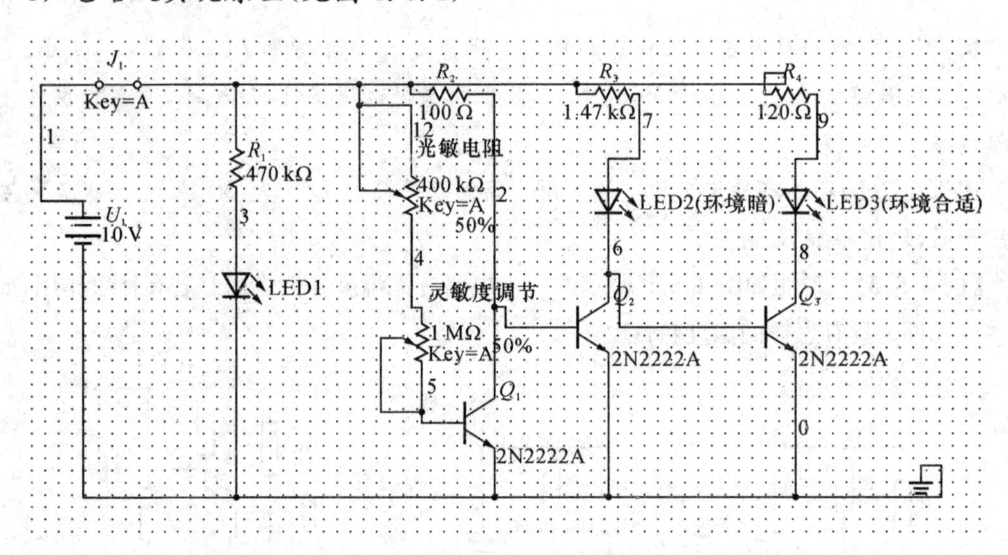

图 4.6.1 视力保健电路仿真图

习题 4

4.1 填空题

(1) 三极管的输出特性曲线可分为三个区域，即________区、________区和________区。当三极管工作在________区时，关系式 $I_C=\beta I_B$ 才成立；当三极管工作在________区时，$I_C=0$；当三极管工作在________区时，$U_{CE}\approx 0$。

(2) NPN 型三极管处于放大状态时，三个电极中电位最高的是________极电位最低。

(3) 晶体三极管有两个 PN 结，即________和________，在放大电路中________必须正偏，________反偏。

(4) 晶体三极管反向饱和电流 I_{CBO} 随温度升高而________，穿透电流 I_{CEO} 随温度升高而________，β

值随温度升高而________。

(5) 硅三极管发射结的死区电压约为________V，锗三极管发射结的死区电压约为________V。晶体三极管处在正常放大状态时，硅三极管发射结的导通电压约为________V，锗三极管发射结的导通电压约为________V。

(6) 输入电压为 20 mV，输出电压为 2 V，放大电路的电压增益为________。

(7) 当半导体三极管的正向偏置，反向偏置时，三极管具有放大作用，即极电流能控制极电流。

(8) 根据三极管放大电路输入回路与输出回路公共端的不同，可将三极管放大电路分为________，________，________三种。

(9) 三极管的特性曲线主要有________曲线和________曲线两种。

4.2　选择题

(1) 下列数据中，对 NPN 型三极管而言属于放大状态的是________。

A. $U_{BE}>0, U_{BE}<U_{CE}$时　　B. $U_{BE}<0, U_{BE}<U_{CE}$时

C. $U_{BE}>0, U_{BE}>U_{CE}$时　　D. $U_{BE}<0, U_{BE}>U_{CE}$时

(2) 工作在放大区域的某三极管，当 I_B 从 20 μA 增大到 40 μA 时，I_C 从 1 mA 变为 2 mA 则它的 β 值约为________。

A. 10　　B. 50　　C. 80　　D. 100

(3) NPN 型和 PNP 型晶体管的区别是________。

A. 由两种不同的材料硅和锗制成的　　B. 掺入的杂质元素不同

C. P 区和 N 区的位置不同　　D. 管脚排列方式不同

(4) 三极管各极对公共端电位如图所示，则处于放大状态的硅三极管是________。

A. 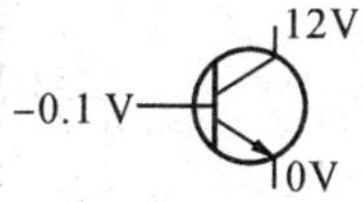 −0.1 V　12V　0V　　B. 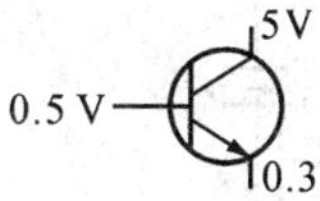 0.5 V　5V　0.3V

C. 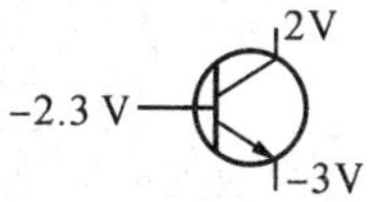 −2.3 V　2V　−3V　　D. 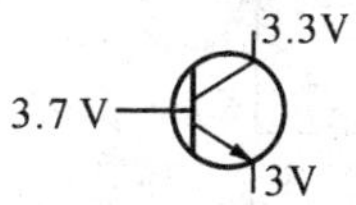 3.7 V　3.3V　3V

(5) 当晶体三极管的发射结和集电结都反偏时，则晶体三极管的集电极电流将________。

A. 增大　　B. 减少　　C. 反向　　D. 几乎为零

(6) 为了使三极管可靠地截止，电路必须满足________。

A. 发射结正偏，集电结反偏　　B. 发射结反偏，集电结正偏

C. 发射结和集电结都正偏　　D. 发射结和集电结都反偏

(7) 检查放大电路中的晶体管在静态的工作状态（工作区），最简便的方法是测量________。

A. I_{BQ}　　B. U_{BE}　　C. I_{CQ}　　D. U_{CEQ}

(8) 对放大电路中的三极管进行测量，各极对地电压分别为 $U_B=2.7$ V，$U_E=2$ V，$U_C=6$ V，则该管工作在________。

A. 放大区　　B. 饱和区　　C. 截止区　　D. 无法确定

(9) 某单管共射放大电路在处于放大状态时，三个电极 A、B、C 对地的电位分别是 $U_A=2.3$ V，$U_B=3$ V，$U_C=0$ V，则此三极管一定是________。

A. PNP 硅管　　B. NPN 硅管

C. PNP 锗管　　　　D. NPN 锗管

(10) 电路如图题 4.2(10)所示，该管工作在________。

A. 放大区

B. 饱和区

C. 截止区

D. 无法确定

+V_{CC} 12 V

200 kΩ

4 kΩ

β=100

U_{BE}=0.7 V

U_{CES}=0.3 V

图题 4.2(10)

4.3　计算题

(1) 三极管组成电路如图题 4.3(1)(a)～(f)所示，试判断这些电路能不能对输入的交流信号进行正常放大，并说明理由。

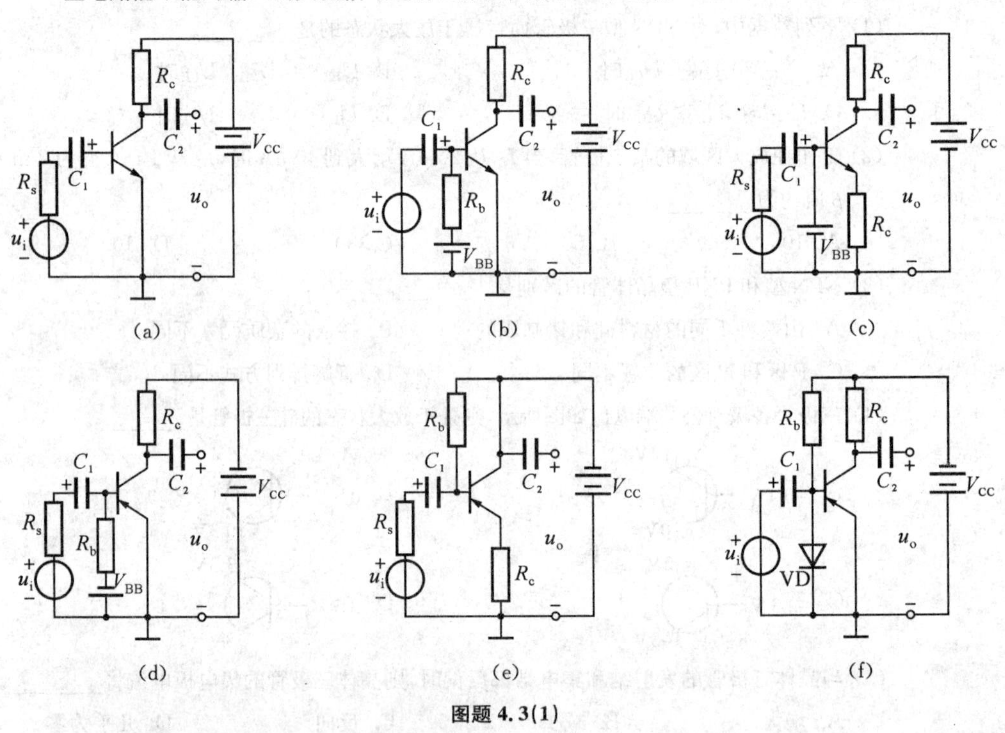

图题 4.3(1)

(2) 如图题 4.3(2)(a)所示固定偏流放大电路中，三极管的输出特性及交、直流负载线如图题 4.3(2)(b)所示，试求：

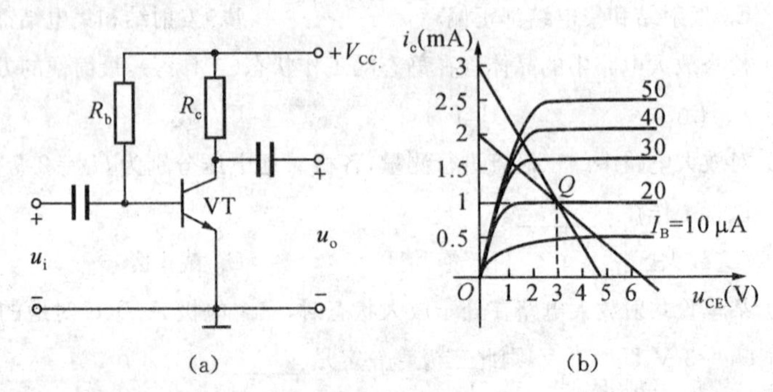

图题 4.3(2)

① 电源电压 V_{CC}，静态电流 I_B、I_C 和管压降 V_{CE} 的值；

② 电阻 R_b、R_C 的值；

③ 输出电压的最大不失真幅度 V_{OM}。

④ 由交流负载线②与静态工作点 Q 的情况可看出，在输入信号的正半周，输出电压 V_{CE} 在 3 V 到 0.8 V 范围内，变化范围为 2.2 V；在信号的负半周输出电压 V_{CE} 在 3 V 到 4.6 V 范围内，变化范围为 1.6 V。输出电压的最大不失真幅度应取变化范围小者，故 V_{OM} 为1.6 V。

(3) 用示波器观察 NPN 管共射单级放大电路输出电压，得到图题 4.3(3)所示三种失真的波形，试分别写出失真的类型。

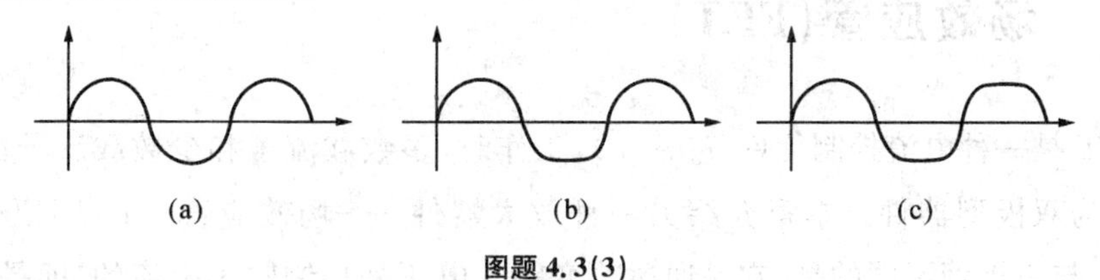

图题 4.3(3)

(4) 在如图题 4.3(4)所示的基本放大电路中，设晶体管 $\beta=100$，$U_{BEQ}=-0.2$ V，$r_{bb'}=200\ \Omega$，C_1，C_2 足够大，它们在工作频率所呈现的电抗值分别远小于放大级的输入电阻和负载电阻。

① 估算静态时的 I_{BQ}、I_{CQ} 和 U_{CEQ}；

② 估算晶体管的 r_{be} 的值；

③ 求电压放大倍数。

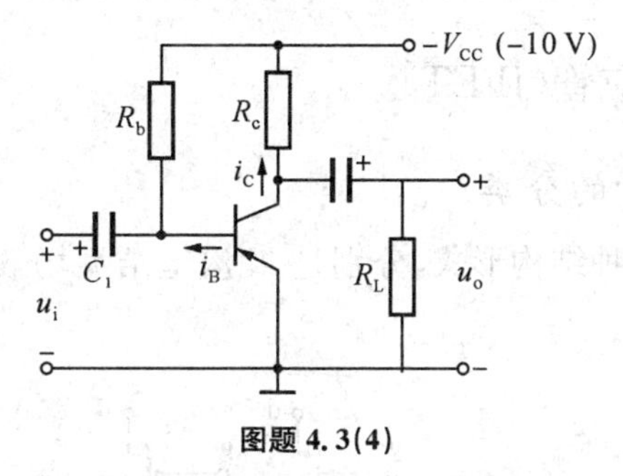

图题 4.3(4)

(5) 放大电路如图题 4.3(5)所示。已知图中 $R_{b1}=10\ \text{k}\Omega$，$R_{b2}=2.5\ \text{k}\Omega$，$R_c=2\ \text{k}\Omega$，$R_e=750\ \Omega$，$R_L=1.5\ \text{k}\Omega$，$R_s=10\ \text{k}\Omega$，$V_{CC}=15$ V，$\beta=150$。设 C_1，C_2，C_3 都可视为交流短路，试用小信号分析法计算电路的电压增益 A_V，源电压放大倍数 A_{VS}，输入电阻 R_i，输出电阻 R_o。

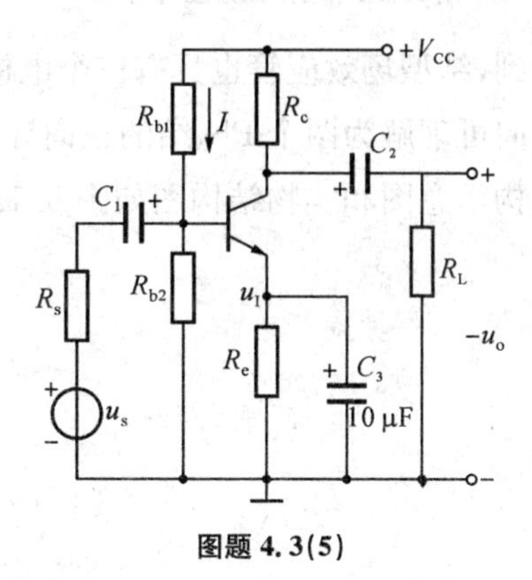

图题 4.3(5)

5 场效应管及其基本放大电路

5.1 场效应管(FET)

BJT 是一种电流控制元件($i_B \sim i_C$),工作时,多数载流子和少数载流子都参与导电,所以被称为双极型器件。本章介绍另一种放大器件——场效应管(Field Effect Transistor, FET)。与三极管不同的是,它是通过改变输入电压来控制输出电流的,即是一种电压控制器件($U_{GS} \sim i_D$),其工作时只有一种载流子参与导电,因此它是单极型器件。场效应管因其制造工艺简单,功耗小,同时具有很好的温度特性,抗干扰能力强,便于集成等优点,得到了广泛应用。

场效应管分为结型场效应管(JFET)和绝缘栅场效应管(MOS 管)。

5.1.1 结型场效应管(JFET)

1) 结型场效应管的分类

结型场效应管有两种结构形式,分别是 N 沟道结型场效应管和 P 沟道结型场效应管,符号图如图 5.1.1 所示。

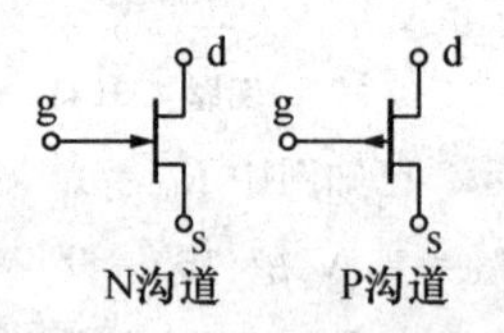

图 5.1.1 结型场效应管符号

从图 5.1.1 中我们可以看到,结型场效应管也具有三个电极,g 为栅极;d 为漏极;s 为源极。电路符号中栅极的箭头方向可理解为两个 PN 结的正向导电方向。

N 沟道结型场效应管的结构示意图和实物结构图如图 5.1.2 所示。

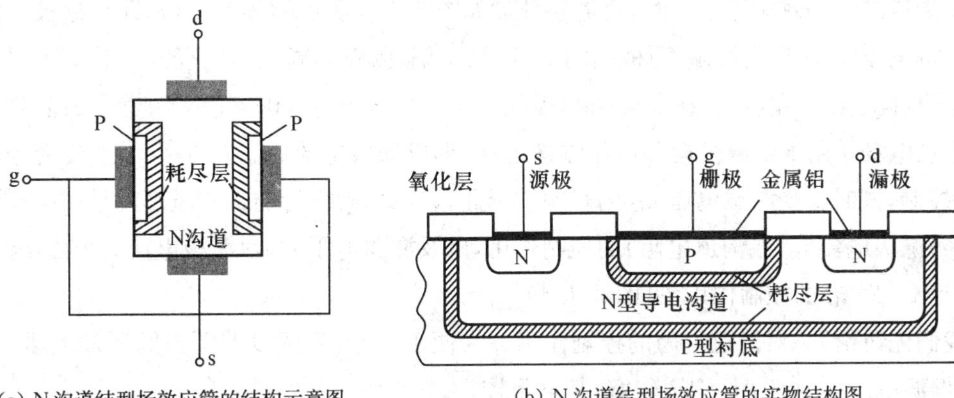

(a) N沟道结型场效应管的结构示意图 (b) N沟道结型场效应管的实物结构图

图 5.1.2 N沟道结型场效应管结构图

如图 5.1.2 所示,在一块 N 型半导体材料的两边各扩散一个高杂质浓度的 P 型区(用 P^+ 表示),就形成两个不对称的 P^+N 结。把两个 P^+ 区并联在一起,引出一个电极,称为栅极(g);在 N 型半导体的两端各引出一个电极,分别称为源极(s)和漏极(d)。它们分别与三极管的基极(b)、发射极(e)和集电极(c)相对应。夹在两个 P^+N 结中间的 N 区是电流的通道,称为导电沟道(简称沟道)。这种结构的管子称为 N 沟道结型场效应管,栅极上的箭头表示栅、源极间 P^+N 结正向偏置时,栅极电流的方向(由 P 区指向 N 区)。

实际的 JFET 结构和制造工艺比上述复杂。图 5.1.2(b)中衬底和中间顶部都是 P^+ 型半导体,它们连接在一起(图中未画出)作为栅极 g。分别与源极 s 和漏极 d 相连的 N^+ 区,是通过光刻和扩散等工艺完成的隐埋层,其作用是为源极 s、漏极 d 提供低阻通路。三个电极 s、g、d 分别由不同的铝接触层引出。

如果在一块 P 型半导体的两边各扩散一个高杂质浓度的 N^+ 区,就可以制成一个 P 沟道的结型场效应管。由结型场效应管代表符号中栅极上的箭头方向,可以确认沟道的类型。

2) 结型场效应管的工作原理

N 沟道和 P 沟道结型场效应管的工作原理完全相同,现以 N 沟道结型场效应管为例,分析其工作原理(见图 5.1.3)。

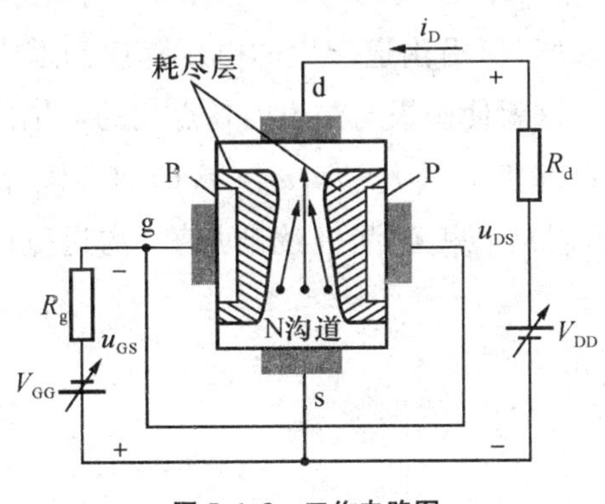

图 5.1.3 工作电路图

N沟道结型场效应管工作时，也需要外加如图5.1.3所示的偏置电压，即在栅极与源极间加一负电压($u_{GS}<0$)，使栅、源极间的P^+N结反偏，栅极电流$i_G\approx0$，场效应管呈现很高的输入电阻(高达10^8左右)。在漏极与源极间加一正电压($u_{DS}>0$)，使N沟道中的多数载流子电子在电场作用下由源极向漏极作漂移运动，形成漏极电流i_D。i_D的大小主要受栅源电压u_{GS}控制，同时也受漏源电压u_{DS}的影响。因此，讨论场效应管的工作原理就是讨论栅源电压u_{GS}对漏极电流i_D(或沟道电阻)的控制作用，以及漏源电压u_{DS}对漏极电流i_D的影响。

(1) u_{GS}对i_D的控制作用(见图5.1.4)

我们先讨论u_{GS}对沟道电阻的控制作用。为便于讨论，先假设漏源极间所加电压$u_{DS}=0$。当栅源电压$u_{GS}=0$时，沟道较宽，其电阻较小。

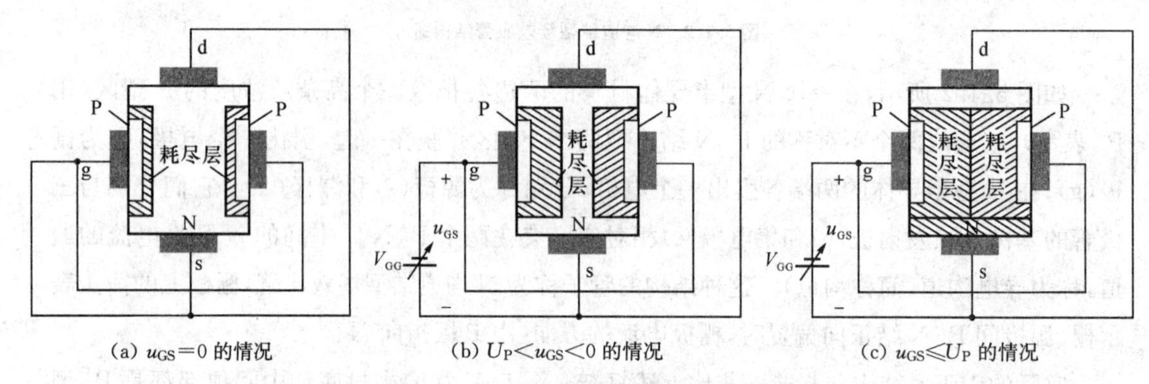

(a) $u_{GS}=0$的情况　　(b) $U_P<u_{GS}<0$的情况　　(c) $u_{GS}\leqslant U_P$的情况

图5.1.4　不同栅源电压控制下的场效应管

当$u_{GS}<0$，且其大小增加时，在这个反偏电压的作用下，两个P^+N结耗尽层将加宽。由于N区掺杂浓度小于P^+区，因此，随着$|u_{GS}|$的增加，耗尽层将主要向N沟道中扩展，使沟道变窄，沟道电阻增大，如图5.1.4(b)所示。

当$|u_{GS}|$进一步增大到一定值$|U_P|$时，两侧的耗尽层将在中间合拢，沟道被全部夹断，如图5.1.4(c)所示。由于耗尽层中没有载流子，因此这时漏源极间的电阻将趋于无穷大，即使加上一定的u_{DS}，漏极电流i_D也将为零。这时的栅源电压称为夹断电压，用U_P表示。

(2) u_{DS}对i_D的影响

设u_{GS}值固定，且$U_P<u_{GS}<0$。当漏源电压u_{DS}从零开始增大时，沟道中有电流i_D流过。由于沟道存在一定的电阻，因此，i_D沿沟道产生的电压降使沟道内各点的电位不再相等，漏极端电位最高，源极端最低。这就使栅极与沟道内各点间的电位差不再相等，其绝对值沿沟道从漏极到源极逐渐减小，在漏极端最大(为$|u_{GD}|$)，即加到该处P^+N结上的反偏电压最大，这使得沟道两侧的耗尽层从源极到漏极逐渐加宽，沟道宽度不再均匀，而呈楔形，如图5.1.5(a)所示。

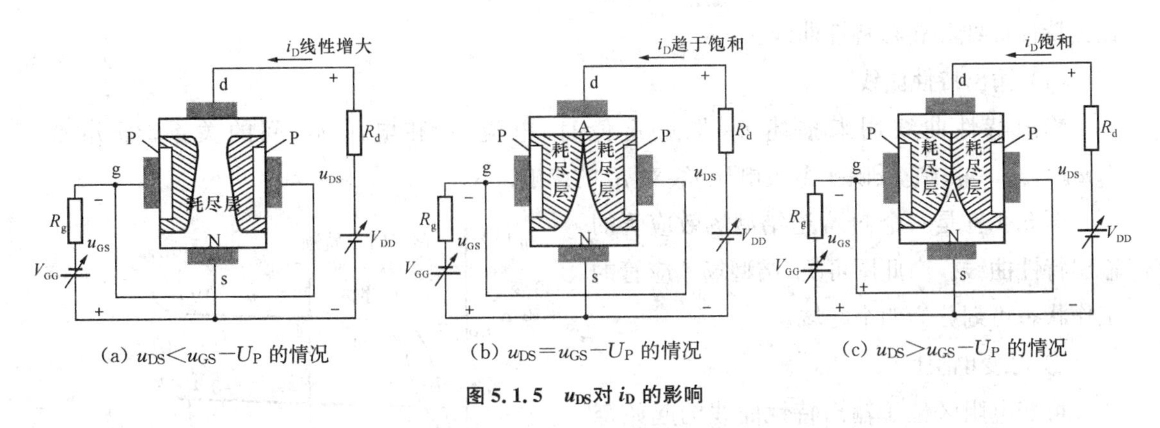

(a) $u_{DS}<u_{GS}-U_P$ 的情况　(b) $u_{DS}=u_{GS}-U_P$ 的情况　(c) $u_{DS}>u_{GS}-U_P$ 的情况

图 5.1.5　u_{DS}对 i_D 的影响

在 u_{DS}较小时，它对 i_D 的影响应从两个角度来分析：一方面 u_{DS}增加时，沟道的电场强度增大，i_D 随之增加；另一方面，随着 u_{DS}的增加，沟道的不均匀性增大，即沟道电阻增加，i_D 应该下降，但是由于 u_{DS}较小时，沟道的不均匀性不明显，漏极端的沟道仍然较宽，即 u_{DS}对沟道电阻影响不大，故 i_D 随 u_{DS}增加而增加。同时，随着 u_{DS}的增加，靠近漏极一端的 P^+N 结上承受的反向电压增大，耗尽层相应变宽，沟道电阻相应增加，i_D 随 u_{DS}上升的速度趋缓。

当 u_{DS}增加到 $u_{DS}=u_{GS}-U_P$，即 $u_{GD}=u_{GS}-u_{DS}=U_P$（夹断电压）时，漏极附近的耗尽层即在 A 点处合拢，如图 5.1.5(b)所示，这种状态称为预夹断。与前面讲过的整个沟道全被夹断不同，预夹断后，形成漏极电流 i_D。因为这时沟道仍然存在，沟道内的电场仍能使多数载流子电子作漂移运动，并被强电场拉向漏极。若 u_{DS}继续增加，使 $u_{DS}>u_{GS}-U_P$ 即 $u_{GD}<U_P$ 时，耗尽层合拢部分会有增加，即自 A 点向源极方向延伸，如图 5.1.5(c)，夹断区的电阻越来越大，漏极电流 i_D 基本上趋于饱和，即 i_D 不随 u_{DS}的增加而增加。因为这时夹断区电阻很大，u_{DS}的增加量主要降落在夹断区电阻上，沟道电场强度增加不多，因而 i_D 基本不变。当 u_{DS}增加到大于某一极限值（用 $u_{(BR)DS}$表示）后，漏极一端 P^+N 结上反向电压将使 P^+N 结发生雪崩击穿，i_D 会急剧增加。正常工作时 u_{DS}不能超过 $u_{(BR)DS}$。

从结型场效应管正常工作时的原理可知：① 结型场效应管栅极与沟道之间的 P^+N 结是反向偏置的，因此，栅极电流 $i_G\approx0$，输入阻抗很高。② 漏极电流受栅源电压 u_{GS}控制，所以场效应管是电压控制电流器件。③ 预夹断前，即 u_{DS}较小时，i_D 与 u_{DS}间基本呈线性关系；预夹断后，i_D 趋于饱和。

P 沟道结型场效应管工作时，电源的极性与 N 沟道结型场效应管的电源极性相反。

上述分析表明，改变栅源电压 u_{GS}的大小，可以有效地控制沟道电阻的大小。若同时在漏、源极间加上固定的正向电压 u_{DS}，则漏极电流 i_D 将受 u_{GS}的控制，$|u_{GS}|$增大时，沟道电阻增大，i_D 减小。上述效应也可以看作是栅、源极间的偏置电压在沟道两边建立了电场，电场强度的大小控制了沟道的宽度，从而控制了沟道电阻的大小，也就是控制了漏极电流 i_D 的大小。

3) 结型场效应管的特性曲线

由于结型场效应管的栅极输入电流 $i_G\gg0$，因此很少应用输入特性，常用的特性曲线有输出特性曲线和转移特性曲线。

(1) 输出特性曲线

输出特性曲线用来描述 u_{GS} 取一定值时，电流 i_D 和电压 u_{DS} 间的关系，即 $i_D = f(u_{DS})|_{u_{DS}=常数}$。它反映了漏极电压 u_{DS} 对 i_D 的影响。

图 5.1.6 是一个 N 沟道结型场效应管的输出特性曲线。由此图可见，结型场效应管的工作状态可划分为四个区域。

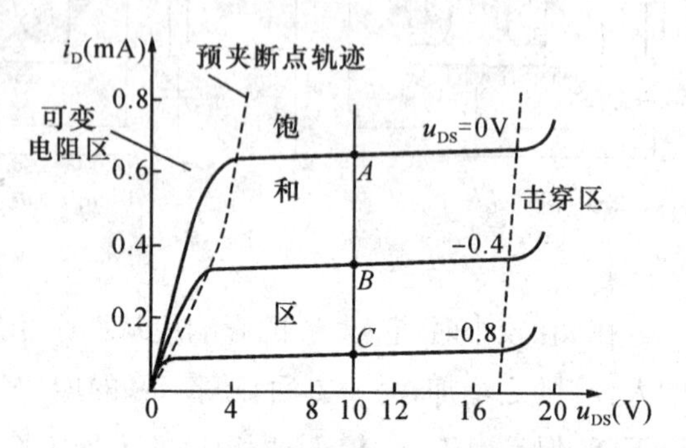

图 5.1.6 N 沟道结型场效应管的输出特性曲线

① 可变电阻区

可变电阻区位于输出特性曲线的起始部分，它表示 u_{DS} 较小、管子预夹断前，电压 u_{DS} 与漏极电流 i_D 间的关系。

在此区域内有 $U_P < u_{GS} \leqslant 0$，$u_{DS} < u_{GS} - U_P$。当 u_{GS} 一定，u_{DS} 较小时，u_{DS} 对沟道影响不大，沟道电阻基本不变，i_D 与 u_{DS} 之间基本呈线性关系。若 $|u_{GS}|$ 增加，则沟道电阻增大，输出特性曲线斜率减小。

所以，在 u_{DS} 较小时，源、漏极间可以看作是一个受 u_{GS} 控制的可变电阻，故称这一区域为可变电阻区。这一特点使结型场效应管作为压控电阻而被广泛应用。

② 饱和区（又称恒流区）

当 $U_P < u_{GS} \leqslant 0$ 且 $u_{DS} \geqslant u_{GS} - U_P$ 时，N 沟道结型场效应管进入饱和区，即图中特性曲线近似水平的部分。它表示管子预夹断后，电压 u_{DS} 与漏极电流 i_D 间的关系。饱和区的特点是 i_D 几乎不随 u_{DS} 的变化而变化，趋于饱和，但仍受 u_{GS} 的控制。$|u_{GS}|$ 增加，沟道电阻增加，i_D 减小。场效应管作线性放大器件用时，就工作在饱和区。

应当指出，图 5.1.3 中左边的虚线是可变电阻区与饱和区的分界线，是结型场效应管的预夹断点（$u_{DS} = u_{GS} - U_P$）的轨迹。显然，预夹断点随 u_{GS} 改变而变化，u_{GS} 愈负，预夹断时的 u_{DS} 越小。

③ 击穿区

管子预夹断后，若 u_{DS} 继续增大，当栅、漏极间 P^+N 结上的反偏电压 u_{GD} 增大到使 P^+N 结发生击穿时，i_D 将急剧上升，特性曲线进入击穿区。管子被击穿后再不能正常工作。

④ 截止区（又称夹断区）

当栅源电压 $|u_{GS}| \geqslant |U_P|$ 时，沟道全部被夹断，$i_D \approx 0$，这时场效应管处于截止状态。截止区处于输出特性曲线图的横坐标轴附近（图 5.1.3 中未标注）。

(2) 转移特性曲线

转移特性曲线用来描述 u_{DS} 取一定值时，i_D 与 u_{GS} 间的关系的曲线，即

$$i_D = f(u_{GS})|_{u_{GS}=常数}$$

它反映了栅源电压 u_{GS} 对 i_D 的控制作用。

由于转移特性和输出特性都是用来描述 u_{GS}、u_{DS}及 i_D 间的关系的，所以转移特性曲线可以根据输出特性曲线绘出。作法如下：在如图 5.1.7(a)所示的输出特性中作一条 $u_{DS}=10$ V 的垂线，将此垂线与各条输出特性曲线的交点 A、B 和 C 所对应的 i_D、u_{GS}的值转移到 i_D-u_{GS} 直角坐标系中，即可得到转移特性曲线 $i_D=f(u_{GS})|_{u_{GS}=u_{DS}}$。

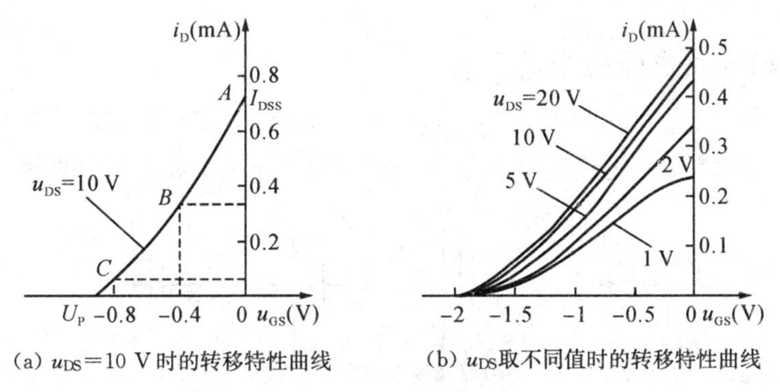

(a) $u_{DS}=10$ V 时的转移特性曲线　　(b) u_{DS}取不同值时的转移特性曲线

图 5.1.7　两种转移特线曲线

改变 u_{DS}的大小，可得到一族转移特性曲线，如图 5.1.7(b)所示。由此图可以看出，当 $u_{DS}\geqslant|U_P|$(图中为 $u_{DS}\geqslant 5$ V)后，不同 u_{DS}的转移特性曲线几乎重合，这是因为在饱和区内 i_D 几乎不随 u_{DS}而变，因此可用一条转移特性曲线来表示饱和区中 i_D 与 u_{GS}的关系。在饱和区内 i_D 可近似地表示为：

$$i_D=I_{DSS}\left(1-\frac{u_{GS}}{U_P}\right)^2 \quad (U_P<u_{GS}\leqslant 0) \tag{5.1.1}$$

式中，I_{DSS}为 $u_{GS}=0$，$u_{DS}\geqslant|U_P|$时的漏极电流，称为饱和漏极电流。

一种由砷化镓制造的 N 沟道 FET 叫做金属半导体场效应管(MESFET)，它具有高速特性等优点，应用广泛。

N 沟道 MESFET 的物理结构和电路符号分别如图 5.1.8 所示。图 5.1.8 表明，在 GaAs 衬底上面形成 N 沟道，然后在 N 沟道两端利用光刻、扩散等工艺掺杂成高浓度 N^+ 区，分别组成漏极 d 和源极 s。当 MESFET 的栅区金属(例如铝)与 N 沟道表面接触时，将在金属半导体接触处形成肖特基势垒区，它和硅 JFET 中栅极、沟道间的 PN 结相似。MESFET 的肖特基势垒区也要求外加反偏电压，u_{GS}愈负，肖特基势垒区愈宽，N 沟道有效截面愈小，漏极电流 i_D 将随 u_{GS}变化。MESFET 的输出特性与硅 JFET 相似，属于耗尽型器件，有一夹断电压 U_P。

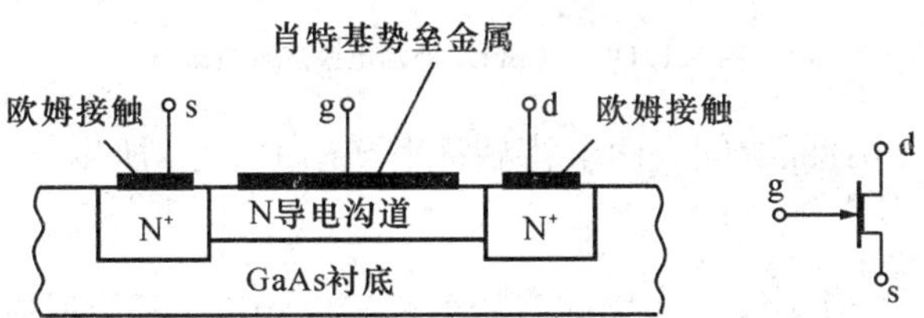

图 5.1.8　N 沟道 FET 结构示意图及器件符号图

由于砷化镓的电导率很低,用作衬底时对相邻器件能起良好的隔离作用。为了减少管子的开关时间,通常 MESFET 的导电沟道做得短,这样由于 u_{DS}产生的沟道长度调制效应就变得明显,即使在恒流区 I_D 也随 u_{DS}而变,这是与硅 JFET 不同之一。

5.1.2　绝缘栅场效应管(MOSFET)

1) 绝缘栅场效应管的分类

绝缘栅型场效应管(Metal Oxide Semiconductor FET, MOSFET)也有两种结构形式,它们是 N 沟道型和 P 沟道型。无论是哪种沟道,它们又分为增强型和耗尽型两种(见图 5.1.9)。

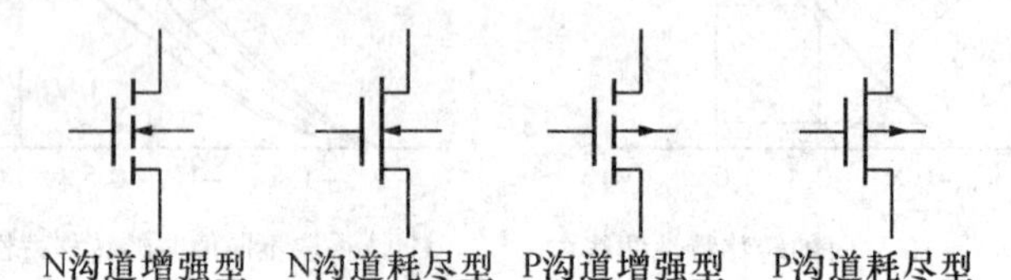

图 5.1.9　MOSFET 四种类型器件符号图

2) 绝缘栅型场效应管的工作原理

以 N 沟道增强型 MOS 场效应管为例,N 沟道增强型 MOS 场效应管的结构示意图及器件符号图如图 5.1.10 所示。

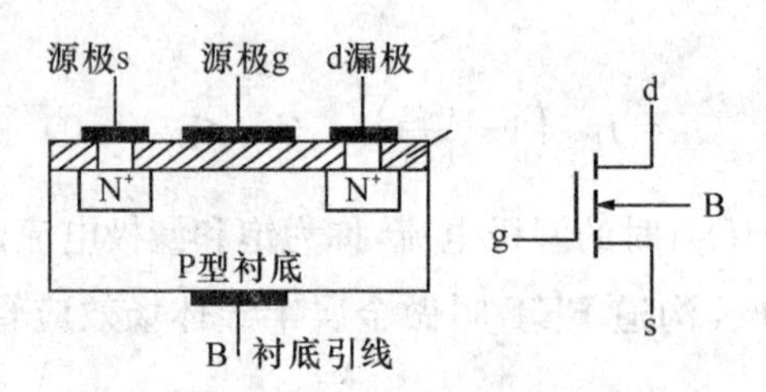

图 5.1.10　N 沟道增强型 MOSFET 的结构及符号图

正常工作时外加电源电压的连接图及电路示意图如图 5.1.11 所示。

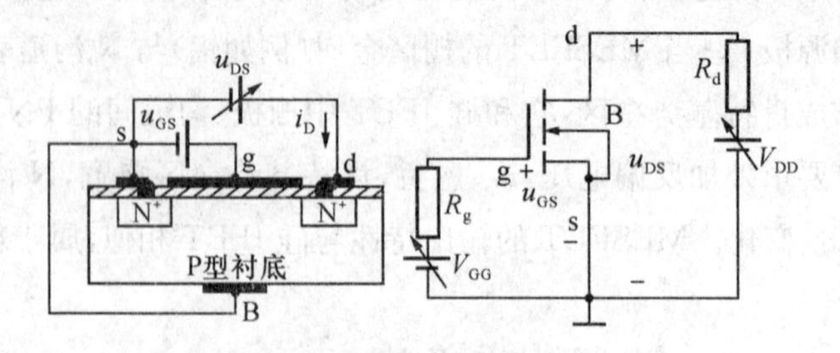

图 5.1.11　MOSFET 外加电源图及电路图

(1) $u_{GS}=0$,$u_{DS}=0$:漏、源间是两个背靠背串联的 PN 结,所以 d—s 间不可能有电流流过,即 $i_D\approx 0$。

(2) 当 $u_{GS}>0$,$u_{DS}=0$ 时:d—s 之间开始形成导电沟道。开始形成导电沟道所需的最小电压称为开启电压 u_{GS}(th)(习惯上常表示为 U_T)。

沟道形成过程作如下解释：U_T 产生时，在栅极与衬底之间产生一个垂直电场（方向为由栅极指向衬底），它使漏、源之间的 P 型硅表面感应出电子层（反型层），使两个 N 区沟通，形成 N 型导电沟道。如果，此时再加上 u_{DS} 电压，将会产生漏极电流 i_D。因为当 $u_{GS}=0$ 时没有导电沟道，而当 u_{GS} 增强到大于 U_T 时才形成沟道，所以称为增强型 MOS 管。u_{GS} 越大，感应电子层越厚，导电沟道越厚，等效沟道电阻越小，i_D 越大。

(3) 当 $u_{GS}>U_T$，$u_{DS}>0$ 时，漏源电压 u_{DS} 产生横向电场：由于沟道电阻的存在，i_D 沿沟道方向所产生的电压降使沟道上的电场产生不均匀分布。近 s 端电压差较高，为 u_{GS}；近 d 端电压差较低，为 $u_{GD}=u_{GS}-u_{DS}$，所以沟道的形状呈楔形分布（见图 5.1.12）。

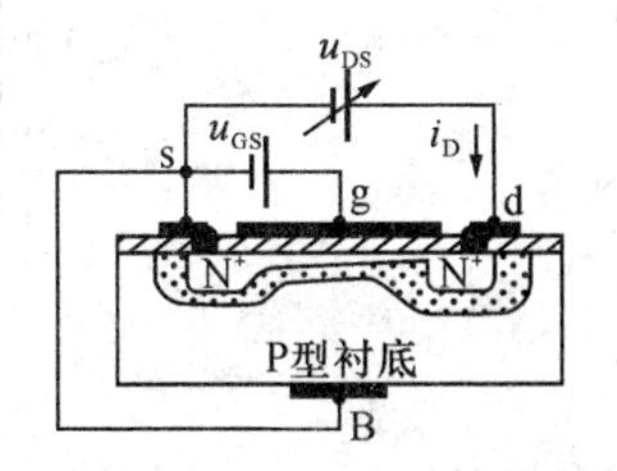

图 5.1.12　$u_{GS}>U_T$ 时沟道示意图

① 当 u_{DS} 较小时：u_{DS} 对导电沟道的影响不大，沟道主要受 u_{GS} 控制，所以 u_{GS} 为定值时，沟道电阻保持不变，i_D 随 u_{DS} 增加而线性增加。此时，栅漏间的电压大于开启电压，沟道尚未夹断，$u_{GD}=u_{GS}-u_{DS}>U_T$，$0<u_{DS}<u_{GS}-U_T$。

② 当 u_{DS} 增加到 $u_{GS}-u_{DS}=U_T$ 时（即 $u_{DS}=u_{GS}-U_T$）：栅漏电压为开启电压时，漏极端的感应层消失，沟道被夹断，称为“预夹断”（见图 5.1.13）。

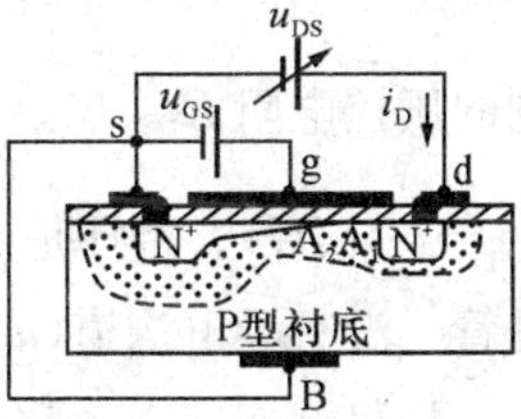

图 5.1.13　预夹断示意图

③ 当 u_{DS} 继续增加时（即 $u_{DS}>u_{GS}-U_T$ 或 $u_{GD}=u_{GS}-u_{DS}<U_T$）：i_D 将不再增加而基本保持不变。因为此时，近漏端上的预夹断点向 s 极延伸，使 u_{DS} 的增加部分降落在预夹断区，维持了 i_D 的大小，$u_{GD}=u_{GS}-u_{DS}<U_T$，$u_{DS}>u_{GS}-U_T$。

3) 绝缘栅场效应管的特性曲线

(1) 增强型 NMOS 管的转移特性

在一定 u_{DS} 下，栅源电压 u_{GS} 与漏极电流 i_D 之间的关系如图 5.1.14 所示，I_{DO} 是 $u_{GS}=2U_T$ 时的漏极电流。

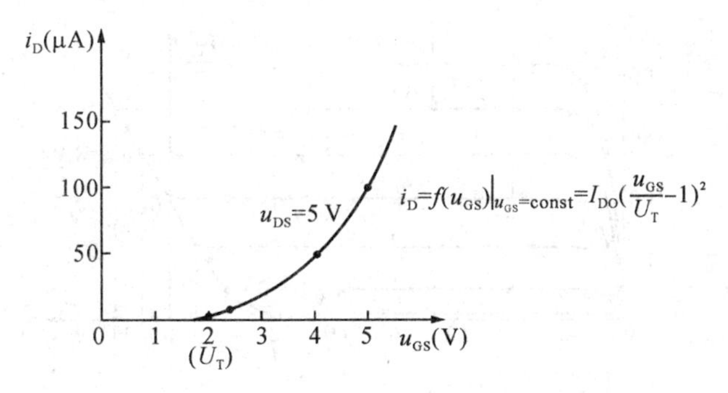

图 5.1.14　u_{GS} 与 i_D 关系图

(2) 输出特性(漏极特性)

表示漏极电流 i_D 与漏-源电压 u_{DS}之间的关系：$i_D=f(u_{DS})|_{u_{GS}=\text{const}}$(见图 5.1.15)。

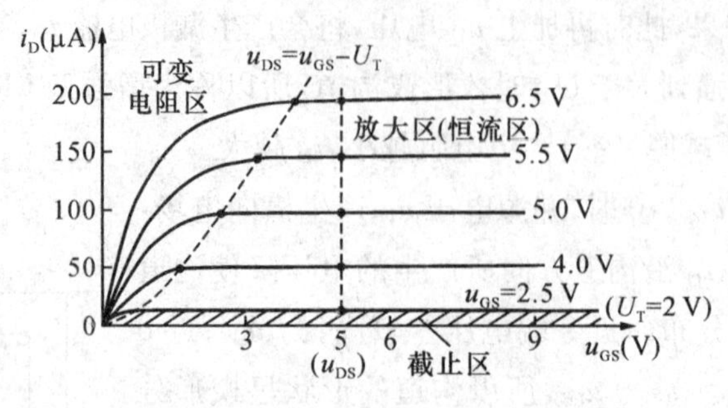

图 5.1.15 u_{DS}与 i_D 关系图

与三极管的特性相似,也可分为 3 个区：可变电阻区、放大区(恒流区、饱和区)、截止区(夹断区)。可变电阻区管子导通,但沟道尚未预夹断,满足的条件为：$u_{GS}>U_T$,$u_{GD}=u_{GS}-u_{DS}>U_T$。在可变电阻区,i_D 仅受 u_{GS}的控制,而且随 u_{DS}增大而线性增大,可模拟为受 u_{GS}控制的压控电阻 R_{DS},$R_{DS}=\left.\frac{u_{DS}}{i_D}\right|_{u_{GS}=\text{const}}$。放大区(沟道被预夹断后)的条件是：$u_{GS}>U_T$,$u_{GD}=u_{GS}-u_{DS}\leqslant U_T$。特征是 i_D 主要受 u_{GS}控制,与 u_{DS}几乎无关,表现为较好的恒流特性。夹断区是管子没有导电沟道($u_{GS}<U_T$)时的状态,$i_D\approx0$。

耗尽型 NMOS 管在制造过程中,在栅极下方的 SiO_2 绝缘层中埋入了大量的 K(钾)或 Na(钠)等正离子。$u_{GS}=0$ 时,靠正离子作用,使 P 型衬底表面感应出 N 型反型层,将两个 N 区连通,形成原始的 N 型导电沟道;u_{DS}一定时,外加正栅压($u_{GS}>0$),导电沟道变厚,沟道等效电阻下降,漏极电流 i_D 增大;外加负栅压 $u_{GS}<0$)时,沟道变薄,沟道电阻增大,i_D 减小;u_{GS}负到某一定值 u_{GS}(off)(常以 U_P 表示,称为夹断电压)时,导电沟道消失,整个沟道被夹断,$i_D\approx0$,管子截止。图 5.1.16 为耗尽型 NMOS 管的伏安特性图。

放大区的电流方程为 $i_D=I_{DSS}\left(1-\frac{u_{GS}}{U_P}\right)$。$I_{DSS}$为饱和漏极电流,是 $u_{GS}=0$ 时耗尽型 MOS 管的漏极电流。

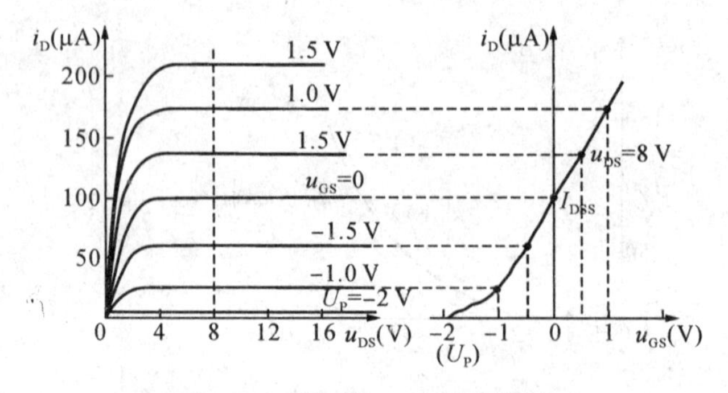

图 5.1.16 耗尽型 NMOS 的伏安特性

5.1.3 场效应管的主要参数

1）直流参数

饱和漏极电流 I_{DSS}：在 $u_{GS}=0$ 的条件下，场效应管发生预夹断时的漏极电流。对结型场效管来说，I_{DSS}也是管子所能输出的最大电流。

夹断电压 U_P：当 u_{DS}一定时，使 i_D 减小到一个微小的电流时所需的 u_{GS}。当 u_{DS}为常数时，漏极电流的微小变化量与栅源电压 u_{GS} 的微小变化量之比为低频跨导，即 $g_m=\left.\frac{\partial i_D}{\partial u_{GS}}\right|_{u_{DS}=常数}$。

g_m 反映了栅源电压对漏极电流的控制能力，是表征场效应管放大能力的一个重要参数。单位为西门子(s)，有时也用 ms 表示。需要指出的是，g_m 与管子的工作电流有关，i_D 越大，g_m 就越大。在放大电路中，场效应管工作在饱和区(恒流区)，g_m 可由式(5.1.2)求得：

$$g_m=\frac{d\left[I_{DSS}\left(1-\frac{u_{GS}}{U_P}\right)^2\right]}{du_{GS}}=-2\frac{2I_{DSS}\left(1-\frac{u_{GS}}{U_P}\right)}{U_P} \tag{5.1.2}$$

开启电压 U_T：当 u_{DS}一定时，使 I_D 到达某一个数值时所需的 u_{GS}。

2）交流参数

低频跨导 g_m：描述栅、源电压对漏极电流的控制作用。

极间电容 C_{gs}、C_{gd}、C_{ds}：C_{gs}是栅源极间存在的电容，C_{gd}是栅漏极间存在的电容。它们的大小一般为 1～3 pF；漏源极间的电容 C_{ds}约为 0.1～1 pF。在低频情况下，极间电容的影响可以忽略，但在高频应用时，极间电容的影响必须考虑。场效应管三个电极之间的电容的值越小，表示管子的性能越好。

3）极限参数

最大漏源电压 $u_{(BR)DS}$：指管子沟道发生雪崩击穿引起 i_D 急剧上升时的 u_{DS}值。$u_{(BR)DS}$的大小与 u_{GS}有关，对 N 沟道而言，u_{GS}的负值越大，则 $u_{(BR)DS}$越小。

最大栅源电压 $u_{(BR)GS}$：是指栅源极间的 PN 结发生反向击穿时的 u_{GS}值，这时栅极电流由零急剧上升。

漏极最大耗散功率 P_{DM}：漏极耗散功率 $P_D(=u_{DS}i_D)$使管子的温度升高，为了限制管子的温度，就需要限制管子的耗散功率不能超过 P_{DM}。P_{DM}的大小与环境温度有关。

除了以上参数外，结型场效应管还有噪声系数，高频参数等其他参数。结型场效应管的噪声系数很小，可达 1.5 dB 以下。

5.1.4 场效应管与三极管的比较

(1) 场效应管的源极 s、栅极 g、漏极 d 分别对应于三极管的发射极 e、基极 b、集电极 c，它们的作用相似。

(2) 场效应管是电压控制电流器件,由 u_{GS} 控制 i_D,其放大系数 g_m 一般较小,因此放大能力较差;三极管是电流控制电流器件,由 i_B(或 i_E)控制 i_C,驱动能力强。

(3) 场效应管栅极几乎不吸取电流($i_g \gg 0$);而三极管工作时基极总要吸取一定的电流。因此场效应管的输入电阻比三极管的输入电阻高。

(4) 场效应管只有多子参与导电;三极管有多子和少子两种载流子参与导电,因少子浓度受温度、辐射等因素影响较大,所以场效应管比三极管的温度稳定性好、抗辐射能力强。在环境条件(温度等)变化很大的情况下应选用场效应管。

(5) 场效应管在源极未与衬底连在一起时,源极和漏极可以互换使用,且特性变化不大;而三极管的集电极与发射极互换使用时,其特性差异很大,β 值将减小很多。

(6) 场效应管的噪声系数很小,在低噪声放大电路的输入级及要求信噪比较高的电路中要选用场效应管。

(7) 场效应管和三极管均可组成各种放大电路和开关电路,但由于前者制造工艺简单,且具有耗电少,热稳定性好,工作电源电压范围宽等优点,因而被广泛用于大规模和超大规模集成电路中。

总体来说,在设计场效应管电路时需要考虑的更多,比如由于其输入阻抗高,就必须要考虑电路的抗干扰性能,因为小小的一点干扰即可造成场效应管的一个动作;还有就是场效应管无法做到像三极管那么高的电压,当然现在的三极管和场效应管复合型器件 IGBT 已经能做到很高的电压了。场效应管由于其特性比较适合做开关用,在低功耗产品中比三极管有优势。

5.2 场效应管基本放大电路

与三极管的共射、共基和共集三种组态相对应,场效应管也有共源、共栅和共漏三种组态。由于共栅接法应用较少,所以本节主要介绍场效应管静态工作点的确定及共源、共漏电路的动态分析及一些应用举例。

5.2.1 场效应管放大电路静态工作点的设置

对直流偏置电路进行静态工作点的设置是为了保证场效应管在信号作用时始终工作在饱和恒流区,这样输出信号才不会失真,电路才能正常放大。下面以 N 沟道场效应管共源放大电路为例,分别介绍几种设置静态工作点的方法。

1) 基本共源放大电路

如图 5.2.1 为增强型场效应管基本共源放大电路,为使管子工作在恒流区,静态工作点如图所示可得:

$$U_{GSQ} = V_{GG}$$

$$I_{DQ}=I_{D0}\left(\frac{U_{GS}}{U_{GS(th)}}-1\right)^2$$

$$U_{DSQ}=V_{DD}-I_{DQ}R_d$$

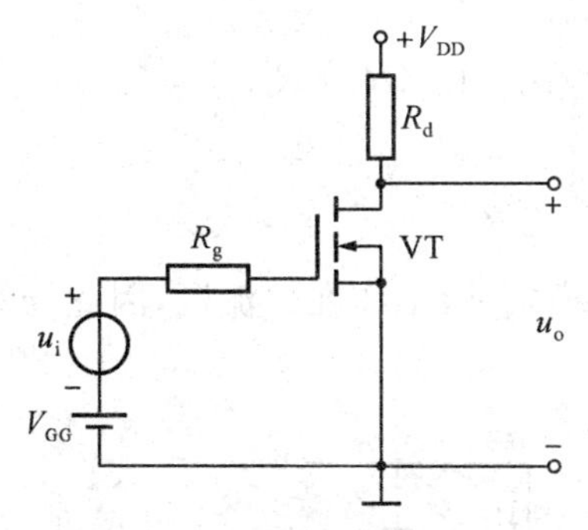

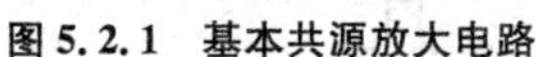

图 5.2.1　基本共源放大电路

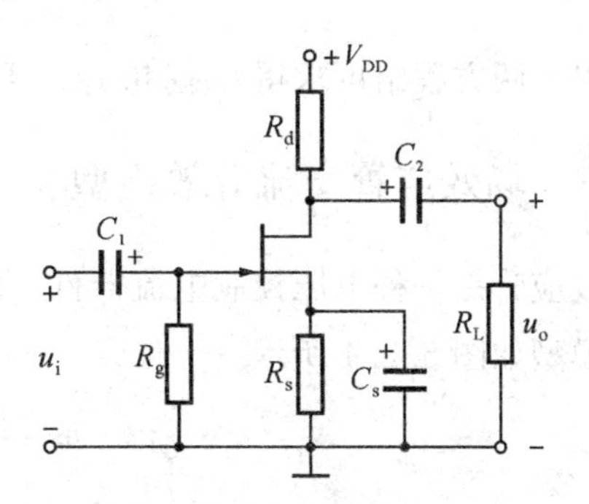

图 5.2.2　自给偏压电路

2）自给偏压电路

由于管子自身特点而获得外加恒流偏压的电路称为自给偏压电路，该电路只适用于耗尽型绝缘栅场效应管(DMOSFET)及结型场效应管(JFET)。

如图 5.2.2 所示，C_1 和 C_2 为耦合电容，C_s 为旁路电容，在交流通路中可视为短路；将电容开路就可得直流通路。根据电路特点及场效应管工作在恒流区，分析可得栅极电流为 0，而漏源间存在漏极电流 I_{DQ}，因此该自给偏压电路的静态工作点为：

$$U_{GQ}=0;\ U_{SQ}=I_{DQ}R_s$$

因此

$$U_{GSQ}=-I_{DQ}R_s$$

$$I_{DQ}=I_{DSS}\left(1-\frac{U_{GSQ}}{U_{GS(off)}}\right)^2$$

$$U_{DSQ}=V_{DD}-I_{DQ}(R_d+R_s)$$

3）分压式偏置电路

如图 5.2.3 为由 N 沟道增强型 MOS 管组成的分压式偏置电路，这种偏置方法适用于任何类型场效应管构成的放大电路。

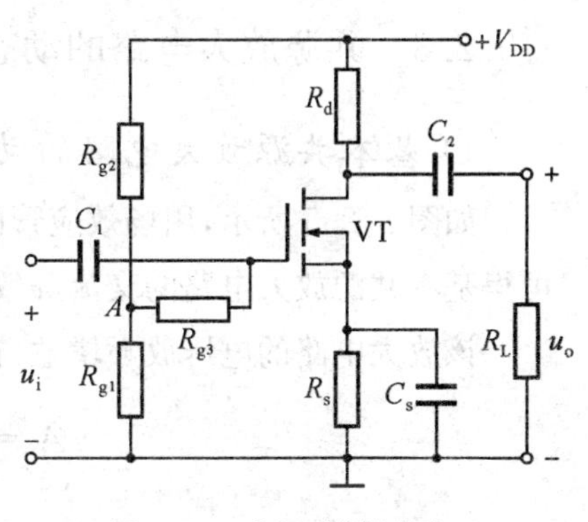

图 5.2.3　分压式偏置电路

将图 5.2.3 中的耦合电容 C_1、C_2 和旁路电容 C_s 断开，就可得到直流通路电路图。由于栅极电流为 0，故栅极电压为 A 点电压，即直流电源在 R_{g1} 上的分压。分析后可得静态工作点参数

$$U_{GQ}=U_{AQ}=\frac{R_{g1}}{R_{g1}+R_{g2}}V_{DD};\ U_{SQ}=I_{DQ}R_s$$

因此

$$U_{GSQ}=\frac{R_{g1}}{R_{g1}+R_{g2}}V_{DD}-I_{DQ}R_S$$

$$I_{DQ}=I_{D0}\left(\frac{U_{GSQ}}{U_{GS(th)}}-1\right)^2$$

解以上两方程组可求得 U_{GSQ} 和 I_{DQ}。$U_{DSQ}=V_{DD}-I_{DQ}(R_d+R_s)$。

5.2.2 场效应管交流等效模型

场效应管是一种电压控制电流器件，在放大模式下，工作在恒流区，因此场效应管的交流等效模型如图 5.2.4 所示。

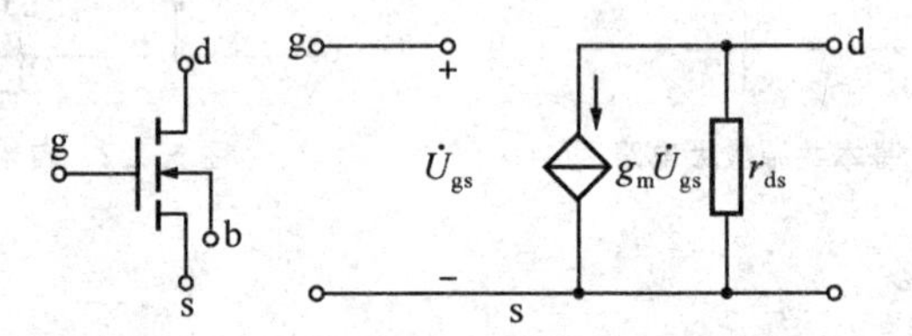

图5.2.4 场效应管器件符号图及其小信号等效模型

其中，跨导为：

$$g_m=\left.\frac{\partial i_D}{\partial u_{GS}}\right|_{u_{DS}}$$

根据各类场效应管 i_D 的表达式或转移特性可求得 g_m。

EMOSFET

$$g_m=\frac{2}{u_{GS(th)}}\sqrt{I_{DO}I_{DQ}}$$

DMOSFET/JFET

$$g_m=\frac{2}{u_{GS(off)}}\sqrt{I_{DSS}I_{DQ}}$$

5.2.3 共源放大电路的动态分析

1) 基本共源放大电路的动态分析

如图 5.2.5 所示，用场效应管的交流等效模型替换图中器件符号，并将直流电源接地，可得基本共源放大电路的交流等效电路图，如图 5.2.6(b)所示。

该放大电路的电压放大增益、输入电阻和输出电阻分别为：

$$\dot{A}_u=\frac{\dot{U}_o}{\dot{U}_i}=\frac{-g_m\dot{U}_{gs}R_d}{\dot{U}_{gs}}=-g_mR_d$$

$$R_i=\infty$$

$$R_o=R_d$$

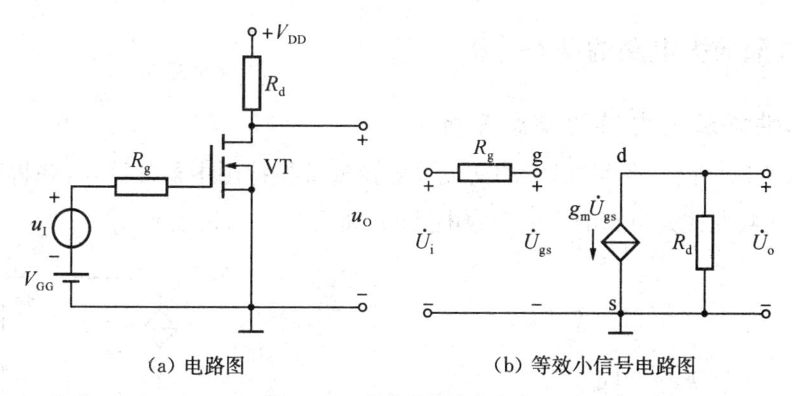

(a) 电路图　(b) 等效小信号电路图

图 5.2.5　基本共源放大电路

2）分压式偏置共源放大电路

将图 5.2.6(a)中的耦合电容 C_1、C_2 和旁路电容 C 短路，直流电源接地，将场效应管等效模型代入后，可得到分压式偏置共源放大电路的交流小信号等效电路图如图 5.2.6(b)所示。

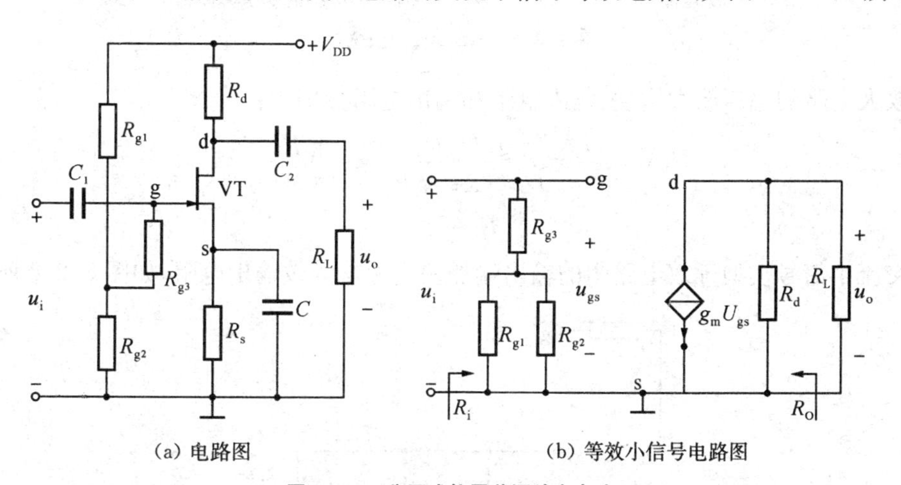

(a) 电路图　(b) 等效小信号电路图

图 5.2.6　分压式偏置共源放大电路

对小信号等效电路图进行动态分析后得：

(1) 电压增益

$$\dot{U}_i=\dot{U}_{gs}R_i$$

$$\dot{U}_o=-g_m\dot{U}_{gs}(R_d/\!/R_L)$$

则

$$A_u=\frac{\dot{U}_o}{\dot{U}_i}=-g_m(R_d/\!/R_L)$$

(2) 输入电阻

$$R_i\approx R_{g3}+(R_{g1}/\!/R_{g2})$$

(3) 输出电阻

$$R_o\approx R_d$$

5.2.4 共漏放大电路的动态分析

1）基本共漏放大电路的动态分析

如图 5.2.7(a)所示，将 MOS 管的交流等效模型替换掉图中器件符号，并将直流电源接地，可得该基本共漏放大电路的交流等效电路图，如图 5.2.7(b)所示。

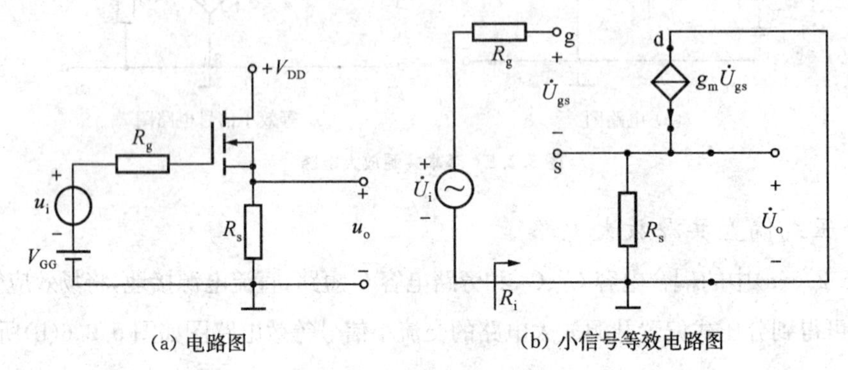

图 5.2.7 基本共漏放大电路

该放大电路的电压放大增益、输入电阻和输出电阻分别为：

$$\dot{A}_u=\frac{\dot{U}_o}{\dot{U}_i}=\frac{g_m\dot{U}_{gs}R_s}{\dot{U}_{gs}+g_m\dot{U}_{gs}R_s}=\frac{g_mR_s}{1+g_mR_s}$$

$$R_i=\infty$$

在交流小信号模型等效电路图的输出端加一电源求等效输出电阻，如图 5.2.8 所示。

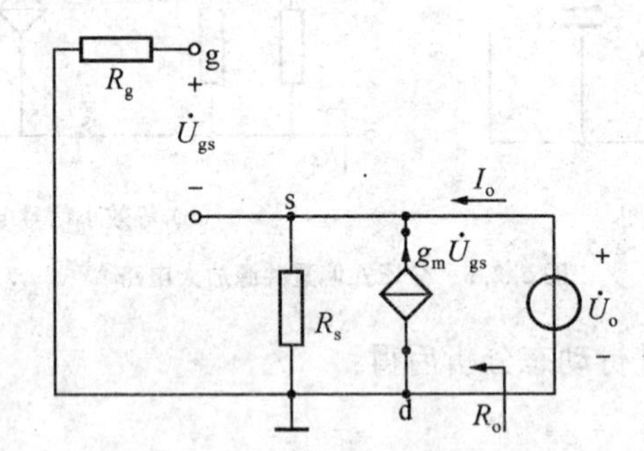

图 5.2.8 求 R_o 的小信号等效电路图

求得：

$$R_o=\frac{\dot{U}_o}{I_o}=\frac{\dot{U}_o}{\frac{\dot{U}_o}{R_s}-g_m\dot{U}_{gs}}=\frac{\dot{U}_o}{\frac{\dot{U}_o}{R_s}+g_m\dot{U}_o}=R_s//\frac{1}{g_m}$$

2）分压偏置共漏放大电路的动态分析

将图 5.2.9(a)中的耦合电容 C_1 和 C_2 短路，直流电源接地，将场效应管等效模型代入后，可得到分压式偏置共源放大电路的交流小信号等效电路图，如图 5.2.9(b)所示。

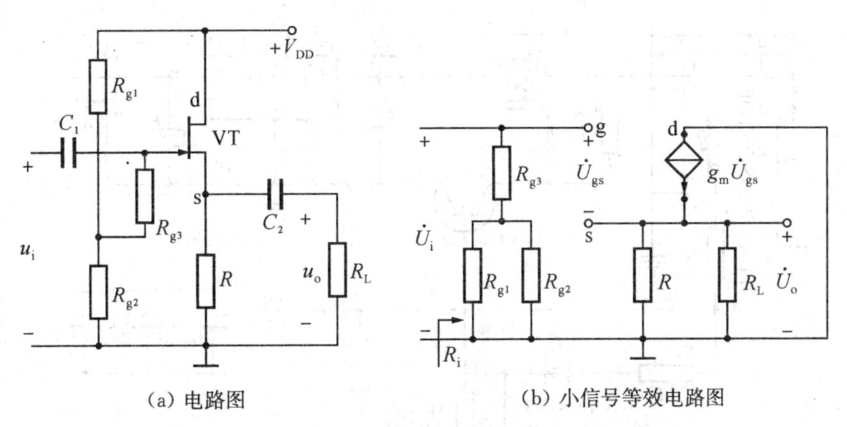

(a) 电路图　　(b) 小信号等效电路图

图 5.2.9　分压偏置共漏放大电路

对小信号等效电路图进行动态分析后得：

(1) 电压增益

$$\dot{U}_i = u_{gs} + g_m u_{gs}(R /\!/ R_L)$$

$$\dot{U}_o = g_m u_{gs}(R /\!/ R_L)$$

则

$$A_u = \frac{\dot{U}_o}{\dot{U}_i} = \frac{g_m(R /\!/ R_L)}{1 + g_m(R /\!/ R_L)}$$

(2) 输入电阻

$$R_i \approx R_{g3} + (R_{g1} /\!/ R_{g2})$$

(3) 输出电阻

$$R_o = \frac{\dot{U}_o}{\dot{I}_o} = \frac{\dot{U}_o}{\frac{\dot{U}_o}{R_s} - g_m\dot{U}_{gs}} = \frac{\dot{U}_o}{\frac{\dot{U}_o}{R_s} + g_m\dot{U}_o} = R_s /\!/ \frac{1}{g_m}$$

5.3　微项目演练

场效应管开关电路

以我们常见的 2606 主控电路图中的电子开关电路为例，图 5.3.1 中用的美国 VISHAY 型 SI2305 的 P 沟道场效应管。下面简要介绍电子开关应用的工作原理：

图 5.3.1 中电池的正电通过开关 S_1 接到场效应管 VT_1 的 2 脚源极，但由于 VT_1 是一个 P 沟道管，它的 1 脚栅极通过 R_{20} 电阻提供一个正电位电压，所以不能通电，电压不能继续通过，所以此时是关机状态。

当按下 SW_1 开机按键时，正电通过按键、R_{11}、R_{23}、VD_4 加到三极管 VT_2 的基极，这时三极管 VT_2 的基极得到一个正电位，三极管导通。而由于三极管的发射极直接接地，三极管 VT_2 导通就相当于 VT_1 的栅极直接接地，加在它上面的通过 R_{20} 电阻的电压直接入地，VT_1

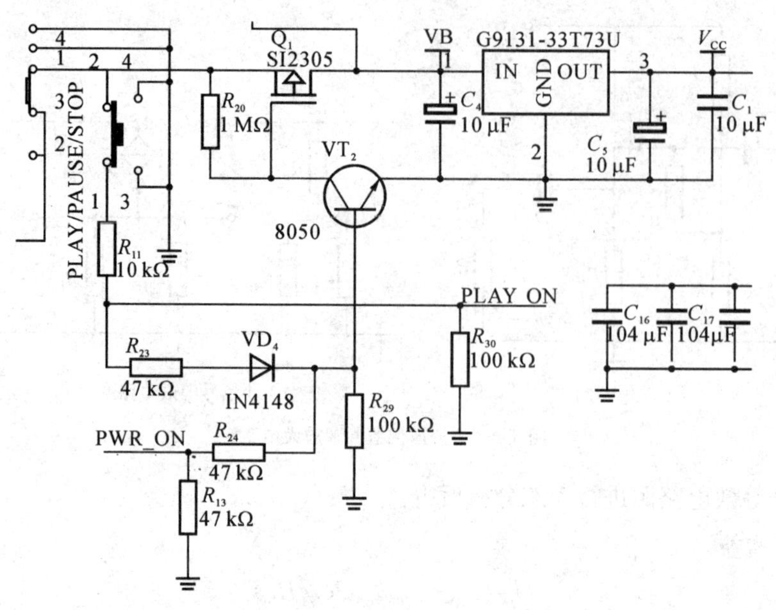

图 5.3.1 MOS 管开关电路图

的栅极从高电位变为低电位，VT_1 导通。电流从 VT_1 同过加到 3 V 稳压 IC 的输入脚，3 V 稳压 IC 输出 3 V 的工作电压 v_{cc} 给主控，主控通过复位清 0。通过读取固件程序、检测等一系列动作，输出控制电压到 PWR_ON，再通过 R_{24}、R_{13} 分压送到 VT_2 的基极。VT_2 一直保持导通状态，即使松开开机键，断开 VT_1 的基极电压，VT_2 的导通状态还是能由主控电压保持着，这时电源处于开机状态。

SW_1 同时通过 R_{11}、R_{30} 两个电阻的分压，给主控 PLAY ON 脚送去时间长短、次数不同的控制信号，主控通过固件鉴别是播放、暂停、开机还是关机，输出不同的结果给相应的控制点，以达到不同的工作状态。

习题 5

5.1 选择填空(只填① 、②……)

(1) 晶体管是依靠_______导电来工作的_______器件；场效应管是依靠_______导电来工作的_______器件(① 多数载流子；② 少数载流子；③ 电子；④ 空穴；⑤ 多数载流子和少数载流子；⑥ 单极型；⑦ 双极型；⑧ 无极型)。

(2) 晶体管是_______；场效应管是_______(① 电压控制器件；② 电流控制器件)。

(3) 晶体管的输入电阻比场效应管的输入电阻_______(① 大得多；② 差不多；③ 小得多)。

(4) 晶体管的集电极电流_______；场效应管的漏极电流_______(① 穿过一个 PN 结；② 穿过两个 PN 结；③ 不穿过 PN 结)。

(5) 放大电路中的晶体管应工作在_______；场效应管应工作在_______(① 饱和区；② 放大区；③ 截止区；④ 夹断区；⑤ 可变电阻区)。

(6) 绝缘栅型场效应管是利用改变________的大小来改变________的大小，从而达到控制________的目的；根据________时，有无________的差别，场效应管可分为________型和________型两种类型。

(7) N 沟道场效应管最大的优点是________；其栅—源电压的极性________，漏-源电压的极性________；对于增强型 N 沟道场效应管，这两种电压的极性________，对增强型 P 沟道场效应管这两种电压的极性为________。

(8) 耗尽型场效应管在恒流区的转移特性方程为________，反映________对________控制特性的。

(9) 当场效应管的漏极直流电流 I_D 从 2 mA 变为 4 mA 时，它的低频跨导 g_m 将________。

A. 增大　　　B. 不变　　　C. 减小

5.2　解答题

(1) 试将场效应管栅极和漏极电压对电流的控制机理与双极型晶体管基极和集电极电压对电流的控制机理作一比较。

(2) 已知放大电路中一只 N 沟道场效应管三个极①、②、③的电位分别为 4 V、8 V、12 V，管子工作在恒流区。试判断它可能是哪种管子(结型管、场效应管、增强型、耗尽型)，并说明①、②、③与 g、s、d 的对应关系。

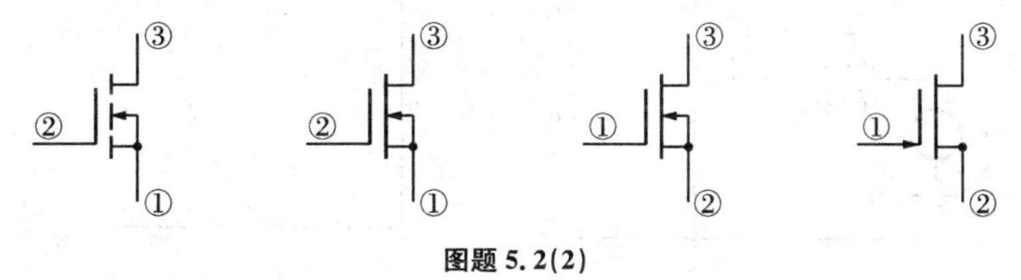

图题 5.2(2)

(3) N 沟道 JFET 的转移特性如图题 5.2(3)所示。试确定其饱和漏电流 I_{DSS} 和夹断电压 U_P。

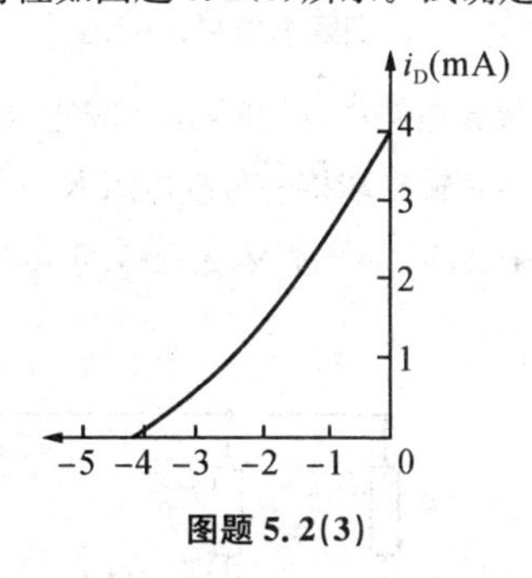

图题 5.2(3)

(4) 已知某结型场效应管的 $I_{DSS}=2$ mA，$U_{GS(off)}=-4$ V，试画出它的转移特性曲线和输出特性曲线，并近似画出预夹断轨迹。

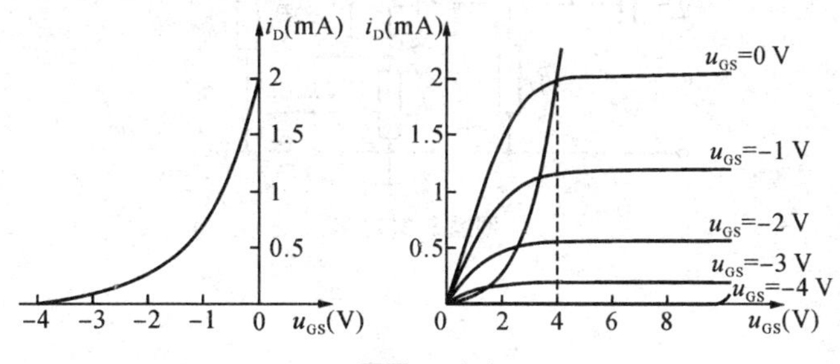

图题 5.2(4)

(5) 分别判断如图题 5.2(5)所示各电路中的场效应管是否有可能工作在恒流区。

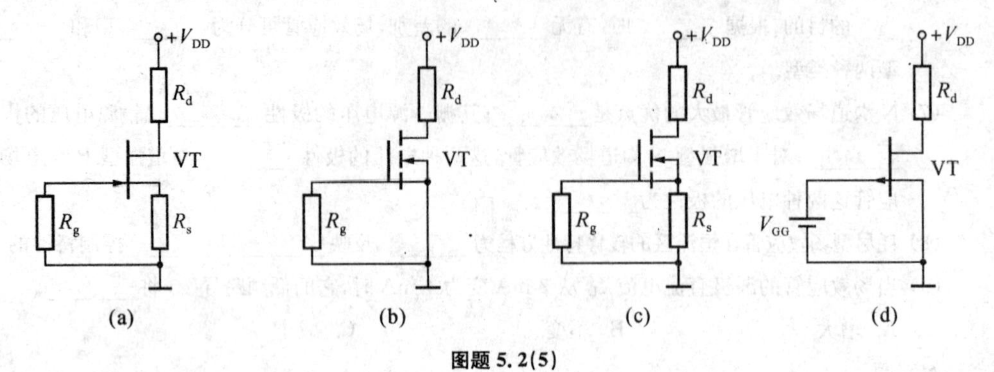

图题 5.2(5)

(6) 如图题 5.2(6)(a)所示电路中场效应管的转移特性如图题 5.2(6)(b)所示。求解电路的 Q 点和 $\dot{A}_u$。

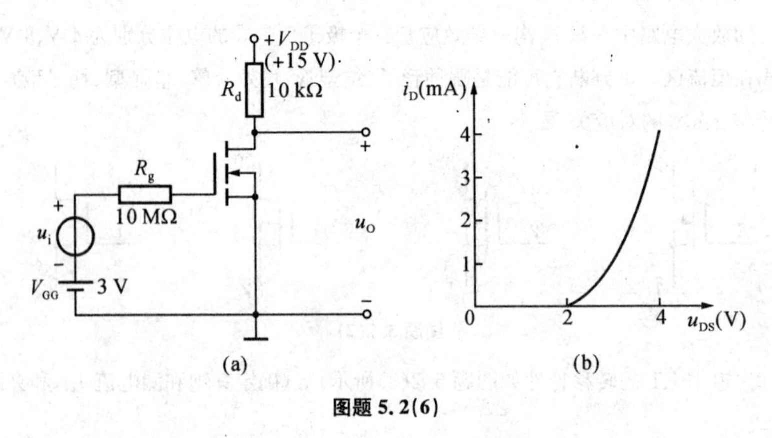

图题 5.2(6)

(7) 在如图题 5.2(7)所示的放大电路中，已知 $V_{DD}=20$ V，$R_d=10$ kΩ，$R_s=10$ kΩ，$R_1=200$ kΩ，$R_2=51$ kΩ，$R_g=1$ MΩ，将其输出端接一负载电阻 $R_L=10$ kΩ。所用的场效应管为 N 沟道耗尽型，其参数 $I_{DSS}=0.9$ mA，$V_P=-4$ V，$g_m=1.5$ mA/V。试求：① 静态值；② 电压放大倍数。

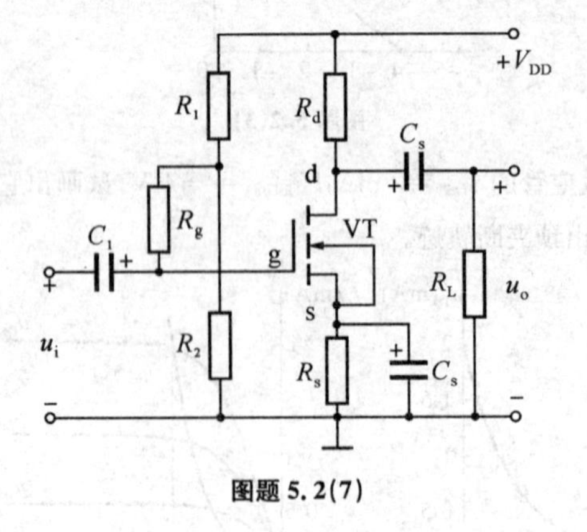

图题 5.2(7)

(8) 如图题 5.2(8)所示放大电路中的结型场效应管的 $U_P=-3\ V$，$I_{DSS}=3\ mA$，$r_{DS}\gg R_d$，试用微变等效电路法求：

① 电压放大倍数 $\dot{A}_{V1}$ 和 A_{V2}；

② 输入电阻 R_i 和输出电阻 R_{o1} 及 R_{o2}。

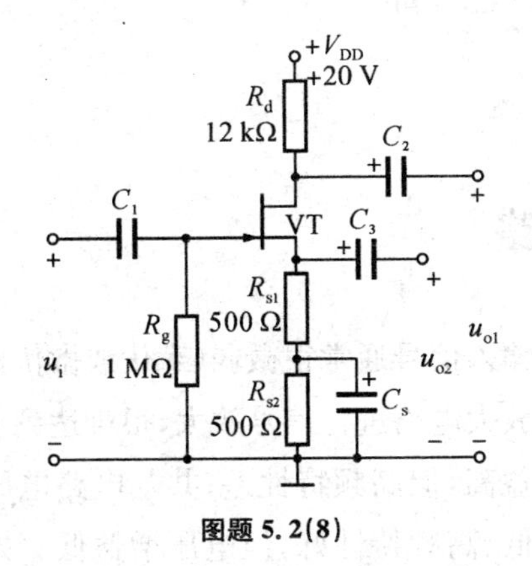

图题 5.2(8)

6 组合放大电路

6.1 多级放大电路

实际应用中，放大电路的输入信号通常很微弱(毫伏或微伏数量级)，要使放大后的信号能够驱动负载，仅仅通过单级放大电路进行信号放大，很难达到实际要求。且不同的放大电路性能不同：共射电路电压增益高，但高频特性差；共基电路电压增益高、高频特性好，但输入电阻低，共集电路输出电阻低、高频特性好，但电压增益低。如果要求一个放大电路的输入电阻达兆欧级，输出电阻小于 100 Ω，电压增益 3 000，则仅利用任何一种放大电路均不能实现，这时可以考虑选用多个放大器级联。采用多级放大电路可有效地提高放大电路的各种性能，如电压增益、电流增益、输入电阻、带负载能力。

6.1.1 耦合方式

放大电路级间的连接方式称为耦合。图 6.1.1 为采用三种不同耦合方式的电路。

1) 直接耦合

将前一级电路的输出端直接连到后一级电路的输入端。如图 6.1.1(a)所示，R_c 是第一级共射电路的集电极电阻，也是第二级共集电路的基极电阻。直接耦合电路的低频特性良好，可以放大缓慢变化的信号，电路中没有电容和变压器，易于集成到一片硅片上。但各级的静态工作点相互影响，易产生零点漂移。

2) 阻容耦合

将前一级电路的输出端通过电容连到后一级电路的输入端。如图 6.1.1(b)所示，第一级共射电路与第二级共集电路通过电容连接。由于电容“隔直通交”，所以直流通路中，各级间互不影响，静态工作点各自独立，可单独求取，但电路不能放大直流信号。对于交流信号，只要频率足够高，电容足够大，前级的输出可以几乎无损的传递到后级的输入。该电路低频特性差，不能放大缓慢变化的信号，大电容制造困难，不易集成，多应用于信号频率高、输出功率大的分立元件电路。

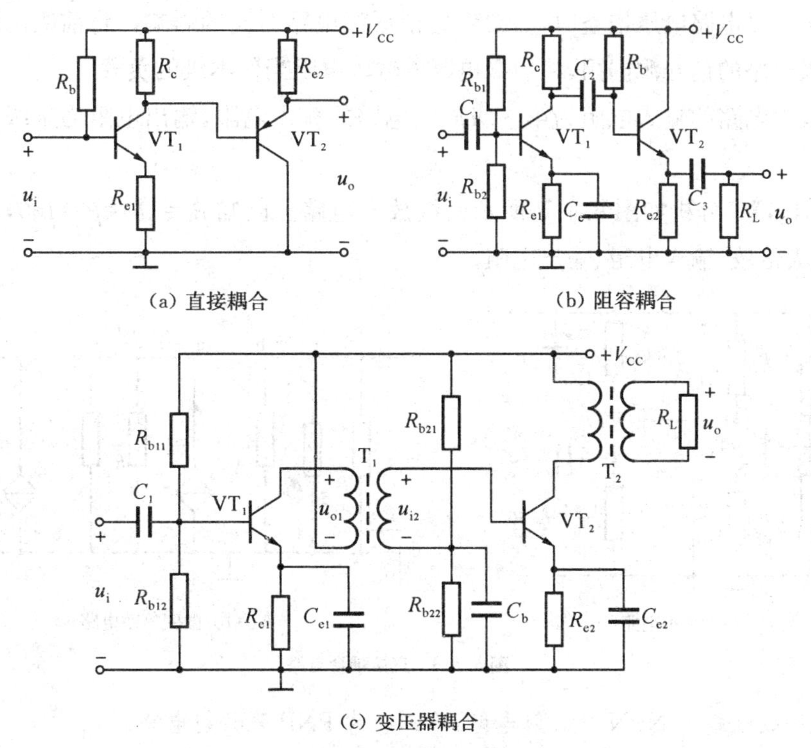

图 6.1.1　多级电路的耦合方式

3）变压器耦合

将前一级电路的输出端通过变压器连到后一级电路的输入端，前后级电路通过磁路耦合。如图 6.1.1(c)所示，第一级共射电路与第二级共射电路通过变压器连接。该电路各级工作点独立，最大的特点是可以调整匝数比，实现阻抗变换。电压增益与负载大小成正比，如果负载较小，比如扬声器负载仅几欧、十几欧，直接计算电压增益将使数值变得很小；而采用阻抗变换，选择合适的匝数比，可使负载上获得足够的电压。

6.1.2　多级放大电路的分析

多级放大电路可以用框图表示，以两级放大电路为例，如图 6.1.2 所示，前级的输出电压就是后级的输入电压，两级组合放大电路的增益为各级电路增益之积，表示为：

$$A_u=\frac{u_o}{u_i}=\frac{u_o}{u_{o1}}\frac{u_{o1}}{u_i}=A_{u1}A_{u2} \qquad (6.1.1)$$

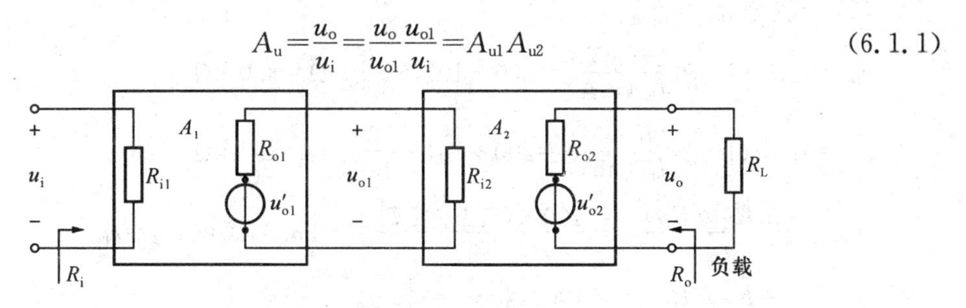

图 6.1.2　两级放大电路方框图

计算每一级电路电压增益时，需要考虑前后级电路对其的影响。将前级电路的输出电阻当作本级电路的信号源内阻，将后级电路的输入电阻当作本级的负载。

多级放大电路的输入电阻为第一级放大电路的输入电阻，输出电阻为末级放大电路的输出电阻。

【例 6.1.1】 分析如图 6.1.3 所示两级放大电路。已知 $\beta_1=\beta_2=\beta=100$，求静态工作点、电压放大倍数、输入电阻、输出电阻。

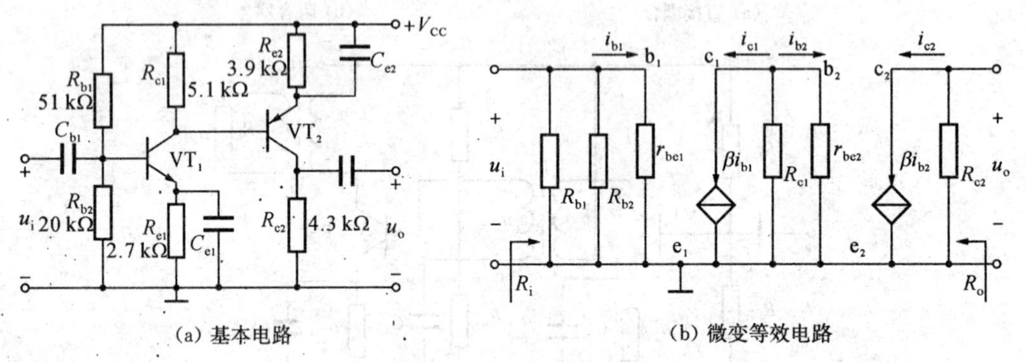

图 6.1.3 直接耦合电路

解: 第一级电路为 NPN 管共射电路，第二级为 PNP 管共射电路。

(1) 静态分析

$$U_{B1}=\frac{V_{CC}R_{b2}}{R_{b1}+R_{b2}}=3.38\ \text{V}$$

$$I_{C1}\approx I_{E1}=\frac{U_{B1}-U_{BE}}{R_{e1}}=\frac{3.38-0.7}{2.7}=0.99\ \text{mA}$$

$$I_{B1}=I_{C1}/\beta=9.9\ \mu\text{A}$$

$$U_{C1}=U_{B2}=V_{CC}-I_{C1}R_{c1}=12-0.99\times 5.1=7.2\ \text{V}$$

$$U_{CE1}\approx V_{cc}-I_{C1}(R_{c1}+R_{e1})=12-0.99\times 7.8=4.6\ \text{V}$$

$$U_{E2}=U_{B2}+U_{BE2}=7.2+0.7=7.9\ \text{V}$$

$$I_{E2}\approx I_{C2}=(V_{CC}-U_{E2})/R_{e2}=(12-7.9)/3.9\approx 1.04\ \text{mA}$$

$$U_{C2}=I_{C2}R_{c2}=1.04\times 4.3=4.47\ \text{V}$$

$$U_{CE2}=U_{C2}-U_{E2}=4.47-7.9=-3.43\ \text{V}$$

(2) 交流分析

$$r_{be1}=r_{bb}+(1+\beta)\frac{26(\text{mV})}{I_{E1}(\text{mA})}=200+101\times\frac{26}{0.99}\ \Omega=3.0\ \text{k}\Omega$$

$$r_{be2}=r_{bb}+(1+\beta)\frac{26(\text{mV})}{I_{E2}(\text{mA})}=200+101\times\frac{26}{1.04}\ \Omega=2.7\ \text{k}\Omega$$

$$A_{u1}=-\frac{\beta(R_{c1}/\!/R_{i2})}{r_{be1}}=-\frac{100\times(5.1/\!/2.7)}{3}=-58.3\text{，式中 }R_{i2}=r_{be2}$$

$$A_{u2}=-\frac{\beta(R_{c2}/\!/R_L)}{r_{be2}}=-\frac{100\times 4.3}{2.8}=-153.6$$

$A_u = A_{u1} A_{u2} = -58.3 \times (-153.6) = 8\ 955$

$R_i = R_{i1} = r_{be1} /\!/ R_{b1} /\!/ R_{b2} = 2.55\ \text{k}\Omega$

$R_O = R_{C2} = 4.3\ \text{k}\Omega$

6.2　差动放大器

6.2.1　多级放大器直接耦合的问题

1）零点漂移

在直接耦合电路中，输入为 0 时，输出有缓慢、不规则波动的电压产生，这种现象称为零点漂移，也称温度漂移。

2）产生零点漂移的主要原因

电源电压波动、元件老化、器件参数随温度变化，都会产生输出电压的漂移。直接耦合电路中，由于前后级直接相连，第一级放大器的漂移电压送入下一级，逐级放大，最终在输出端产生较大的电压漂移。采用高质量的稳压电源和元件可以减少由其引起的零点漂移，因此温度引起的器件参数改变成为零点漂移的主要原因。

3）减小零点漂移的方法

常用引入直流负反馈、非线性元件进行温度补偿、差分放大电路来减小零点漂移。

6.2.2　基本差动放大器

1）结构

基本差动放大器如图 6.2.1 所示，电路参数完全对称，VT_1、VT_2 两管特性相同，$\beta_1 = \beta_2$，$R_{b1} = R_{b2}$，$R_{c1} = R_{c2}$，$r_{be1} = r_{be2}$，两管发射极相连；R_e 为公共射极电阻，接负电源，像拖着尾巴，也称长尾式差动放大器。电路两个输入端 u_{i1}、u_{i2}，有两个输出端 u_{o1}、u_{o2}。

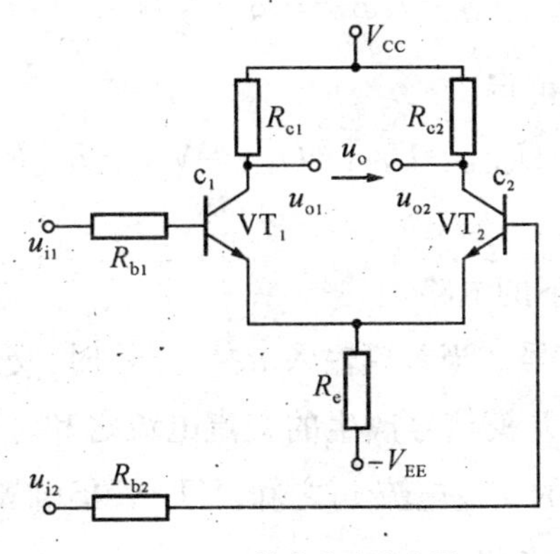

图 6.2.1　基本差动放大器

差动放大器的输出方式有两种：从两管集电极 C_1 和 C_2 之间输出 u_o 称为双端输出，从 C_1、C_2 各自对地输出 u_{o1}、u_{o2} 称为单端输出。输入方式有三种：差模输入为两个输入端大小相同，极性相反，即 $u_{i1}=-u_{i2}$；共模输入为两个输入端大小相同，极性相同，即 $u_{i1}=u_{i2}$；不对称输入为两个输入端幅值大小及相对极性随机变化，即 $u_{i1}\neq u_{i2}$。

2）工作原理

(1) 静态分析

基本差动放大电路的直流通路如图 6.2.2 所示，静态时输入为 0，$u_{i1}=u_{i2}=0$，根据基极回路压降关系有：

$$0-(-V_{EE})=I_{B1Q}R_{b1}+U_{BE1Q}+I_{Re}R_e \tag{6.2.1}$$

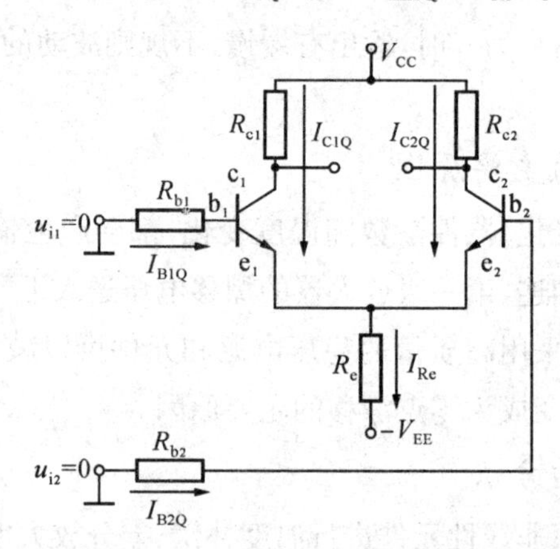

图 6.2.2 基本差动放大器的直流通路

由于 R_{b1} 较小，I_{B1Q} 也较小，所以可忽略 R_{b1} 上的压降，整理得流过电阻 R_e 的电流 I_{Re} 为：

$$I_{R_e}=\frac{0-U_{BE1Q}-(-V_{EE})}{R_e} \tag{6.2.2}$$

合理选择射级电阻和负电源，可以设置合适的静态工作点。

由于电路完全对称，两管射极电流相等，为 R_e 电流的一半。

$$I_{C1Q}=I_{C2Q}=\frac{1}{2}I_{R_e} \tag{6.2.3}$$

由输出回路的压降关系可得：

$$U_{CE1Q}=U_{CE2Q}=U_{C1Q}-U_{E1Q}=V_{CC}-I_{C1Q}R_{C1}-U_{E1Q} \tag{6.2.4}$$

(2) 交流分析

① 差模输入 $u_{i1}=-u_{i2}$ 下的电路

$u_{id}=u_{i1}-u_{i2}$ 称为差模信号。当差模输入 $u_{i1}=-u_{i2}$ 时，交流差模信号的作用，使管子的集电极电流为原直流电流与差模信号产生的交流电流之和。VT_1 管集电极电流 i_{C1} 为原直流电流 I_{C1Q} 与差模信号产生的交流电流 i_{c1} 之和；VT_2 管集电极电流 i_{C2} 为原直流电流 I_{C2Q} 与差模信号产生的交流电流 i_{c2} 之和，

$$i_{C1}=I_{C1Q}+i_{c1},\quad i_{C2}=I_{C2Q}+i_{c2} \tag{6.2.5}$$

由于电路结构的对称性，差模信号在 VT_1 管产生的集电极交流电流 i_{c1} 与在 VT_2 管产生的交流电流 i_{c2} 大小相等，方向相反，$i_{c1}=-i_{c2}$，所以，流过射级电阻的总电流为：

$$i_{Re}=i_{C1}+i_{C2}=I_{C1Q}+i_{c1}+I_{C2Q}+i_{c2}=2I_{C1Q} \tag{6.2.6}$$

式(6.2.6)表明差模输入时，R_e 中不存在由差模信号作用产生的交流分量，R_e 对差模输入可视为短路。交流通路中，射极 E_1、E_2 相当于接地。图 6.2.3 为差模信号作用下的交流通路示意图。

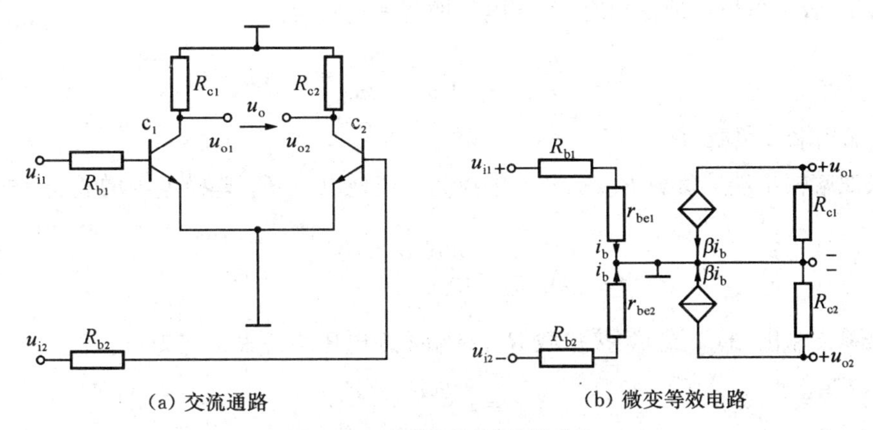

图 6.2.3　差模信号作用下的电路

差动放大器在差模输入方式下，输出电压与差模信号之比称为差模电压放大倍数或差模电压增益。

Ⅰ. 双端输出时

差模电压增益表达式为：

$$A_{ud}=\frac{u_{od}}{u_{id}}=\frac{u_{o1}-u_{o2}}{u_{i1}-u_{i2}} \tag{6.2.7}$$

因为差模输入 $u_{i1}=-u_{i2}$，而电路对称，单管共射电路放大倍数相等，所以 $u_{o1}=-u_{o2}$，因此差模电压增益表达式可变换为 $A_{ud}=\frac{2u_{o1}}{2u_{i1}}$。

由表达式可知，差动放大器的差模电压增益可用半边电路的电压增益来表示，数值与单管共射电路的电压增益相等。差动放大器正是以牺牲一个管子的电压增益为代价换取低零漂。

$$A_{ud}=-\frac{\beta R_{c1}}{R_{b1}+r_{be1}} \tag{6.2.8}$$

输入电阻可以根据定义式求出。差模输入电阻是单管共射放大电路的两倍，差模输出电阻也是单管共射放大电路的两倍。

$$R_{id}=\frac{u_{id}}{i_{b1}}=\frac{u_{i1}-u_{i2}}{i_{b1}}=R_{b1}+r_{be1}+R_{b2}+r_{be2}=2(R_b+r_{be}) \tag{6.2.9}$$

$$R_{od}=R_{c1}+R_{c2}=2R_c \tag{6.2.10}$$

差模输入时对应的输出为：

$$u_{od}=A_{ud}u_{id}$$

由表达式可知，差动放大器对差模信号有放大作用。

Ⅱ．单端输出时

从 VT_1 管集电极对地输出时，差模电压增益表达式为：

$$A_{ud1}=\frac{u_{o1}}{u_{id}}=\frac{u_{o1}}{u_{i1}-u_{i2}}=\frac{u_{o1}}{2u_{i1}}=\frac{1}{2}A_{ud}=-\frac{\beta R_{c1}}{2(R_{b1}+r_{be1})} \quad (6.2.11)$$

从 VT_2 管集电极对地输出时，差模电压增益表达式为：

$$A_{ud2}=\frac{u_{o2}}{u_{id}}=\frac{u_{o2}}{u_{i1}-u_{i2}}=\frac{u_{o2}}{2u_{i1}}=-A_{ud1} \quad (6.2.12)$$

Ⅲ．输出端接负载时

如果双端输出端接负载 R_L，负载的中点为交流地电位，R_L 差模电压增益表达式为：

$$A_{ud}=-\frac{\beta\left(R_{c1}/\!/\frac{1}{2}R_L\right)}{R_{b1}+r_{be1}} \quad (6.2.13)$$

如果单端输出端 C_1 或 C_2 接负载 R_L，单端差模电压增益表达式为：

$$A_{ud1}=-\frac{\beta(R_{c1}/\!/R_L)}{R_{b1}+r_{be1}} \quad (6.2.14)$$

$$A_{ud2}=\frac{\beta(R_{c1}/\!/R_L)}{R_{b1}+r_{be1}} \quad (6.2.15)$$

② 共模输入 $u_{i1}=u_{i2}$ 下的电路(见图 6.2.4)

$u_{ic}=\frac{u_{i1}+u_{i2}}{2}$ 称为共模信号。当共模输入 $u_{i1}=u_{i2}$ 时，管子的集电极电流为原直流电流与共模信号产生的交流电流之和。VT_1 管集电极电流 i_{C1} 为原直流电流 I_{C1Q} 与共模信号产生的交流电流 i_{c1} 之和，VT_2 管集电极电流 i_{C2} 为原直流电流 I_{C2Q} 与共模信号产生的交流电流 i_{c2} 之和。

$$i_{c1}=I_{c1Q}+i_{c1},\quad i_{c2}=I_{c2Q}+i_{c2} \quad (6.2.16)$$

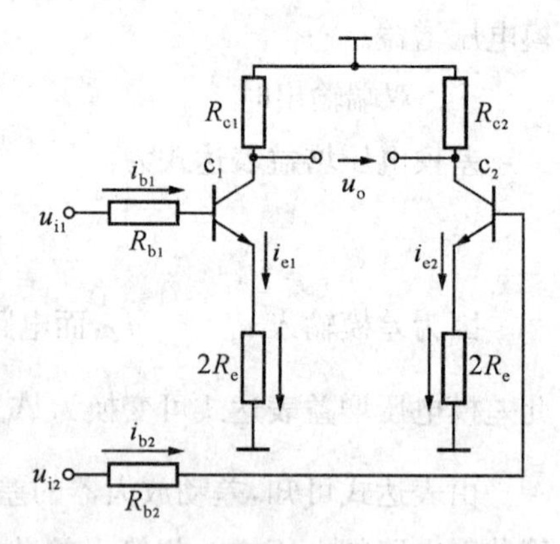

图 6.2.4　共模信号作用下的交流通路

由于电路结构的对称性，共模信号在 VT_1 管产生的集电极交流电流 i_{c1} 与在 VT_2 管产生的交流电流 i_{c2} 大小相等，方向相同，$i_{c1}=i_{c2}$。所以，流过射极电阻的总电流为：

$$i_{Re}=i_{c1}+i_{c2}=I_{c1Q}+i_{c1}+I_{c2Q}+i_{c2}=2I_{c1Q}+2i_{c1} \quad (6.2.17)$$

表明共模输入时，R_e 中由共模信号作用产生的交流电流分量为单管的两倍。从单管电路来看，共模信号作用时，射极 e_1、e_2 相当于各接电阻 $2R_e$。

差动放大器在共模输入方式下，输出电压与共模信号之比称为共模电压放大倍数或共模电压增益。

Ⅰ. 双端输出时

共模电压增益表达式为：

$$A_{uc}=\frac{u_{oc}}{u_{ic}}=\frac{u_{o1}-u_{o2}}{u_{ic}} \tag{6.2.18}$$

因为共模输入 $u_{i1}=u_{i2}$，所以 $u_{ic}=\frac{u_{i1}+u_{i2}}{2}=u_{i1}$，且电路对称，单管共射电路放大倍数相等，所以 $u_{o1}=u_{o2}$，共模电压增益表达式可变换为：

$$A_{uc}=\frac{u_{o1}-u_{o2}}{u_{i1}}=0 \tag{6.2.19}$$

实际电路中，温度变化时两管的电流变化相同，可以将温度漂移等效成共模信号。

共模输入时，对应的输出为 $u_{oc}=A_{uc}u_{ic}$。

元件理想条件下，结果为 0，表明双端输出的差动放大器对共模信号有抑制作用。

Ⅱ. 单端输出时

共模电压增益可表示为：

$$A_{uc1}=\frac{u_{o1}}{u_{ic}}=\frac{u_{o1}}{u_{i1}}=-\frac{\beta R_{c1}}{R_{b1}+r_{be1}+2(1+\beta)R_{e}} \tag{6.2.20}$$

$$A_{uc2}=\frac{u_{o2}}{u_{ic}}=\frac{u_{o1}}{u_{i1}}=A_{uc1} \tag{6.2.21}$$

Ⅲ. 不对称输入 $u_{i1}\neq u_{i2}$ 时

通常的输入为不对称输入，即 $u_{i1}\neq u_{i2}$。联列差模信号与共模信号定义式

$$u_{id}=u_{i1}-u_{i2},\quad u_{ic}=\frac{u_{i1}+u_{i2}}{2} \tag{6.2.22}$$

解方程组可得：

$$u_{i1}=u_{ic}+\frac{1}{2}u_{id},\quad u_{i2}=u_{ic}-\frac{1}{2}u_{id} \tag{6.2.23}$$

由表达式可知，可将不对称输入拆为差模信号与共模信号之和，不对称输入下的总输出为差模信号与共模信号分别作用的叠加：

$$u_{o}=u_{od}+u_{oc}=A_{ud}u_{id}+A_{uc}u_{ic} \tag{6.2.24}$$

【例 6.2.1】 如图 6.2.5 所示差动放大器，$\beta_1=\beta_2=100$，$R_{c1}=R_{c2}=5\ \text{k}\Omega$，$R_{e}=10\ \text{k}\Omega$，$r_{be1}=r_{be2}=200\ \Omega$，$U_{BE1}=U_{BE2}=0.7\ \text{V}$，$V_{CC}=-V_{EE}=12\ \text{V}$，$R_{b1}=R_{b2}=10\ \text{k}\Omega$。

(1) 求静态时晶体管的集电极电流 I_{C1Q}、I_{C2Q}，集射间电压；

(2) 求差模电压放大倍数 A_{ud}、共模电压放大倍数 A_{uc}；

(3) 当 $u_{i1}=20\ \text{mV}$，$u_{i2}=10\ \text{mV}$ 时，求差模输入电压、共模输入电压及输出电压 u_{o}；

(4) 若从 C_1 对地输出，求差模电压增益、共模电压增益、输出电压 u_{o1}。

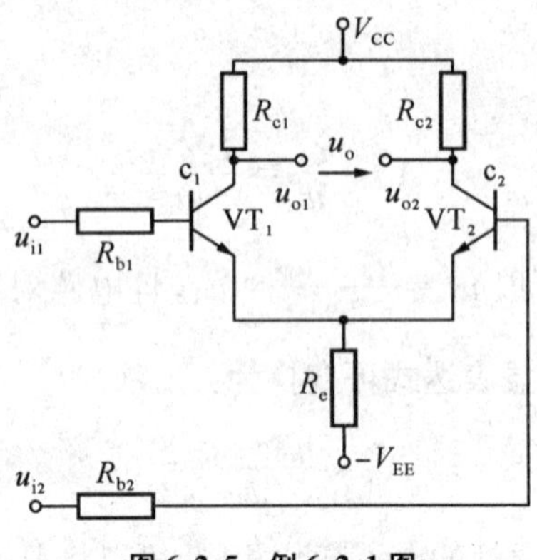

图 6.2.5　例 6.2.1 图

解:(1) 静态工作点

$$I_{C1Q}=I_{C2Q}=\frac{0-U_{BE1Q}-(-V_{EE})}{2R_e}\approx 0.6\ \text{mA}$$

$$U_{CE1Q}=V_{CC}-I_{C1Q}R_{C1}=9\ \text{V}$$

(2) 双端输出

$$A_{ud}=-\frac{\beta R_{c1}}{R_{b1}+r_{be1}}=-49$$

$$A_{uc}=\frac{u_{oc}}{u_{ic}}=\frac{u_{o1}-u_{o2}}{u_{i1}}=0$$

(3) $u_{id}=u_{i1}-u_{i2}=10\ \text{mV}$

$$u_{ic}=\frac{u_{i1}+u_{i2}}{2}=15\ \text{mV}$$

$$u_o=u_{od}+u_{oc}=A_{ud}u_{id}+A_{uc}u_{ic}=-490\ \text{mV}$$

(4) $A_{ud1}=-\dfrac{\beta R_{c1}}{2(R_{b1}+r_{be1})}=-24.5$

$$A_{uc1}=\frac{u_{o1}}{u_{ic}}=\frac{u_{o1}}{u_{i1}}=-\frac{\beta R_{c1}}{R_{b1}+r_{be1}+2(1+\beta)R_e}=-24.6$$

$$u_{o1}=u_{od1}+u_{oc1}=A_{ud1}u_{id}+A_{uc1}u_{ic}=-614\ \text{mV}$$

3) 差动放大器抑制零漂的原理

干扰噪声加到两端的概率相同,属于共模信号。

静态时:$u_{i1}=u_{i2}=0$,$U_{C1Q}=U_{C2Q}$,所以 $U_O=U_{C1Q}-U_{C2Q}=0$。

当温度变化时:$T\uparrow\rightarrow I_{C1Q}\uparrow, I_{C2Q}\uparrow\rightarrow U_{C1Q}\downarrow, U_{C2Q}\downarrow\rightarrow U_O=U_{C1Q}-U_{C2Q}=0$

两管完全对称情况,温度变化时,集电极静态电流变化相等,集电极电位变化相等,输出 U_O 为集电极电位差,值为 0,抑制了零漂。

交流信号加入后,差模信号部分将被放大,共模信号部分的效果如下所示,可以有效抑制共模信号引起的变换。

$$u_{ic}\uparrow\rightarrow i_{B1}\uparrow\rightarrow i_{C1}\uparrow\rightarrow u_E\uparrow\rightarrow u_{BE1}\downarrow\rightarrow i_{B1}\downarrow\rightarrow i_{C1}\downarrow$$

共模抑制比是综合考察差动放大器对差模信号放大作用和共模信号抑制作用的能力的参数，值越大表明电路性能越好。理想参数下，其值为无穷大。

$$K_{CMR}=\left|\frac{A_{ud}}{A_{uc}}\right|$$

4）差动放大器的传输特性

差动放大器输出电压与输入电压间的关系称为电压传输特性，如图 6.2.6 所示。

当 $u_{id}=0$ 时，电路处于静态工作状态；

当 u_{id} 在 $-U_T \sim +U_T$ 时，随着 u_{id} 增加，i_{c1} 增大，i_{c2} 减小，近似为线性关系，电路工作在放大区；

当 $|u_{id}| \geqslant 4U_T$ 时，曲线趋于平坦，一管进入饱和区，另一管进入截止区，电路工作在非线性区。

两管射极串接电阻 R_e，将扩大线性工作范围。

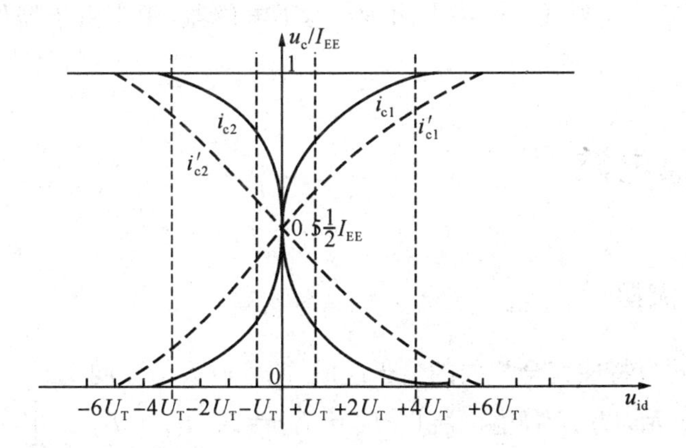

图 6.2.6 差动放大器的传输特性曲线

6.2.3 恒流源式差动放大器

由式(6.2.20)可知，对于单端输出，增大发射极电阻 R_e 阻值，可以减小共模电压增益，从而提高共模抑制比。而 R_e 阻值越大，为达到一定的静态工作点，所需的电源电压将越大。因此需要寻找有很大阻值又不需很高电源电压的电路。用恒流源取代电阻，可以满足上述要求。图 6.2.7(a)为以恒流源作为射级电阻的差动放大器。

电阻 R_2 上的电压为：

$$U_{R_2} \approx \frac{R_2}{R_1+R_2}V_{EE} \tag{6.2.25}$$

VT_3 集电极电流为：

$$I_{C3} \approx I_{E3}=\frac{U_{R_2}-U_{BE3}}{R_3} \tag{6.2.26}$$

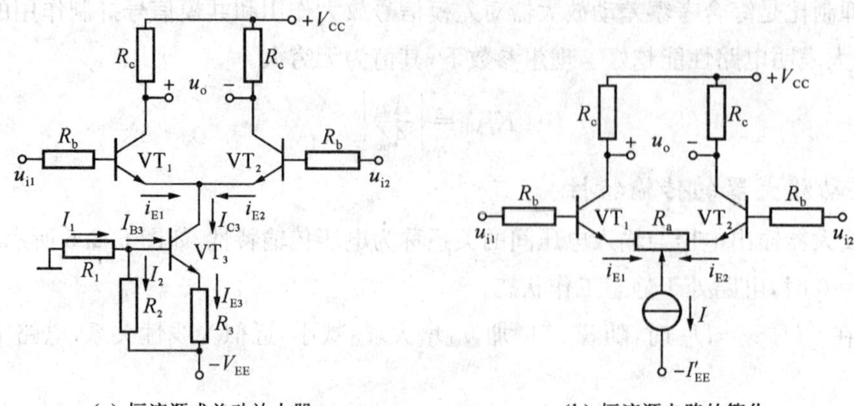

(a) 恒流源式差动放大器　　　　(b) 恒流源电路的简化

图 6.2.7　恒流源式差动放大器

忽略U_{BE3}的影响，该电流只受电源电压和电阻的影响，基本不会变化，近似为恒流。图 6.2.7(b)为常用的简化形式。图中电阻 R_W 为小电位器，用于由于器件参数无法完全对称的调零。

6.3　恒流源电路

6.3.1　镜像电流源

镜像电流源由两只特性完全相同的管子组成，两管放大倍数同为β，如图 6.3.1 所示，$U_{BE1}=U_{BE2}$，所以 $I_{B1}=I_{B2}=I_B$，$I_{C2}=I_{C1}=I_C$。

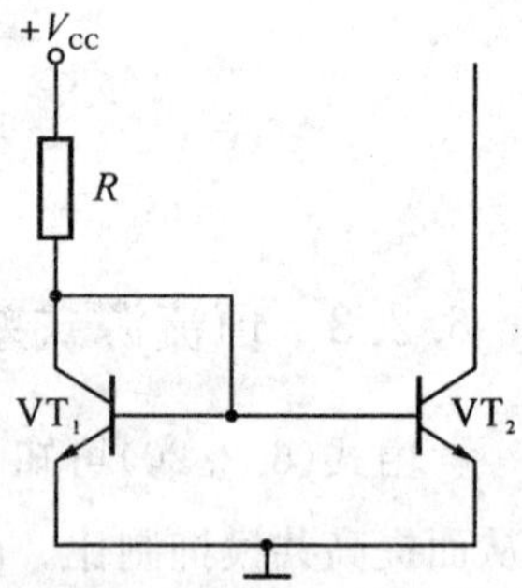

R 中的电流为：

$$I_R=\frac{V_{CC}-U_{BE}}{R}\approx\frac{V_{CC}}{R} \tag{6.3.1}$$

集电极电流为：

$$I_{C2}=I_{C1}=I_C=I_R-2I_B=I_R-2\frac{I_C}{\beta} \tag{6.3.2}$$

图 6.3.1　镜像电流源

输出电流 I_{C2}与基准电流 I_R 间的关系为：

$$I_{C2}=I_{C1}=I_C=\frac{\beta}{\beta+2}I_R \tag{6.3.3}$$

当$\beta\gg2$ 时，$I_{C2}\approx I_R$，输出电流 I_{C2}与基准电流 I_R 近似相等，如同镜像关系。无论 VT_2 的负载如何变化，I_{C2}的电流值将保持不变。该电路的特点为：结构简单；大电流会使得电阻 R 的功耗大，小电流需要的电阻阻值大，很难集成；静态时可作为恒流源，动态时可作为动态电阻；放大倍数 β 越大，输出电流与基准电流的偏差越小，精度越高。

6.3.2 改进型镜像电流源

镜像电流源电路在放大倍数β很大时，输出电流与基准电流接近度较高；当β较小时，两者相差较大。图 6.3.2 为改进型镜像电流源，在 VT_1 的基极和集电极间加上一个 VT_3，VT_3 的特性与 VT_1、VT_2 完全相同，该电路可以提高输出电流的精度。

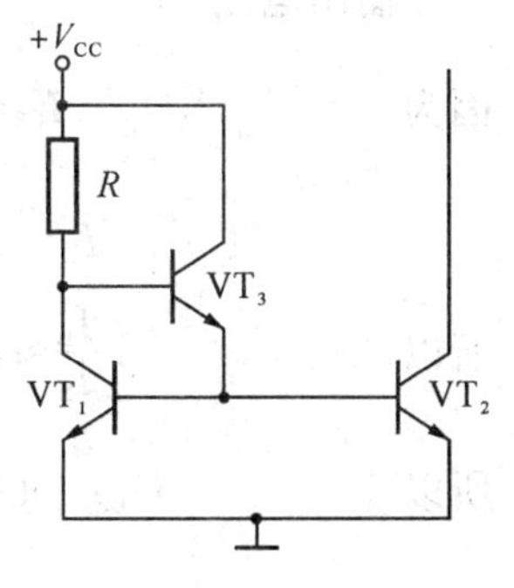

图 6.3.2 改进型镜像电流源

$$I_{E3}=I_{B1}+I_{B2}=2I_B \tag{6.3.4}$$

$$I_R=I_{C1}+I_{B3}=I_{C1}+\frac{I_{E3}}{1+\beta}=I_{C1}+\frac{2I_B}{1+\beta}=I_{C1}+\frac{2I_{C1}/\beta}{1+\beta}=I_{C2}+\frac{2I_{C2}/\beta}{1+\beta} \tag{6.3.5}$$

$$I_{C2}=\frac{1}{1+\frac{2/\beta}{1+\beta}}I_R \tag{6.3.6}$$

在相同的参数条件下，改进型镜像源更容易实现输出电流与基准电流相等。

6.3.3 比例电流源

比例电流源中输出电流 I_{C2} 与基准电流 I_R 成比例关系。电路如图 6.3.3 所示。

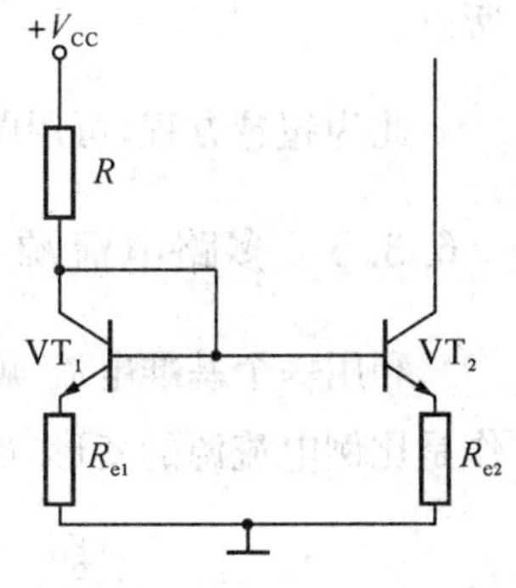

图 6.3.3 比例电流源

基极电位可以表示为：

$$U_B=U_{BE1}+I_{E1}R_{e1}=U_{BE2}+I_{E2}R_{e2} \tag{6.3.7}$$

因为 $U_{BE2}\approx U_{BE1}$，所以

$$I_{E2}R_{e2}\approx I_{E1}R_{e1}\,,I_{E2}\approx\frac{R_{e1}}{R_{e2}}I_{E1}$$

由电路可以计算基准电流为：

$$I_R\approx\frac{V_{CC}-U_{BE1}}{R+R_{e1}}$$

又因为 $I_{C2}\approx I_{E2}$，$I_{C1}\approx I_{E1}\approx I_R$，所以

$$I_{C2}\approx\frac{R_{e1}}{R_{e2}}I_{C1}\approx\frac{R_{e1}}{R_{e2}}I_R \tag{6.3.8}$$

输出电流 I_{C2} 与基准电流 I_R 成比例关系，可以通过改变电阻 R_{e1} 与 R_{e2} 的比值来实现电流的大小变化，从而克服了镜像电流源要求有单个大电阻的缺点。

6.3.4 微电流源

为了获取较小的输出电流，将比例电流源的 R_{e1} 阻值减小到 0，可以得到微电流源，如图 6.3.4 所示。此种电流源输出电流 I_{C2} 与基准电流 I_R 间关系较复杂，推算如下所示：

基准电流

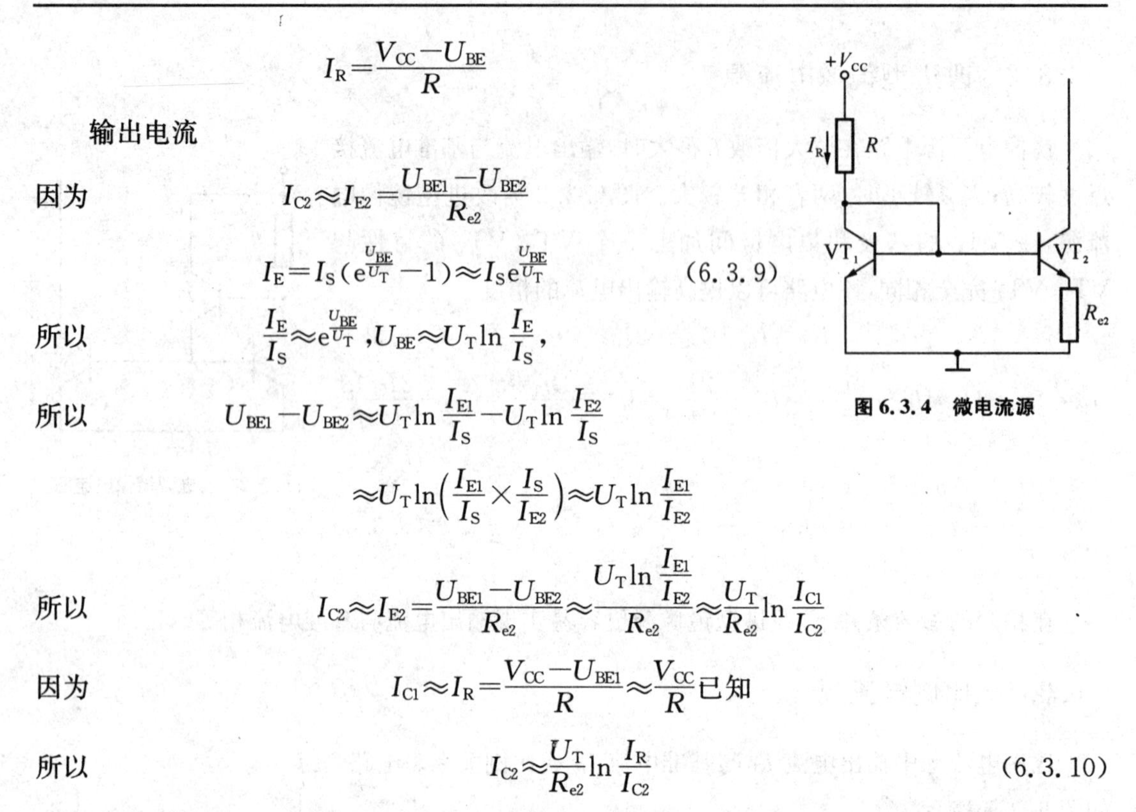

图 6.3.4　微电流源

$$I_R=\frac{V_{CC}-U_{BE}}{R}$$

输出电流

因为 $$I_{C2}\approx I_{E2}=\frac{U_{BE1}-U_{BE2}}{R_{e2}}$$

$$I_E=I_S(e^{\frac{U_{BE}}{U_T}}-1)\approx I_S e^{\frac{U_{BE}}{U_T}} \tag{6.3.9}$$

所以 $$\frac{I_E}{I_S}\approx e^{\frac{U_{BE}}{U_T}},U_{BE}\approx U_T\ln\frac{I_E}{I_S},$$

所以 $$U_{BE1}-U_{BE2}\approx U_T\ln\frac{I_{E1}}{I_S}-U_T\ln\frac{I_{E2}}{I_S}$$

$$\approx U_T\ln\left(\frac{I_{E1}}{I_S}\times\frac{I_S}{I_{E2}}\right)\approx U_T\ln\frac{I_{E1}}{I_{E2}}$$

所以 $$I_{C2}\approx I_{E2}=\frac{U_{BE1}-U_{BE2}}{R_{e2}}\approx\frac{U_T\ln\frac{I_{E1}}{I_{E2}}}{R_{e2}}\approx\frac{U_T}{R_{e2}}\ln\frac{I_{C1}}{I_{C2}}$$

因为 $$I_{C1}\approx I_R=\frac{V_{CC}-U_{BE1}}{R}\approx\frac{V_{CC}}{R}\text{已知}$$

所以 $$I_{C2}\approx\frac{U_T}{R_{e2}}\ln\frac{I_R}{I_{C2}} \tag{6.3.10}$$

此为超越方程，可用图解法、累试法求解，也可借助计算机软件求解。

6.3.5　多路电流源

利用一个基准电流，就可以获取多路不同的输出电流，构成多路电流源。该电路可以看作是比例电流源的变形，如图 6.3.5 所示。

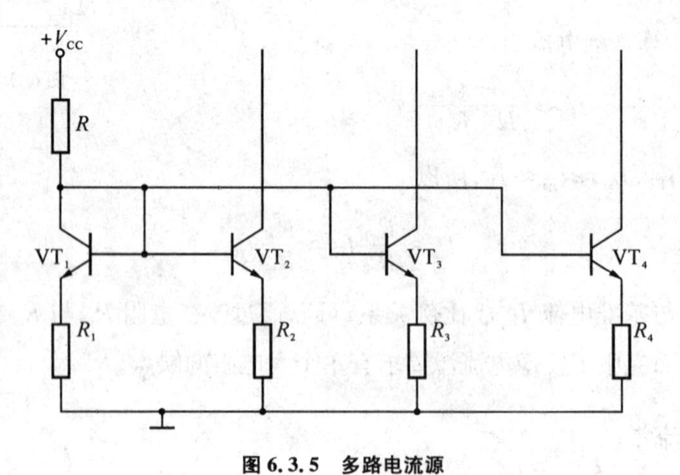

图 6.3.5　多路电流源

R 中的电流为：

$$I_R\approx\frac{V_{CC}-U_{BE1}}{R+R_{e1}}$$

基极电位可以表示为：

$$U_B = U_{BE1} + I_{E1}R_{e1} = U_{BE2} + I_{E2}R_{e2} = U_{BE3} + I_{E3}R_{e3} = U_{BE4} + I_{E4}R_{e4}$$

因为
$$U_{BE1} \approx U_{BE2} \approx U_{BE3} \approx U_{BE4}$$

所以
$$I_{E1}R_{e1} = I_{E2}R_{e2} = I_{E3}R_{e3} = I_{E4}R_{e4}$$

由于
$$I_{C1} \approx I_{E1} \approx I_R$$

所以输出电流为：

$$I_{C2} \approx \frac{R_{e1}}{R_{e2}} I_R,\ I_{C3} \approx \frac{R_{e1}}{R_{e3}} I_R,\ I_{C4} \approx \frac{R_{e1}}{R_{e4}} I_R \tag{6.3.11}$$

各级只要确定电阻，可以根据电阻比例获得合适的电流。多路电流源电路在集成运放中给多级提供合适的静态电流。

6.3.6 有源负载

为提高电压增益，要增大集电极电阻或漏极电阻；而为了使静态工作点不变，必须要相应提高电源电压，但电源电压不能无限增大，常用电流源电路代替电阻。晶体管和场效应管为有源器件，以其作负载称为有源负载。

1）共射电路中的有源负载

前面章节中，共射电路的电压增益表示为：

$$A_u = -\frac{\beta(R_c // R_L)}{R_b + r_{be}}$$

增大集电极电阻 R_c，会使电压增益显著增大。用有源负载代替单个电阻，可以取得这样的效果。图 6.3.6 中的电压增益为：

$$A_u = \frac{u_o}{u_i} = -\frac{i_o(r_{ce1} // r_{ce2} // R_L)}{i_b(R_b + r_{be1})} = -\frac{\beta(r_{ce1} // r_{ce2} // R_L)}{R_b + r_{be1}} \approx -\frac{\beta R_L}{r_{be1}} \tag{6.3.12}$$

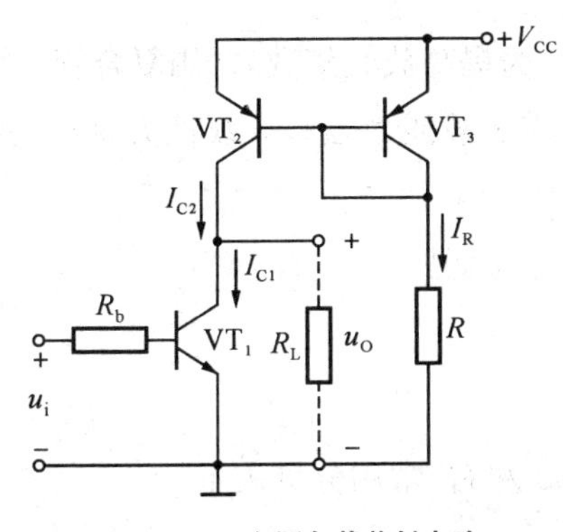

图 6.3.6 有源负载共射电路

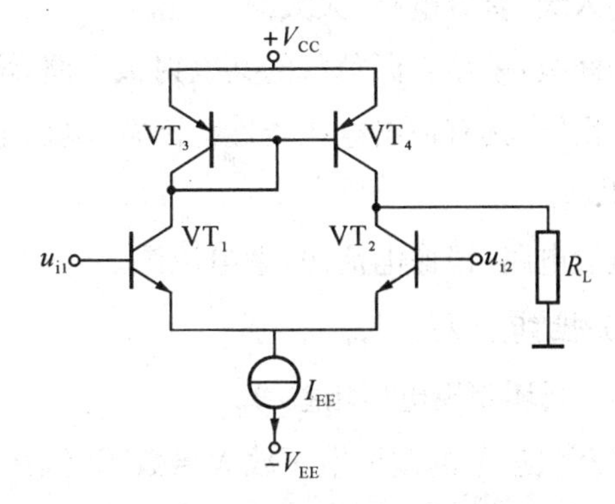

图 6.3.7 有源负载差动放大电路

2）差动放大电路中的有源负载

图 6.3.7 中，VT_3、VT_4 组成镜像电流源，作 VT_1、VT_2 的负载。

静态时，各管集电极电流相等，$I_{C1} = I_{C2} = I_{C3} = I_{C4} = \frac{I_{EE}}{2}$。

差模输入时，$i_{c1}=-i_{c2}$，$i_{c1}=i_{c3}$，镜像电流源 $i_{c4}=i_{c3}$，所以 $i_{c2}=-i_{c4}$，$i_o=i_{c4}-i_{c2}=2i_{c1}$，输出电流为单端输出时的两倍，

$$A_u=\frac{u_o}{u_i}=\frac{i_o(r_{ce2}//r_{ce4}//R_L)}{i_b r_{be1}}=\frac{\beta(r_{ce2}//r_{ce4}//R_L)}{r_{be1}}\approx\frac{\beta R_L}{r_{be1}} \tag{6.3.13}$$

单端输出电压增益接近双端输出时的值。

6.4 集成运算放大器

1）概述

运放于 20 世纪 60 年代产生，第一代用集成数字电路制造工艺（如 μA709），第二代用有源负载（如 μA741），第三代输入级用超 β 管（如 AD508），第四代用斩波稳零和动态稳零技术（如 SN62088）。

集成运放按供电方式分为双电源供电和单电源供电。按集成度分为单运放、双运放、四运放。按制造工艺分为双极型、CMOS 型、BiMOS 型。按工作原理分为电压放大、电流放大、跨导型、互阻型。还可以按性能指标分或按可控性分。

运放的内部结构如图 6.4.1 所示。

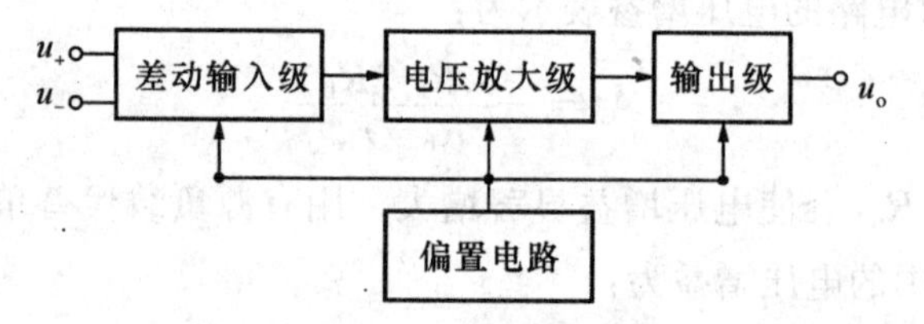

图 6.4.1 运放内部结构图

输入级：差分电路，大大减少温漂。

中间级：采用有源负载的共发射极电路，增益大。为提高放大倍数，常用复合管。

输出级：具有输出电压线性范围宽，输出电阻小（带负载能力强），非线性失真小的特点。OCL 电路。

偏置电路：镜像电流源，微电流源。

2）性能指标

(1) 开环差模电压增益 A_{od}

开环状态下的差模电压放大倍数，数值在 100 000 左右，常用分贝表示。

(2) 差模输入电阻 r_{id}

运放对差模信号的输入电阻。F007 为 2 MΩ，场效应管可达 1 000 000 MΩ。

(3) 最大差模输入电压 U_{Idmax}

运放两端间不至于损坏而能承受的最大电压，NPN 管为 5 V，横向 PNP 管为±30 V。

(4) 最大共模输入电压 U_{Icmax}

运放能正常放大差模信号的最大共模输入电压。

(5) 共模抑制比 K_{CMR}

差模放大倍数与共模放大倍数之比的绝对值，衡量运放差模信号放大、共模信号抑制的能力。

(6) 转换速率 SR

运放闭合状态下，输入为大信号时，输出电压随时间的最大变化速率，$SR=\left|\frac{\mathrm{d}u_o(t)}{\mathrm{d}t}\right|_{max}$，由于运放中存在寄生电容，使大信号工作时频率宽度比小信号时窄，输出电压不能及时跟随输入电压变化。实际选择运放时，必须考虑 SR。

【例 6.4.1】 已知运放 $SR=0.5\ \mathrm{V}/\mu\mathrm{s}$，输出幅度最大值 12 V 时，求输入正弦波的最大不失真频率。

解：$u_i=u_m\sin\omega t$，　$u_o=u_{om}\sin\omega t$

$$SR=\left|\frac{\mathrm{d}u_o(t)}{\mathrm{d}t}\right|_{max}=u_{om}\omega\cos\omega t\Big|_{max}=u_{om}\omega$$

$$\omega=\frac{SR}{u_{om}}$$

$$f=\frac{SR}{2\pi u_{om}}=6.6\ \mathrm{kHz}$$

(7) 输入失调电压 U_{IO}

理想运放输入电压为 0 时，输出电压也为 0。实际运放受工艺限制，输入级不可能完全对称。当输入为 0 时，在输入端加上输入失调电压，进行补偿，使输出为 0。运放的输入失调电压在 1～10 mV。U_{IO}越小，表示电路参数对称性越好。

(8) 输入失调电压温度漂移$\frac{\mathrm{d}U_{IO}}{\mathrm{d}T}$

U_{IO}的温度系数，衡量运放温漂的重要参数，值越小，温漂越小。该值应在 10～20 μV/℃。

3) 集成运算放大器 741

(1) 结构

输入级由 VT_1～VT_4 组成，VT_5～VT_7 构成比例电流源，提供偏置电流并作为有源负载。偏置级由 VT_8～VT_{13}组成，VT_8～VT_9 构成镜像电流源，VT_{10}～VT_{11}构成微电流源，VT_{12}～VT_{13}构成镜像电流源。中间级由 VT_{16}～VT_{17}构成，输出级由 VT_{18}～VT_{24}构成，VT_{14}、VT_{20}构成互补推挽放大器，如图 6.4.2 所示。

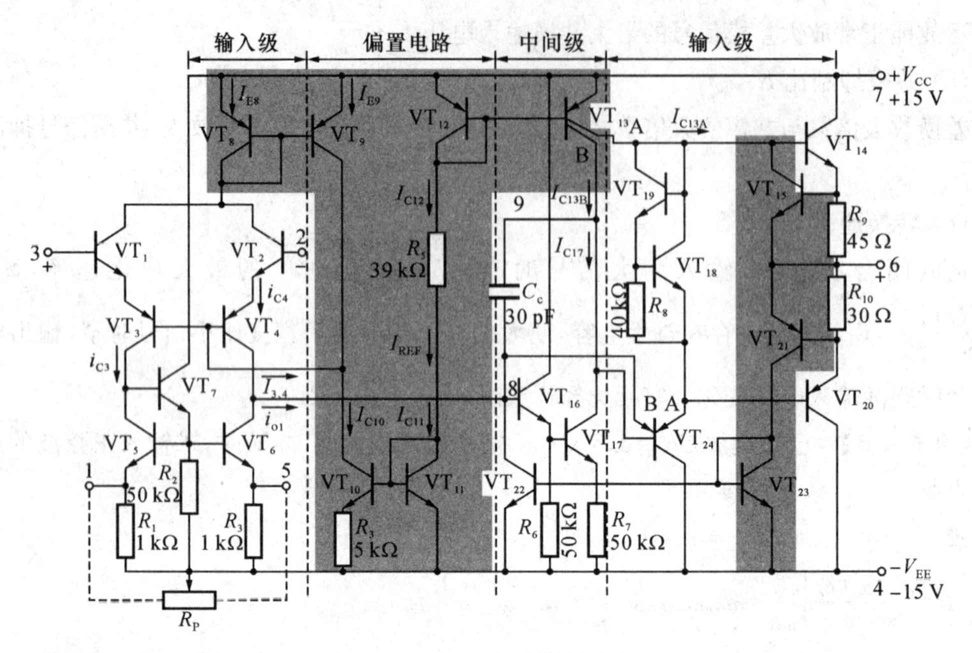

图 6.4.2　运放内部结构图

(2) 应用

以 μA741 为例，其管脚排列如图 6.4.3 所示。其中 2 脚为反相输入端，3 脚为同相输入端，7 脚接正电源 15 V，4 脚接负电源 −15 V，6 脚为输出端，1 脚和 5 脚之间接调零电位器。μA741 的开环电压增益 A_{ud} 约为 94 dB(5×10^4 倍)。

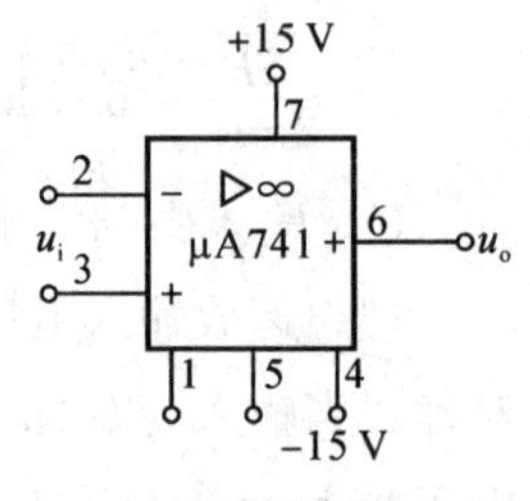

μA741 的管脚排列

图 6.4.3　运放内部结构图

6.5　微项目演练

LM358 微波开关控制器

利用多普勒效应，天线附近一定距离有物体运动时，驱动继电器实现自动控制。适用于控制照明灯或排气扇等小功率家电。

S9018 VT_1、S9014 VT_2、电感、云母微调电容 C_1 和 C_2、电阻 R_1～R_3、微调电位器 RP_1 和短波收音机用的金属拉杆天线 W 组成本地振荡器。

集成运放 LM358、电位器 RP_2、IN4148 VD_1 和 VD_2 组成微波控制电路。

S9013 VT3、IN4007 VD_3、4098 型 12V 直流继电器组成继电器控制电路。

电路接通后，VT_1 在 C_1 的正反馈下自激振荡，产生高频电磁波，由天线 W 发射到周围空间。当有人在此运动时，反射的电磁波被天线接收，使 VT_1 自激振荡的幅度和频率发生变化。变化由积分电路转变为电压信号，经 VT_2 放大后，加到 LM358 的 2、5 脚，使 VT_3 导通，继电器吸合，电路通电。当无人时，开关控制器处于监控状态。

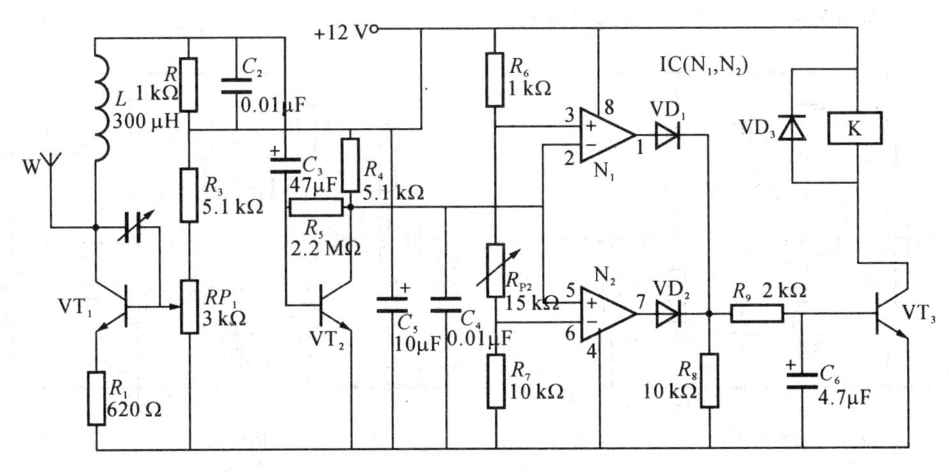

图 6.5.1 微波开关控制器

习题 6

6.1 判断题

(1) 对于长尾式差动放大电路，不论是单端输入还是双端输入，在差模交流通路中，射极电阻一概可视为短路。 ( )

(2) 差分放大电路的基本特点是放大差模信号，抑制共模信号。 ( )

(3) 阻容耦合多级放大电路的直流工作点相互影响。 ( )

(4) 差动放大器中，用恒流源代替发射极电阻可以使差模放大倍数增大。 ( )

6.2 填空题

(1) 在三极管多级放大电路中，已知 $A_{u1}=20$，$A_{u2}=-10$，$A_{u3}=1$，则可知其接法分别为：A_{u1} 是________放大器，A_{u2} 是________放大器，A_{u3} 是________放大器（选共射极、共集电极或共基极）。

(2) 集成运放的输入级采用差动放大电路的主要作用是________。

(3) 某差动放大器的两输入信号电压分别为 $u_{i1}=80$ mV、$u_{i2}=60$ mV，则差模输入信号电压为 $u_{id}=$________mV，共模输入信号电压为 $u_{ic}=$________mV。

(4) 直流耦合电路存在零点漂移的原因是________________________________。

(5) 差动放大器作为多级放大电路的第一级的原因是________________________。

6.3　分析如图题 6.3 所示电路，求电压增益。

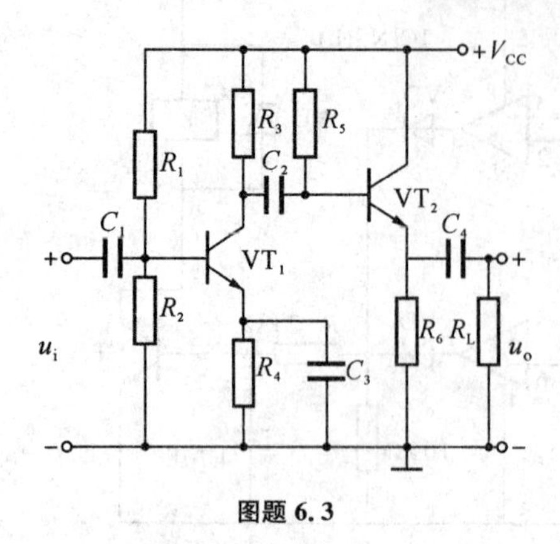

图题 6.3

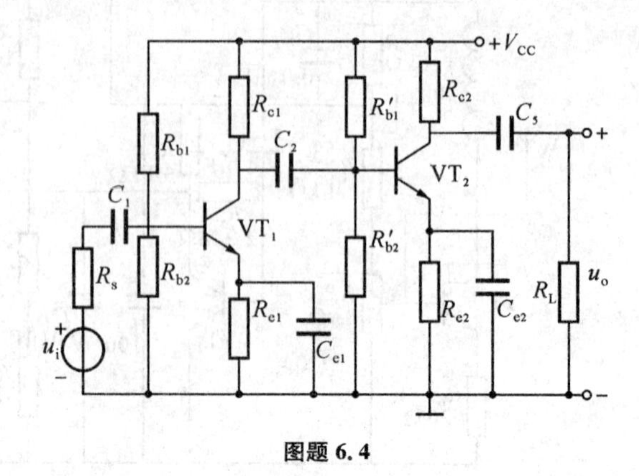

图题 6.4

6.4　分析如图题 6.4 所示的两级放大电路。

6.5　如图题 6.5 所示电路参数理想对称，$V_{CC}=-V_{EE}=12$ V，$R_{c1}=R_{c2}=5.1$ kΩ，$R_L=3$ kΩ，$R_e=10$ kΩ，BJT 的 $U_{BEQ}=0.7$ V，$\beta=150$，$r_{bb'}=100$ Ω。求：

(1) Q 点(I_{CQ}, U_{CEQ})；

(2) 差模电压增益 A_{ud}；

(3) 差模输入电阻 R_{id} 和差模输出电阻 R_{od}；

(4) 若 $u_{i1}=20$ mV、$u_{i2}=10$ mV，求 u_{od} 的值。

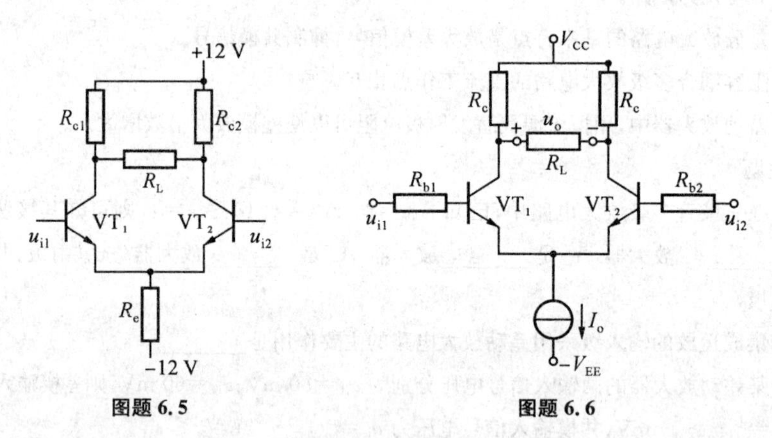

图题 6.5　　图题 6.6

6.6　如图题 6.6 所示差动放大电路中，三极管参数均相同，$U_{BEQ}=0.7$ V，$\beta=50$，$r_{bb'}=200$ Ω，已知恒流源 $R_L=20$ kΩ，$I_O=2$ mA，$R_{b1}=R_{b2}=1$ kΩ，$R_c=10$ kΩ，$V_{CC}=12$ V，$-V_{EE}=-12$ V。求：

(1) 静态工作点 I_{C1Q}、U_{CE1Q}；

(2) 差模电压增益 A_{ud}、差模输入电阻 R_{id}、差模输出电阻 R_{od}。

6.7　恒流源差动放大器如图题 6.7 所示，已知三极管参数相同，$U_{BEQ}=0.7$ V，$\beta=50$，$r_{bb'}=100$ Ω，稳压管 $U_Z=+6$ V，$V_{CC}=-V_{EE}=12$ V，$R_b=5$ kΩ，$R_c=100$ kΩ，$R_e=53$ kΩ，$R_P=200$ Ω。滑动变阻器位于中点，$R_L=30$ kΩ。求静态工作点、差模电压放大倍数、差模输入电阻与输出电阻。

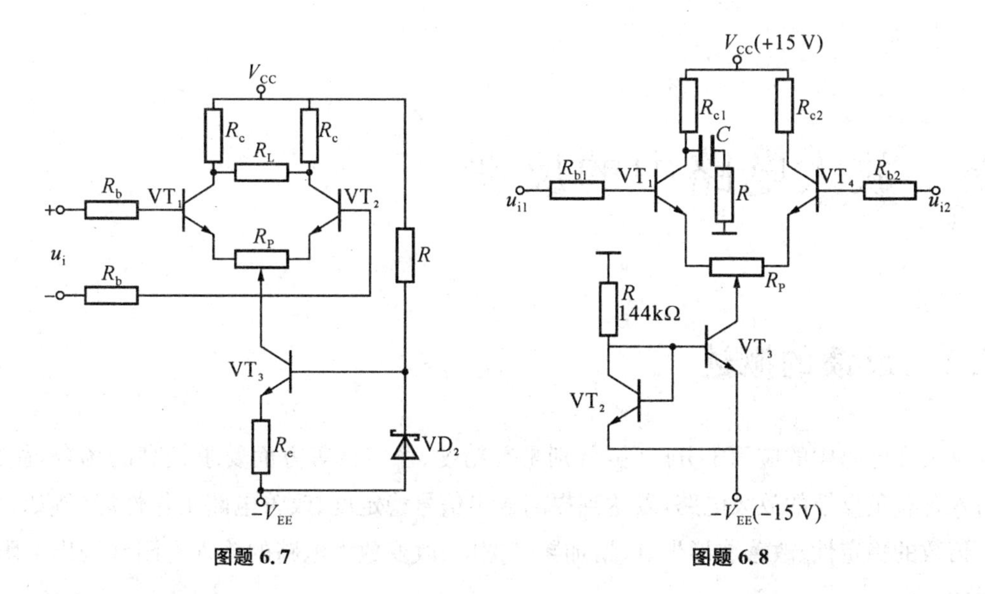

图题 6.7　　　　图题 6.8

6.8　图题 6.8 镜像电流源差动放大器，$U_{BEQ}=0.6\ V$，$\beta=100$，$r_{bb'}=100\ \Omega$，稳压管 $V_{CC}=-V_{EE}=12\ V$，$R_b=10\ k\Omega$，$R_c=10\ k\Omega$，$R=14.4\ k\Omega$，$R_P=300\ \Omega$。滑动变阻器位于中点，$r_{ce}=100\ k\Omega$，求：

(1) I_{C1Q}、I_{C3Q}、U_{CE1Q}、U_{CE3Q}；

(2) 差模电压放大倍数、差模输入电阻与输出电阻；

(3) 共模电压放大倍数；

(2) 当 $u_{i1}=50\ mV$、$u_{i2}=30\ mV$ 时，求 u_o，u_{c2}。

7 放大电路中的反馈

7.1 反馈的概述

反馈在电路中的应用十分广泛，特别是在精度、稳定性等方面要求较高的场合，往往通过引入含有负反馈的放大电路，以达到提高输出信号稳定度、改善电路工作性能（例如，提高放大倍数的稳定性、改善波形失真、增加频带宽度、改变放大电路的输入电阻和输出电阻等）的目的。

7.1.1 反馈的基本概念

在电子电路中，反馈是指将电路输出信号（电压或电流）的一部分或全部，通过一定形式的反馈网络送回到输入回路，使得净输入信号发生变化从而影响输出信号的过程。

如图 7.1.1 所示，反馈电路的输入信号称为输入量，输出信号称为输出量，反馈网络的输出信号称为反馈量，基本放大电路的输入信号称为净输入量。反馈的目的一般有两个，一个是稳定电路的行为特性，使其在一定范围内，不随外部变化的参数而变化；另一个是提供电路振荡条件。

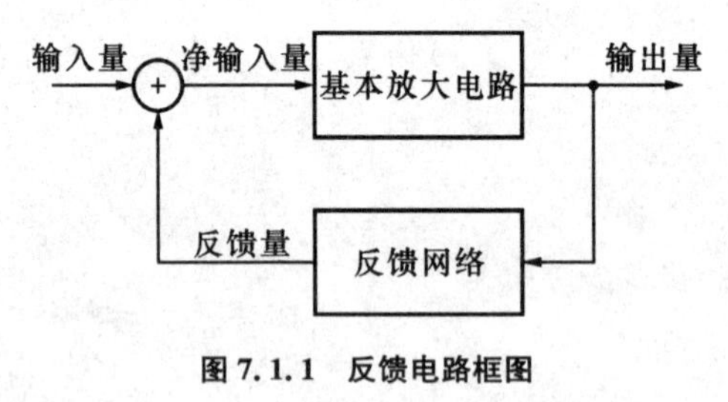

图 7.1.1 反馈电路框图

7.1.2 反馈的分类及判断

1）正反馈和负反馈

（1）基本概念

根据反馈量的极性，可以分为正反馈和负反馈。引入反馈后使放大电路的净输入量增大称为正反馈，使净输入量减小的称为负反馈。

（2）判断方法

判断正反馈和负反馈，可用瞬时极性法。先假定输入信号的瞬时极性，然后，沿基本放大电路逐级推出电路各点的瞬时极性，再沿反馈网络推出反馈信号的瞬时极性，最后判断净输入信号是增大了还是减小了。

如图 7.1.2 所示，给定 $\dot{X}_i$ 的瞬时极性，并以此为依据分析电路中各电流、电位的极性，从而得到 $\dot{X}_o$ 的极性。若推算出 $\dot{U}_i'=\dot{U}_i-\dot{U}_f$ 或 $\dot{I}_i'=\dot{I}_i-\dot{I}_f$，则为负反馈；若推出 $\dot{U}_i'=\dot{U}_i+\dot{U}_f$ 或 $\dot{I}_i'=\dot{I}_i+\dot{I}_f$，为正反馈。

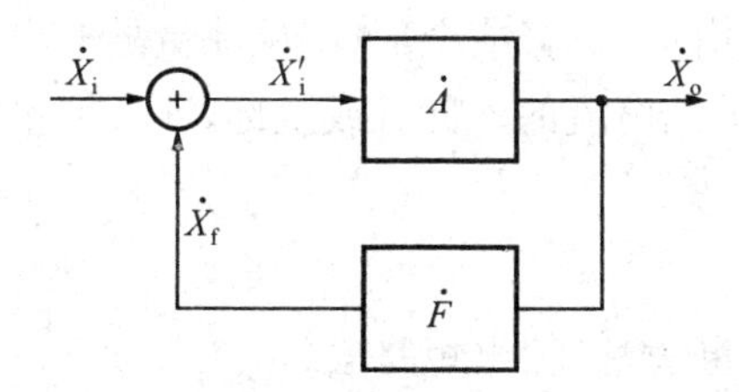

图 7.1.2　反馈放大电路框图

【例 7.1.1】　如图 7.1.3 所示为反相比例运算放大电路，利用瞬时极性法判别反馈的类型。

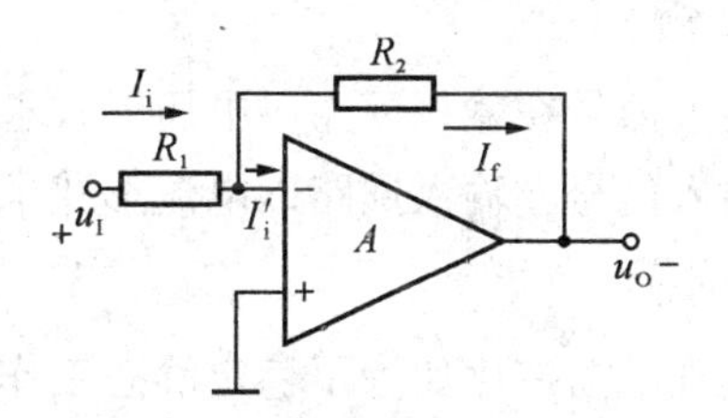

图 7.1.3　反相比例运算放大电路

解：假设输入信号 u_I 的瞬时极性为"+"，那么 u_O 的瞬时极性为"−"，由此得出输入电流 I_i、净输入电流 I_i'、反馈电流的流向如图所示。那么有：

$$I_i'=I_i-I_f$$

引入反馈后净输入电流减小，根据定义，引入的是负反馈。

注：在判断集成运放构成的反馈放大电路的反馈极性时，净输入电压指的是集成运放两个输入端的电位差，净输入电流指的是同相输入端或反相输入端的电流。

【例 7.1.2】　如图 7.1.4 所示为同相比例运算放大电路，利用瞬时极性法判别反馈的类型。

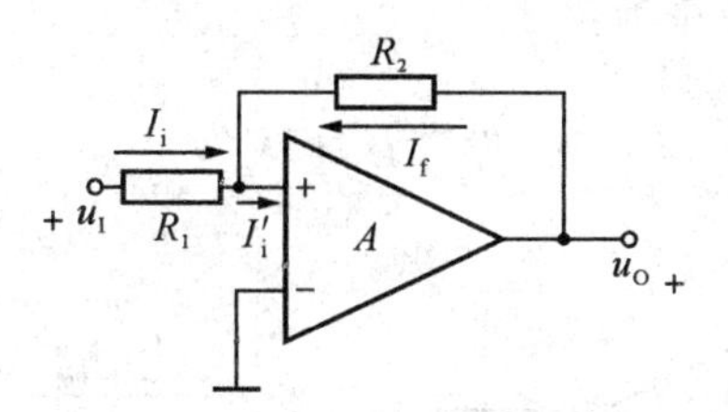

图 7.1.4　同相比例运算放大电路

解：假设输入信号 u_I 的瞬时极性为"+"，那么 u_O 的瞬时极性为"+"，由此得出输入电流 I_i、净输入电流 I_i'、反馈电流的流向如图所示。那么有

$$I_i' = I_i + I_f$$

引入反馈后净输入电流增大，根据定义，引入的是正反馈。

2）电压反馈和电流反馈

（1）基本概念

根据反馈信号在放大电路输出端采样方式的不同，可以分为电压反馈和电流反馈。

反馈信号 $\dot{X}_f$ 是输出电压的一部分或全部，即反馈量随输出电压变化而改变的反馈称为电压反馈。反馈信号 $\dot{X}_f$ 是输出电流的一部分或全部，即反馈量随输出电流变化而改变的反馈称为电流反馈。

（2）判断方法

电压反馈和电流反馈判断方法：输出短路法。

电压反馈反馈信号直接取自输出电压，与 U_o 成比例。

电流反馈反馈信号取自输出电流，与 I_o 成比例。

3）串联反馈和并联反馈

串联反馈：反馈信号与输入信号在输入回路以电压形式求和 $\dot{U}_i = \dot{U}_i' + \dot{U}_f$。

并联反馈：反馈信号与输入信号在输入回路以电流形式求和 $\dot{I}_i = \dot{I}_i' + \dot{I}_f$。

4）直流反馈和交流反馈

直流反馈：对直流信号实现反馈。比如为了稳定静态工作点，需要对直流电路实现负反馈控制，要加入直流反馈。

交流反馈：对交流信号实现反馈。交流反馈网络与放大器的输出端通常采用阻容耦合，切断直流通道。

7.2 反馈的四种类型

1）电压串联负反馈电路

如图 7.2.1 所示电路将输出电压的全部作为反馈电压，而大多数电路均采用电阻分压的方式将输出电压的一部分作为反馈电压，如图 7.2.2 所示。电路各点电位的瞬时极性如图中所标注。由图可知，反馈量为：

$$u_F = \frac{R_1}{R_1 + R_2} u_o \tag{7.2.1}$$

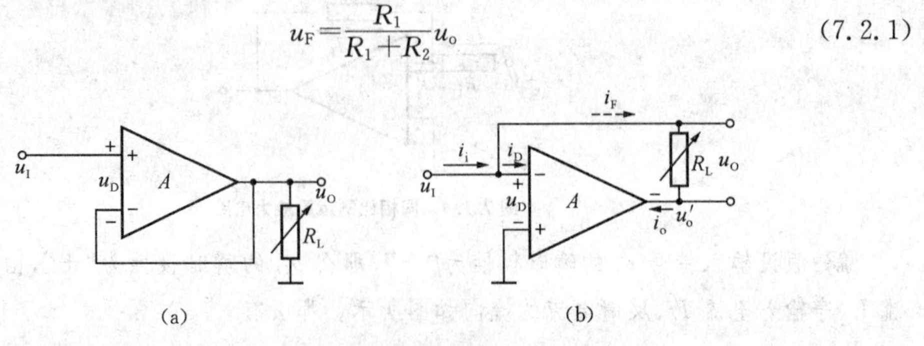

7.2.1 负反馈放大电路

表明反馈量取自于输出电压 u_o，且正比于 u_o，并将与输入电压 u_i 求差后放大，故电路引入了电压串联负反馈。

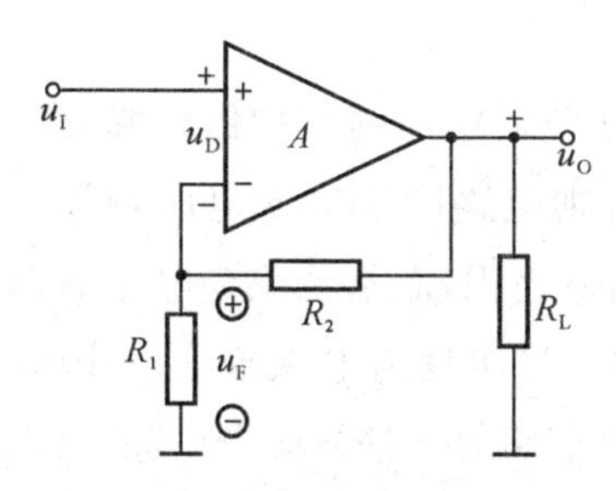

图 7.2.2　电压串联负反馈电路

2) 电流串联负反馈电路

在如图 7.2.2 所示电路中，若将负载电阻 R_L 接在 R_2 处，则 R_L 中就可得到稳定的电流，如图 7.2.3(a)所示，习惯上常画成如图 7.2.3(b)所示形式。电路中相关电位及电流的瞬时极性和电流流向如图中所标注。由图可知，反馈量

$$u_F = i_o R_1 \tag{7.2.2}$$

表明反馈量取自于输出电流 i_o，且转换为反馈电压 u_F，并将与输入电压 u_i 求差后放大，故电路引入了电流串联负反馈。

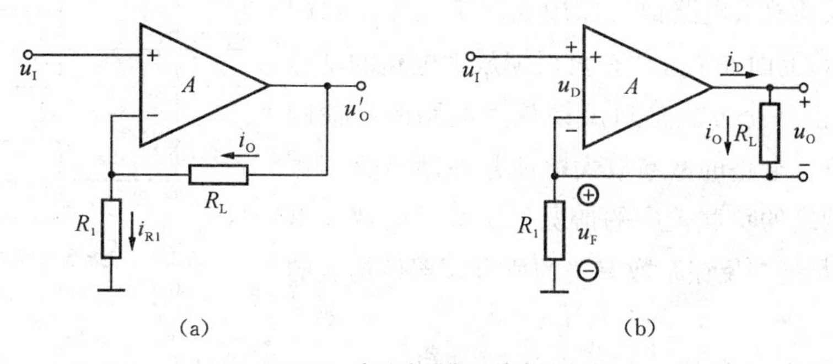

7.2.3　电流串联负反馈电路

3) 电压并联负反馈电路

在如图 7.2.4 所示电路中，相关电位及电流的瞬时极性和电流流向如图中所标注。由图可知，反馈量

$$i_F = -\frac{u_o}{R} \tag{7.2.3}$$

表明反馈量取自输出电压 u_o，且转换成反馈电流 i_F，并将与输入电流 i_I 求差后放大，因此电路引入了电压并联负反馈。

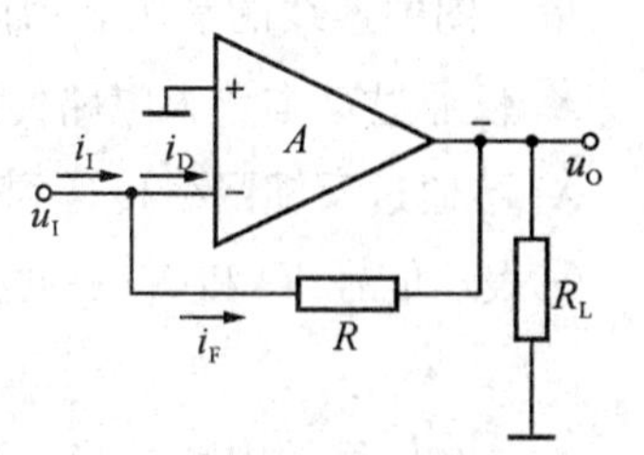

7.2.4　电压并联负反馈电路

4) 电流并联负反馈电路

在如图 7.2.5 所示电路中，各支路电流的瞬时极性如图中所标注。由图可知，反馈量

$$i_F = -\frac{R_2}{R_1 + R_2} i_o \tag{7.2.4}$$

表明反馈信号取自输出电流 i_o，且转换成反馈电流 i_F，并将与输入电流 i_I 求差后放大，因而电路引入了电流并联负反馈。

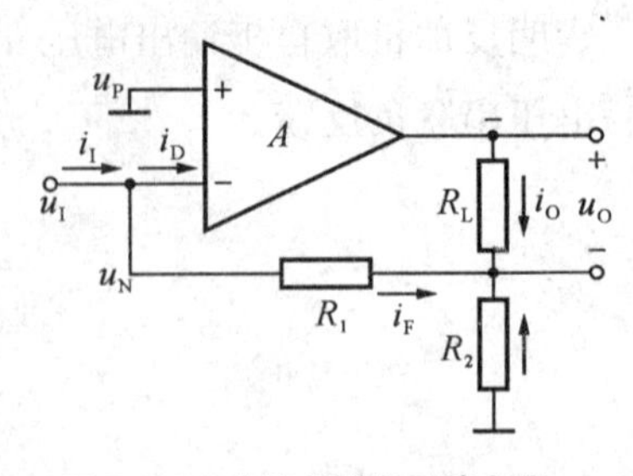

图 7.2.5 电流并联负反馈电路

由上述四个电路可知，串联负反馈电路所加信号源均为电压源，这是因为若加恒流源，则电路的净输入电压将等于信号源电流与集成运放输入电阻之积，而不受反馈电压的影响；同理，并联负反馈电路所加信号源均为电流源，这是因为若加恒压源，则电路的净输入电流将等于信号源电压除以集成运放输入电阻，而不受反馈电流的影响。换言之，串联负反馈适用于输入信号为恒压源或近似恒压源的情况，而并联负反馈适用于输入信号为恒流源或近似恒流源的情况。

综上所述，放大电路中引入电压负反馈还是电流负反馈，取决于负载欲得到稳定的电压还是稳定的电流；放大电路中引入串联负反馈还是并联负反馈，取决于输入信号源是恒压源（或近似恒压源）还是恒流源（或近似恒流源）。

7.3 深度负反馈条件下增益的估算

任何负反馈放大电路都可以用如图 7.3.1 所示的方框图来表示，上面一个方块是负反馈放大电路的基本放大电路，下面一个方块是负反馈放大电路的反馈网络。负反馈放大电路的基本放大电路是在断开反馈且考虑了反馈网络的负载效应的情况下所构成的放大电路；反馈网络是指与反馈系数有关的所有元器件构成的网络。

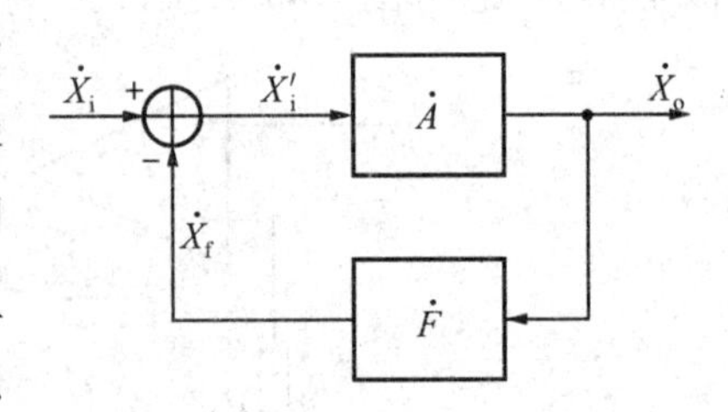

7.3.1 负反馈放大电路方框图

图中，$\dot{X}_i$ 为输入量，$\dot{X}_f$ 为反馈量，$\dot{X}_i'$ 为净负反馈放大电路的方块图输入量，$\dot{X}_o$ 为输出量。图中连线的箭头表示信号的流通方向，说明方块图中的信号是单向流通的，即输入信号 $\dot{X}_i$ 仅通过基本放大电路传递到输出，而输出信号 $\dot{X}_o$ 仅通过反馈网络传递到输入；换言之，$\dot{X}_i$ 不通过反馈网络传递到输出，而 $\dot{X}_o$ 也不通过基本放大电路传递到输入。输入端的圆圈⊕表示信号 $\dot{X}_i$ 和 $\dot{X}_f$ 在此叠加，"+"号和"−"号表明了 $\dot{X}_i$、$\dot{X}_f$ 和 $\dot{X}_i'$ 之间的关系为：

$$\dot{X}_i'=\dot{X}_i-\dot{X}_f \tag{7.3.1}$$

在信号的中频段，X_i、X_i' 和 X_f 均为实数，所以可写为：

$$|\dot{X}_i'|=|\dot{X}_i|-|\dot{X}_f| \text{ 或 } X_i'=X_i-X_f$$

在方块图中定义基本放大电路的放大倍数为：

$$\dot{A}=\frac{\dot{X}_o}{\dot{X}_i'} \tag{7.3.2}$$

反馈系数为：

$$\dot{F}=\frac{\dot{X}_f}{\dot{X}_o} \tag{7.3.3}$$

负反馈放大电路的放大倍数(也称闭环放大倍数)为：

$$\dot{A}_f=\frac{\dot{X}_o}{\dot{X}_i} \tag{7.3.4}$$

根据式(7.3.2)、式(7.3.3)可得：

$$\dot{A}\dot{F}=\frac{\dot{X}_f}{\dot{X}_i'} \tag{7.3.5}$$

式中，AF 称为电路的环路放大倍数。

实用的放大电路中多引入深度负反馈，因此分析负反馈放大电路的重点是从电路中分离出反馈网络，并求出反馈系数 F。为了便于研究和测试，还常常需要求出不同组态反馈放大电路的电压放大倍数。本节将重点研究具有深度负反馈放大电路的放大倍数的估算方法。

7.3.1 深度负反馈的实质

在负反馈放大电路的一般表达式中，若$|1+AF|\gg 1$，则

$$\dot{A}_f\approx\frac{1}{\dot{F}} \tag{7.3.6}$$

根据 A_f 和 F 的定义有：

$$\dot{A}_f=\frac{\dot{X}_o}{\dot{X}_i},\quad \dot{F}=\frac{\dot{X}_f}{\dot{X}_o},\quad \dot{A}_f\approx\frac{1}{\dot{F}}=\frac{\dot{X}_o}{\dot{X}_f} \tag{7.3.7}$$

说明 $X_i=X_f$。可见，深度负反馈的实质是在近似分析中忽略净输入量。但不同组态，可忽略的净输入量也将不同。当电路引入深度串联负反馈时，

$$\dot{U}_i\approx\dot{U}_f \tag{7.3.8}$$

认为净输入电压 U_i' 可忽略不计。

当电路引入深度并联负反馈时，

$$\dot{I}_i\approx\dot{I}_f \tag{7.3.9}$$

认为净输入电流 I_i' 可忽略不计。

利用上述公式可以求出四种不同组态负反馈放大电路的放大倍数。

7.3.2 反馈网络的分析

反馈网络连接放大电路的输出回路与输入回路，并且影响着反馈量。找出负反馈放大电路的反馈网络，便可根据定义求出反馈系数。

如图 7.2.2 所示电压串联负反馈电路的反馈网络如图 7.3.2(a)方框中所示。

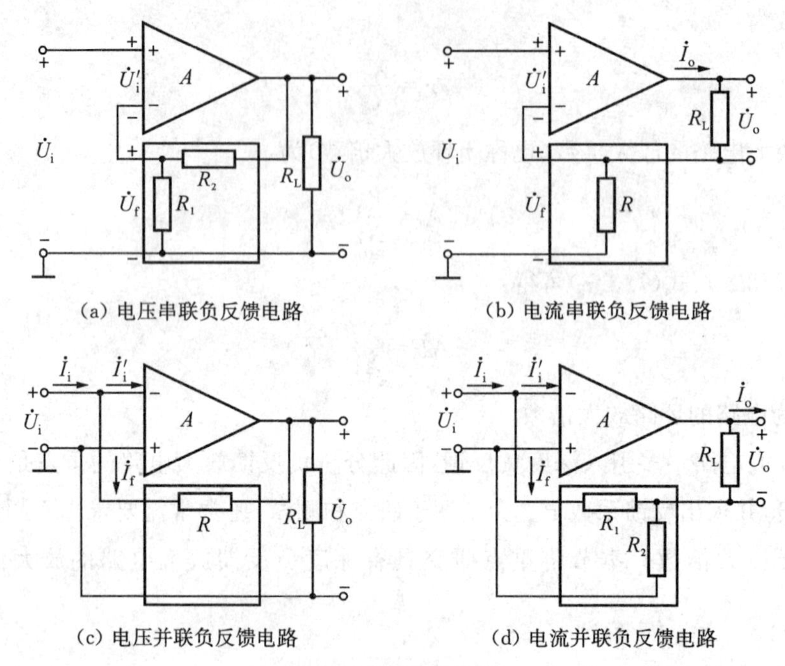

(a) 电压串联负反馈电路　(b) 电流串联负反馈电路

(c) 电压并联负反馈电路　(d) 电流并联负反馈电路

图 7.3.2　反馈网络的分析

因而反馈系数为：

$$\dot{F}_{uu}=\frac{\dot{U}_f}{\dot{U}_o}=\frac{R_1}{R_1+R_2} \tag{7.3.10}$$

如图 7.2.3 所示电流串联负反馈电路的反馈网络如图 7.3.2(b)方框中所示。其反馈系数为：

$$\dot{F}_{ui}=\frac{\dot{U}_f}{\dot{I}_o}=\frac{\dot{I}_oR}{\dot{I}_o}=R \tag{7.3.11}$$

如图 7.2.4 所示电压并联负反馈电路的反馈网络如图 7.3.2(c)方框中所示。其反馈系数为：

$$\dot{F}_{iu}=\frac{\dot{I}_f}{\dot{U}_o}=\frac{-\frac{\dot{U}_o}{R}}{\dot{U}_o}=-\frac{1}{R} \tag{7.3.12}$$

这里要特别指出，由于反馈量仅取决于输出量，因此反馈系数仅决定于反馈网络，而与放大电路的输入、输出特性及负载电阻 R_L 无关。

7.3.3　基于反馈系数的放大倍数分析

1）电压串联负反馈电路

电压串联负反馈电路的放大倍数就是电压放大倍数，即

$$\dot{A}_{uuf}=\dot{A}_{uf}=\frac{\dot{U}_o}{\dot{U}_i}\approx\frac{\dot{U}_o}{\dot{U}_f}=-\frac{1}{\dot{F}_{uu}} \tag{7.3.13}$$

根据式(7.3.10)，如图 7.3.2(a)所示电路的 $\dot{A}_{uf}\approx1+\frac{R_2}{R_1}$。$A_{uf}$ 与负载电阻 R_L 无关，表明引入深度电压负反馈后，电路的输出可近似为受控恒压源。

2）电流串联负反馈电路

电流串联负反馈电路的放大倍数

$$\dot{A}_{iuf}=\frac{\dot{I}_o}{\dot{U}_i}\approx\frac{\dot{I}_o}{\dot{U}_f}=\frac{1}{\dot{F}_{ui}} \tag{7.3.14}$$

输出电压 $\dot{U}_o=\dot{I}_oR_L$，U_o 与 I_o 随负载的变化成线性关系，故电压放大倍数为：

$$\dot{A}_{uf}=\frac{\dot{U}_o}{\dot{U}_i}\approx\frac{\dot{I}_oR_L}{\dot{U}_f}=\frac{1}{\dot{F}_{ui}}R_L \tag{7.3.15}$$

根据式(7.3.11)，如图 7.3.2(b)所示电路的 $\dot{A}_{uf}\approx\frac{R_L}{R}$。

3）电压并联负反馈电路

电压并联负反馈电路的放大倍数

$$\dot{A}_{uif}=\frac{\dot{U}_o}{\dot{I}_i}\approx\frac{\dot{U}_o}{\dot{I}_f}=\frac{1}{\dot{F}_{iu}} \tag{7.3.16}$$

实际上，并联负反馈电路的输入量通常不是理想的恒流信号 I_i，在绝大多数情况下，信号源 I_s 有内阻 R_s，如图 7.3.2(a)所示。根据诺顿定理，可将信号源 I_s 与内阻 R_s 并联转换成电压源 U_s 与电阻 R_s 串联，如图 7.3.3(b)所示。由于 $I_i\approx I_f$，I_i' 趋于零，可以认为 U_s 几乎全部降落在电阻 R_s 上，所以

$$\dot{U}_s\approx\dot{I}_iR_s\approx\dot{I}_fR_s \tag{7.3.17}$$

于是可得电压放大倍数

$$\dot{A}_{usf}=\frac{\dot{U}_o}{\dot{U}_s}\approx\frac{\dot{U}_o}{\dot{I}_fR_s}=\frac{1}{\dot{F}_{iu}}\frac{1}{R_s} \tag{7.3.18}$$

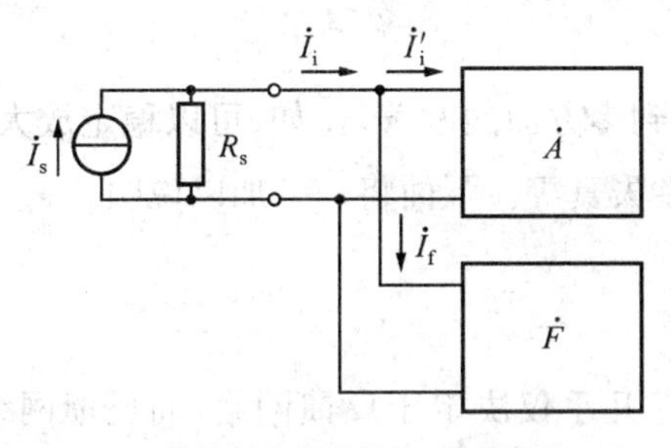

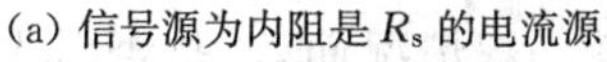
(a) 信号源为内阻是 R_s 的电流源

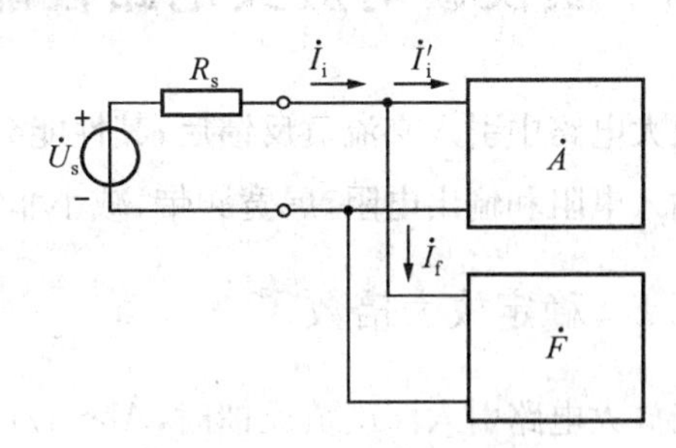

(b) 将电流源转换成电压源

图 7.3.3　并联负反馈电路的信号源

将内阻为 R_s 的信号源 U_s 加在图 7.3.2(c)上，根据式(7.3.12)可得出电压放大倍数

$$\dot{A}_{usf}\approx-\frac{R}{R_s}$$

如前所述，并联负反馈电路适用于恒流源或内阻 R_s 很大的恒压源(即近似恒流源)，因

而在电路测试时，若信号源内阻很小，则应外加一个相当于 R_s 的电阻。

4）电流并联负反馈电路

电流并联负反馈电路的放大倍数

$$\dot{A}_{iif}=\frac{\dot{I}_o}{\dot{I}_i}\approx\frac{\dot{I}_o}{\dot{I}_f}=\frac{1}{\dot{F}_{ii}} \tag{7.3.19}$$

输出电压 $\dot{U}_o=\dot{I}_o R_L$。当以 R_s 为内阻的电压源 U_s 为输入信号时，根据式(7.3.15)，电压放大倍数为：

$$\dot{A}_{usf}=\frac{\dot{U}_o}{\dot{U}_s}\approx\frac{\dot{I}_o R_L}{\dot{I}_f R_s}=\frac{1}{\dot{F}_{ii}}\frac{R_L}{R_s} \tag{7.3.20}$$

将内阻为 R_S 的电压源 U_s 加在如图 7.3.2(d)所示电路的输入端，根据

$$\dot{F}_{ii}=\frac{\dot{I}_f}{\dot{I}_o}=-\frac{R_2}{R_1+R_2} \tag{7.3.21}$$

可得电压放大倍数

$$\dot{A}_{usf}\approx-\left(1+\frac{R_1}{R_2}\right)\frac{R_L}{R_s} \tag{7.3.22}$$

当电路引入并联负反馈时，多数情况下可以认为 $U_s\approx I_f R_s$。当电路引入电流负反馈时，$U_o=I_o R_L'$，R_L' 是电路输出端所接总负载，可能是若干电阻的并联，也可能就是负载电阻 R_L。

综上所述，求解深度负反馈放大电路放大倍数的一般步骤是：

（1）判断反馈组态；

（2）求解反馈系数；

（3）利用 $\dot{F}$ 求解 $\dot{A}_f$、$\dot{A}_{uf}$（或 $\dot{A}_{usf}$）。

7.4 负反馈对放大电路性能的影响

放大电路中引入交流负反馈后，其性能会得到多方面的改善，比如，可以稳定放大倍数，改变输入电阻和输出电阻，展宽频带，减小非线性失真等。下面将一一加以说明。

7.4.1 稳定放大倍数

当放大电路引入深度负反馈时，$\dot{A}_f\approx 1/\dot{F}$，$\dot{A}_f$ 几乎仅决定于反馈网络，而反馈网络通常由电阻、电容组成，因而可获得很好的稳定性。那么，就一般情况而言，是否引入交流负反馈就一定使 $\dot{A}_f$ 得到稳定呢？

在中频段，$\dot{A}_f$、$\dot{A}$ 和 $\dot{F}$ 均为实数，$\dot{A}_f$ 的表达式可写成：

$$\dot{A}_f=\frac{\dot{A}}{1+\dot{A}\dot{F}} \tag{7.4.1}$$

对式(7.4.1)求微分得：

$$\mathrm{d}\dot{A}_f=\frac{(1+\dot{A}\dot{F})\mathrm{d}\dot{A}-\dot{A}\dot{F}\mathrm{d}\dot{A}}{(1+\dot{A}\dot{F})^2}=\frac{\mathrm{d}\dot{A}}{(1+\dot{A}\dot{F})^2} \tag{7.4.2}$$

由式(7.4.1)的和式(7.4.2),可得:

$$\frac{\mathrm{d}\dot{A}_\mathrm{f}}{\dot{A}_\mathrm{f}}=\frac{1}{1+\dot{A}\dot{F}}\frac{\mathrm{d}\dot{A}}{\dot{A}} \tag{7.4.3}$$

式(7.4.3)表明,负反馈放大电路放大倍数 $\dot{A}_\mathrm{f}$ 的相对变化量 $\mathrm{d}\dot{A}/\dot{A}$ 仅为其基本放大电路放大倍数 $\dot{A}$ 的相对变化量 $\mathrm{d}\dot{A}/\dot{A}$ 的 $(1+\dot{A}\dot{F})$ 分之一,也就是说 $\dot{A}_\mathrm{f}$ 的稳定性是 $\dot{A}$ 的 $(1+\dot{A}\dot{F})$ 倍。例如,当 $\dot{A}$ 变化10%时,若 $1+\dot{A}\dot{F}=100$,则 $\dot{A}_\mathrm{f}$ 仅变化0.1%。

对式(7.4.3)进行分析可知,引入交流负反馈,因环境温度的变化、电源电压的波动、元件的老化、器件的更换等原因引起的放大倍数的变化都将减小。特别是在制成产品时,因半导体器件参数的分散性所造成的放大倍数的差别也将明显减小,从而使放大能力具有很好的一致性。

应当指出,$\dot{A}_\mathrm{f}$ 的稳定性是以损失放大倍数为代价的,即 $\dot{A}_\mathrm{f}$ 减小到 $\dot{A}$ 的 $(1+\dot{A}\dot{F})$ 分之一,才能使其稳定性提高到 $\dot{A}$ 的 $(1+\dot{A}\dot{F})$ 倍。

7.4.2 改变输入电阻和输出电阻

在放大电路中引入不同组态的交流负反馈,将对输入电阻和输出电阻产生不同的影响。

1) 对输入电阻的影响

输入电阻是从放大电路输入端看进去的等效电阻,因而负反馈对输入电阻的影响,取决于基本放大电路与反馈网络在电路输入端的连接方式,即取决于电路引入的是串联反馈还是并联反馈。

(1) 串联负反馈增大输入电阻

如图7.4.1所示为串联负反馈放大电路的方块图,根据输入电阻的定义,基本放大电路的输入电阻

$$R_\mathrm{i}=\frac{\dot{U}'_\mathrm{i}}{\dot{I}_\mathrm{i}}$$

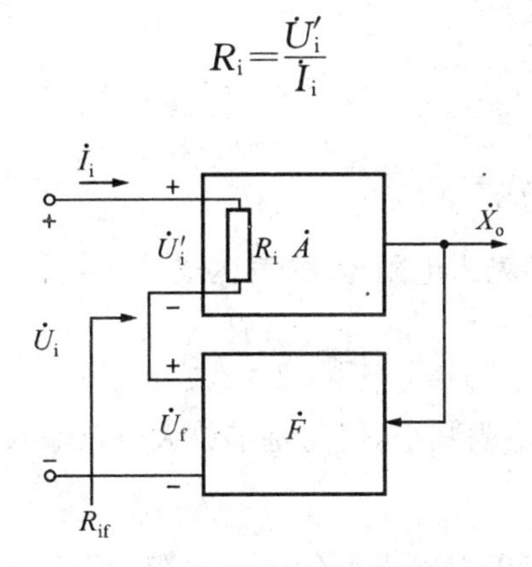

图7.4.1 串联负反馈电路的方块图

而整个电路的输入电阻为:

$$R_{if}=\frac{\dot{U}_i}{\dot{I}_i}=\frac{\dot{U}_i'+\dot{U}_f}{\dot{I}_i}=\frac{\dot{U}_i'+\dot{A}\dot{F}\dot{U}_i'}{\dot{I}_i}$$

从而得出串联负反馈放大电路输入电阻 R_{if} 的表达式为

$$R_{if}=(1+\dot{A}\dot{F})R_i \tag{7.4.4}$$

表明输入电阻增大到 R_i 的 $(1+\dot{A}\dot{F})$ 倍。

应当指出，在某些负反馈放大电路中，有些电阻并不在反馈环内而并联在输入端，反馈对它不产生影响。这类电路的方块图如图 7.4.2 所示，可以看出：

$$R_{if}'=(1+\dot{A}\dot{F})R_i$$

而整个电路的输入电阻

$$R_{if}=R_b /\!/ R_{if}'$$

因此，更确切地说，引入串联负反馈，将使引入反馈的支路的等效电阻增大到基本放大电路的 $(1+\dot{A}\dot{F})$ 倍。但是，不管哪种情况，引入串联负反馈都将增大输入电阻。

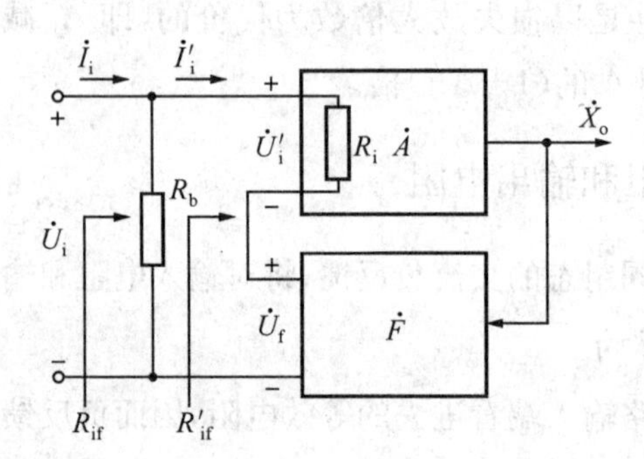

图 7.4.2　R_b 在反馈环之外时串联反馈电路的方块图

(2) 并联负反馈减小输入电阻

并联负反馈放大电路的方块图如图 7.4.3 所示。根据输入电阻的定义，该放大电路的输入电阻

$$R_i=\frac{\dot{U}_i}{\dot{I}_i'}$$

整个电路的输入电阻

$$R_{if}=\frac{\dot{U}_i}{\dot{I}_i}=\frac{\dot{U}_i}{\dot{I}_i'+\dot{I}_f}=\frac{\dot{U}_i}{\dot{I}_i'+\dot{A}\dot{F}\dot{I}_i'}$$

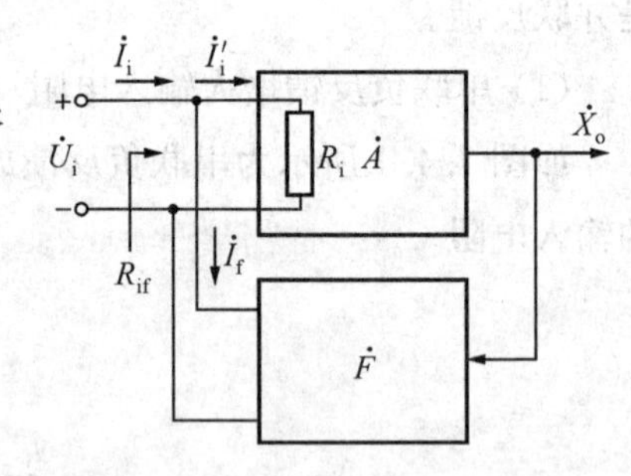

图 7.4.3　并联负反馈电路的方块图

从而得出并联负反馈放大电路输入电阻 R_{if} 的表达式，

$$R_{if}=\frac{R_i}{1+\dot{A}\dot{F}} \tag{7.4.5}$$

表明引入并联负反馈后，输入电阻减小，仅为基本放大电路输入电阻的 $(1+\dot{A}\dot{F})$ 分之一。

2) 对输出电阻的影响

输出电阻是从放大电路输出端看进去的等效内阻，因而负反馈对输出电阻的影响取决于基本放大电路与反馈网络在放大电路输出端的连接方式，即取决于电路引入的是电压反馈还是电流反馈。

（1）电压负反馈减小输出电阻

电压负反馈的作用是稳定输出电压，故必然使其输出电阻减小。电压负反馈放大电路的方块图如图 7.4.4 所示，令输入量 $X_i=0$，在输出端加交流电压 $\dot{U}_o$，产生电流 I_o，则电路的输出电阻为：

$$R_{of}=\frac{\dot{U}_o}{\dot{I}_o} \tag{7.4.6}$$

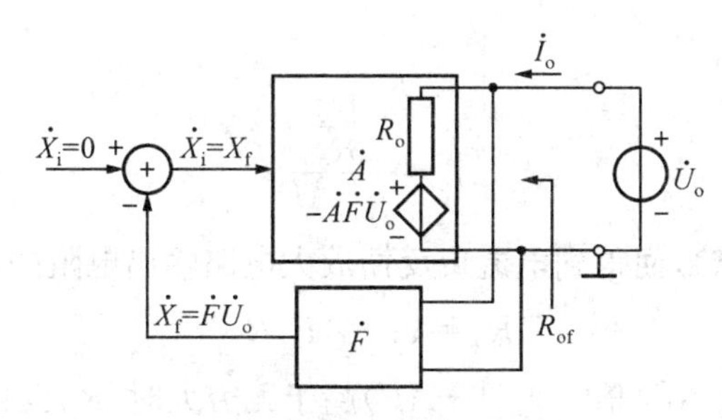

图 7.4.4　电压负反馈电路的方块图

$\dot{U}_o$ 作用于反馈网络，得到反馈量 $X_f=\dot{F}\dot{U}_o$，$-X_f$ 又作为净输入量作用于基本放大电路，产生输出电压为 $-\dot{A}\dot{F}\dot{U}_o$。基本放大电路的输出电阻为 R_o，因为在基本放大电路中已考虑了反馈网络的负载效应，所以可以不必重复考虑反馈网络的影响，R_o 中的电流为 I_o，其表达式为：

$$\dot{I}_o=\frac{\dot{U}_o-(-\dot{A}\dot{F}\dot{U}_o)}{R_o}=\frac{(1+\dot{A}\dot{F})\dot{U}_o}{R_o}$$

将上式代入式(7.4.6)，得到电压负反馈放大电路输出电阻的表达式为

$$R_{of}=\frac{R_o}{1+\dot{A}\dot{F}} \tag{7.4.7}$$

表明引入负反馈后，输出电阻仅为其基本放大电路输出电阻的$(1+\dot{A}\dot{F})$分之一。当$(1+\dot{A}\dot{F})$趋于无穷大时，R_{of}趋于零，此时电压负反馈电路的输出具有恒压源特性。

（2）电流负反馈增大输出电阻

电流负反馈稳定输出电流，故其必然使输出电阻增大。如图 7.4.5 所示为电流负反馈放大电路的方块图，令 $X_i=0$，在输出端断开负载电阻并外加交流电压 $\dot{U}_o$，由此产生了电流 I_o，则电路的输出电阻为：

$$R_{of}=\frac{\dot{U}_o}{\dot{I}_o} \tag{7.4.8}$$

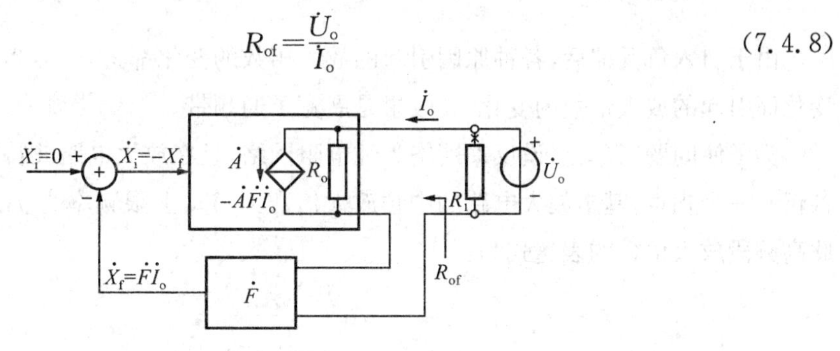

图 7.4.5　电流负反馈电路的方块图

I_o 作用于反馈网络，得到反馈量 $\dot{X}_f=\dot{F}\dot{I}_o$，$-\dot{X}_f$ 又作为净输入量作用于基本放大电路，所产生的输出电流为 $-\dot{A}\dot{F}\dot{I}_o$。R_o 为基本放大电路的输出电阻，由于在基本放大电路中已经考虑了反馈网络的负载效应，所以可以认为此时作用于反馈网络的人电压为零，即 R_o 上的电压为 U_o。因此，流入基本放大电路的电流 I_o 为：

$$I_o=\frac{\dot{U}_o}{R_o}+(\dot{A}\dot{F}\dot{I}_o)$$

即

$$\dot{I}_o=\frac{\dfrac{\dot{U}_o}{R_o}}{1+\dot{A}\dot{F}}$$

将上式代入式(7.4.8)，便得到电流负反馈放大电路输出电阻的表达式，

$$R_{of}=(1+\dot{A}\dot{F})R_o \tag{7.4.9}$$

说明 R_{of} 增大到 R_o 的 $(1+\dot{A}\dot{F})$ 倍。当 $(1+\dot{A}\dot{F})$ 趋于无穷大时，R_{of} 也趋于无穷，电路的输出等效为恒流源。

需要注意的是，与如图 7.4.2 所示的方块图中的 R_b 相类似，在一些电路中有的电阻并联在反馈环之外，反馈的引入对它们所在支路没有影响。因此，对这类电路，电流负反馈仅仅稳定了引出反馈的支路的电流，并使该支路的等效电阻 R'_o 增大到基本放大电路的 $(1+\dot{A}\dot{F})$ 倍。

表 7.1 中列出四种组态负反馈对放大电路输入电阻与输出电阻的影响。表中括号内的"0"或"∞"，表示在理想情况下，即当 $1+\dot{A}\dot{F}=\infty$ 时，输入电阻和输出电阻的值。可以认为由理想运放构成的负反馈放大电路的 $(1+\dot{A}\dot{F})$ 趋于无穷大，因而它们的输入电阻和输出电阻趋于表中的理想值。

表 7.1　交流负反馈对输入电阻、输出电阻的影响

反馈组态	电压串联	电流串联	电压并联	电流并联
R_{if}(或 R'_{if})	增大(∞)	增大(∞)	减小(0)	减小(0)
R_{of}(或 R'_{of})	减小(0)	增大(∞)	减小(0)	增大(∞)

7.4.3　展宽频带

由于引入负反馈后，各种原因引起的放大倍数的变化都将减小，当然也包括因信号频率变化而引起的放大倍数的变化，其效果是展宽了通频带。

为了使问题简单化，设反馈网络为纯电阻网络，且在放大电路波特图的低频段和高频段各仅有一个拐点；基本放大电路的中频放大倍数为 $\dot{A}_m$，上限频率为 f_H，下限频率为 f_L。因此高频段放大倍数的表达式为：

$$\dot{A}_h=\frac{\dot{A}_m}{1+j\dfrac{f}{f_H}}$$

引入负反馈后，电路的高频段放大倍数为：

$$\dot{A}_{hf}=\frac{\dot{A}_h}{1+\dot{A}_h\dot{F}_h}=\frac{\dfrac{\dot{A}_m}{1+j\dfrac{f}{f_H}}}{1+\dfrac{\dot{A}_m}{1+j\dfrac{f}{f_H}}\dot{F}}=\frac{\dot{A}_m}{1+j\dfrac{f}{f_H}+\dot{A}_m\dot{F}}$$

将分子分母均除以$(1+\dot{A}_m\dot{F})$，可得

$$\dot{A}_{hf}=\frac{\dfrac{\dot{A}_m}{1+\dot{A}_m\dot{F}}}{1+j\dfrac{f}{(1+\dot{A}_m\dot{F})f_H}}=\frac{\dot{A}_{mf}}{1+j\dfrac{f}{f_{Hf}}}$$

式中，$\dot{A}_{mf}$为负反馈放大电路的中频放大倍数，f_{Hf}为其上限频率，故

$$f_{Hf}=(1+\dot{A}_m\dot{F})f_H \tag{7.4.10}$$

表明引入负反馈后上限频率增大到基本放大电路的$(1+\dot{A}_m\dot{F})$倍。

利用上述推导方法可以得到负反馈放大电路下限频率的表达式

$$f_{Lf}=\frac{f_L}{1+\dot{A}_m\dot{F}} \tag{7.4.11}$$

可见，引入负反馈后，下限频率减小到基本放大电路的$(1+\dot{A}_m\dot{F})$分之一。

一般情况下，由于$f_H>f_L$，$f_{Hf}\gg f_{Lf}$，因此，基本放大电路及负反馈放大电路的通频带分别可近似表示为

$$f_{bw}=f_H-f_L\approx f_H$$
$$f_{bwf}=f_{Hf}-f_{Lf}\approx f_{Hf} \tag{7.4.12}$$

即引入负反馈使频带展宽到基本放大电路的$(1+\dot{A}\dot{F})$倍。

应当指出，由于不同组态负反馈电路放大倍数的物理意义不同，因而式(7.4.10)、式(7.4.11)、式(7.4.12)所具有的含义也就不同。根据式(7.4.12)可知，对于电压串联负反馈电路，$\dot{A}_{uuf}$的频带是$\dot{A}_{uu}$的$(1+\dot{A}\dot{F})$倍；对于电压并联负反馈电路，$\dot{A}_{uif}$的频带是$\dot{A}_{ui}$的$(1+\dot{A}\dot{F})$倍；对于电流串联负反馈电路，$\dot{A}_{iuf}$的频带是$\dot{A}_{iu}$的$(1+\dot{A}\dot{F})$倍；对于电流并联负反馈电路，$\dot{A}_{iif}$的频带是$\dot{A}_{ii}$的$(1+\dot{A}\dot{F})$倍。

若放大电路的波特图中有多个拐点，且反馈网络不是纯电阻网络，则问题的分析就比较复杂了，但是频带展宽的趋势不变。

7.4.4　减小非线性失真

对于理想的放大电路，其输出信号与输入信号完全呈线性关系。但是，由于组成放大电路的半导体器件(如晶体管和场效应管)均具有非线性特性，当输入信号为幅值较大的正弦波时，输出信号往往不是正弦波。经谐波分析，输出信号中除含有与输入信号频率相同的基波外，还含有其他谐波，因而产生失真。怎样才能消除这种失真呢？我们不妨看下面的例子。

设放大电路输入级放大管的 b—e 间得到正弦电压 u_{be}，由于晶体管输入特性的非线性，i_b 将要失真，其正半周幅值大，负半周幅值小，如图 7.4.6(a)所示，这样必然造成输出电压、电流的失真。可以设想，如果能使 b—e 间电压的正半周幅值小些而负半周幅值大些，那么 i_b 将近似为正弦波，如图 7.4.6(b)所示。电路引入负反馈，将使净输入量产生类似上述 b—e 间电压的变化，因此减小了非线性失真。

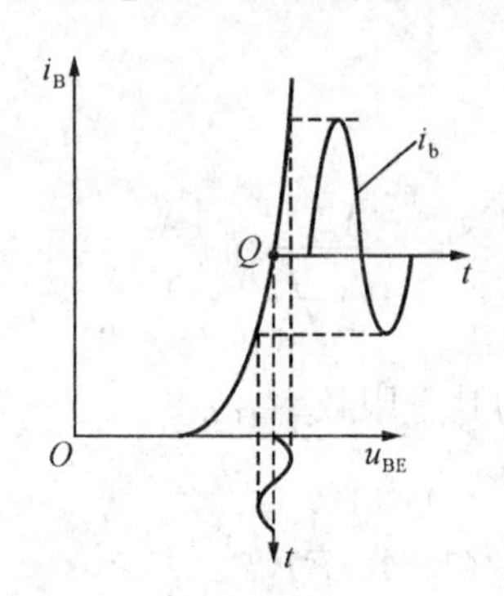

(a) u_{be}为正弦波时 i_b 失真　　(b) u_{be}为非正弦波 i_b 近似为正弦波

图 7.4.6　消除 i_b 失真的方法

如图 7.4.6 所示为减小非线性失真的定性分析。设在正弦波输入量 X_i 作用下，输出量 X_o 与 X_i 同相，且产生正半周幅值大负半周幅值小的失真，反馈量 X_f 与 X_o 的失真情况相同。当电路闭环后，由于净输入量 X_i' 为 X_o 和 X_f 之差，因而其正半周幅值小而负半周幅值大。结果将使输出波形正、负半周的幅值趋于一致，从而使非线性失真减小。

设图 7.4.6(a)中的输出量(即电路开环时的输出量)为：

$$\dot{X}_o=\dot{A}\dot{X}_i'+\dot{X}_o'$$

式中，$A'X_i$ 为 X_o 中的基波部分，X_o' 为由半导体器件的非线性所产生的谐波部分。

为了使非线性失真情况在电路闭环前后具有可比性，当电路闭环后(见图 7.4.7)，应增大输入量 X，使 X' 中的基波成分与开环时相同，以保证输出量的基波成分与开环时相同。设此时 X_o 中的谐波部分为 X_o''，则可将 X_o'' 分为两部分，一部分是因 X_i'(与开环时相同)而产生的 X'_o，另一部分是输出量中的谐波 X_o'' 经反馈网络和基本放大电路而产生的输出 $-AFX''$，写成表达式为：

$$\dot{X}_o''=\dot{X}_o'-\dot{A}\dot{F}\dot{X}_o''$$

因此

$$\dot{X}_o''=\frac{\dot{X}_o'}{1+\dot{A}\dot{F}} \tag{7.4.13}$$

表明在输出基波幅值不变的情况下，引入负反馈后，输出的谐波部分被减小到基本放大电路的$(1+AF)$分之一。

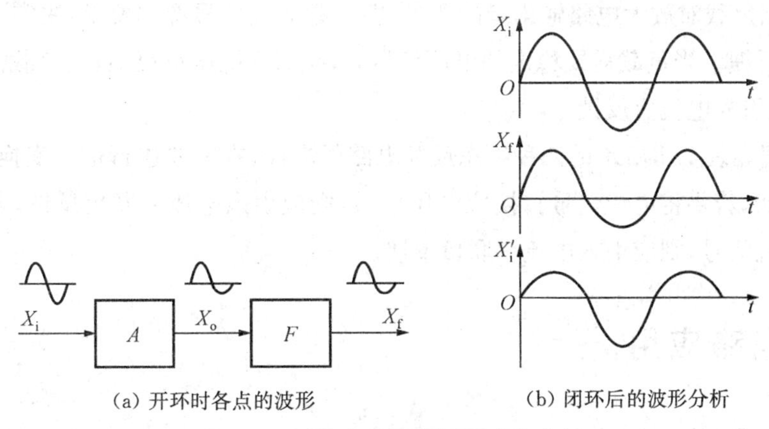

(a) 开环时各点的波形　　(b) 闭环后的波形分析

图 7.4.7　引入负反馈使非线性失真减小

综上所述,可以得到如下结论:

(1) 只有信号源有足够的潜力,能使电路闭环后基本放大电路的净输入电压与开环时相等,即输出量在闭环前后保持基波成分不变,非线性失真才能减小到基本放大电路的$(1+AF)$分之一。

(2) 非线性失真产生于电路内部,引入负反馈后才被抑制。换言之,当非线性信号混入输入量或干扰来源于外界时,引入负反馈将无济于事,必须采用信号处理(如有源滤波)或屏蔽等方法才能解决。

7.5　放大电路中引入负反馈的一般原则

通过以上分析可知,负反馈对放大电路性能方面的影响均与反馈深度$(1+AF)$有关。应当说明的是,以上的定量分析是为了更好地理解反馈深度与电路各性能指标的定性关系。从某种意义上讲,对负反馈放大电路的定性分析比定量计算更重要。这一方面是因为在分析实用电路时,几乎均可认为它们引入的是深度负反馈,如当基本放大电路为集成运放时,便可认为$(1+AF)$趋于无穷大;另一方面,即使需要精确分析电路的性能指标,也不需要利用方块图进行手工计算,而应借助于如 PSpice, Multisim 等电子电路计算机辅助分析和设计软件。

引入负反馈可以改善放大电路多方面的性能,反馈组态不同,所产生的影响各不相同。因此,在设计放大电路时,应根据需要和目的,引入合适的反馈,这里提供部分一般原则:

(1) 为了稳定静态工作点,应引入直流负反馈;为了改善电路的动态性能,应引入交流负反馈。

(2) 根据信号源的性质决定引入串联负反馈或并联负反馈。当信号源为恒压源或内阻较小的电压源时,为增大放大电路的输入电阻,以减小信号源的输出电流和内阻上的压降,应引入串联负反馈。当信号源为恒流源或内阻很大的电压源时,为减小放大电路的输入电阻,使电路获得更大的输入电流,应引入并联负反馈。

(3) 根据负载对放大电路输出量的要求,即负载对其信号源的要求,决定引入电压负反馈或电流负反馈。当负载需要稳定的电压信号时,应引入电压负反馈;当负载需要稳定的电流信号时,应引入电流负反馈。

(4) 根据如表 7.1 所示的四种组态反馈电路的功能,在需要进行信号变换时,选择合适的组态。例如,若要将电流信号转换成电压信号,则应引入电压并联负反馈;若要将电压信号转换成电流信号,则应引入电流串联负反馈。

7.6 电路应用

【例 7.6.1】 电路如图 7.6.1 所示。

(1) 试通过电阻引入合适的交流负反馈,使输入电压 u_I 转换成稳定的输出电流 i_L;

(2) 若 u_I=0～5 V 时,i_L=0～10 mA,则反馈电阻 R_F 应取多少?

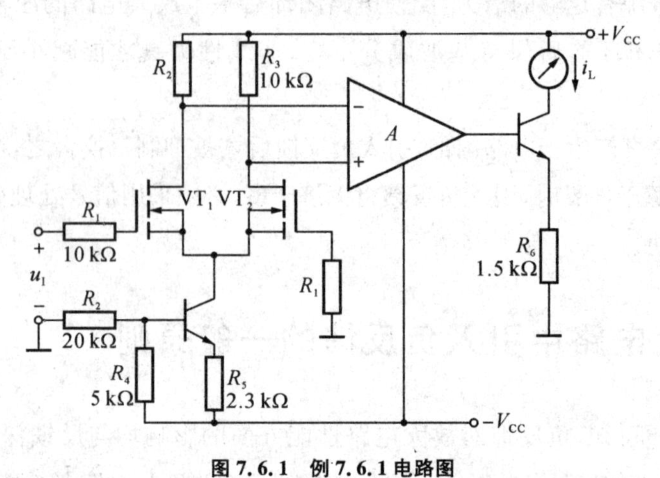

图 7.6.1 例 7.6.1 电路图

解:(1) 引入电流串联负反馈,通过电阻 R_f 将三极管的发射极与 VT_2 管的栅极连接起来,如图 7.6.2 所示。

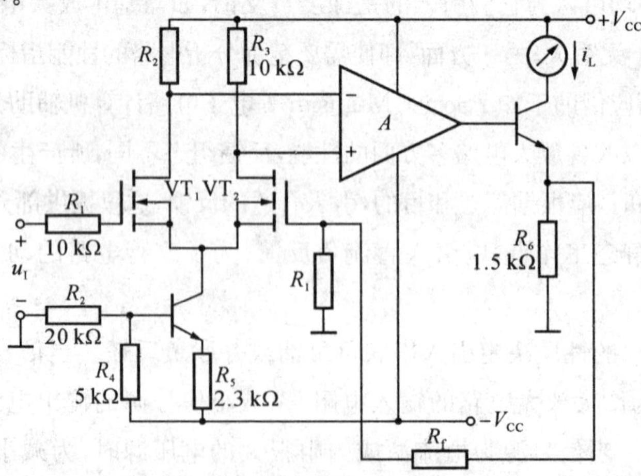

图 7.6.2 例 7.6.1 解答图

(2) 首先求解 $\dot{F}$，再根据 $\dot{A}_f \approx \frac{1}{\dot{F}}$ 求解 R_f。

$$\dot{F}=\frac{R_1R_f}{R_1+R_f+R_6}$$

$$\dot{A}_f \approx \frac{R_1+R_f+R_6}{R_1R_f}$$

代入数据 $\frac{10+R_f+1.5}{10\times1.5}=\frac{10}{5}$

所以 $R_f=18.5\ \text{k}\Omega$。

【例 7.6.2】 如图 7.6.3(a)所示放大电路 $\dot{A}\dot{F}$ 的波特图如图 7.6.3(b)所示。

(1) 若电路产生了自激振荡，则应采取什么措施消振？要求在图 7.6.3(a)中画出来。

(2) 若仅有一个 50 pF 电容，分别接在 3 个三极管的基极和地之间均未能消振，则将其接在何处有可能消振？为什么？

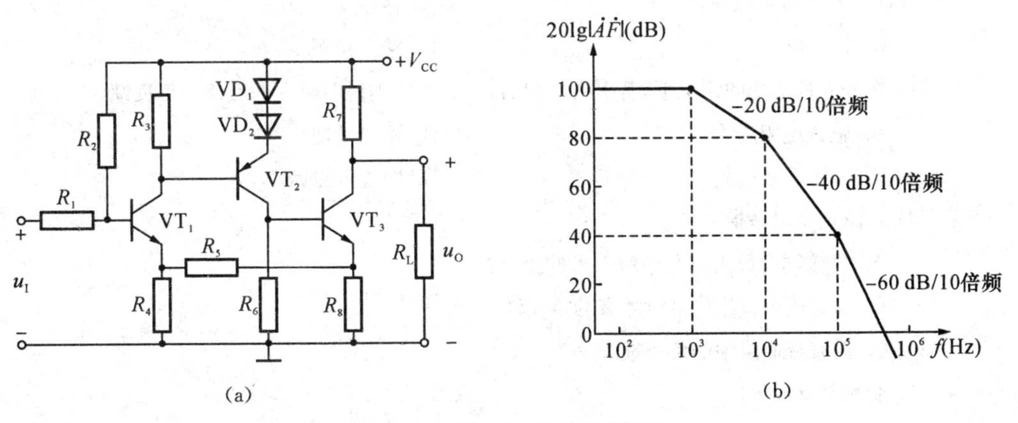

图 7.6.3　例 7.6.2 电路及解答图

解：(1) 可在晶体管 VT_2 的基极与地之间加消振电容。注：方法不唯一。

(2) 可在晶体管 VT_2 基极和集电极之间加消振电容。因为根据密勒定理，等效在基极与地之间的电容比实际电容大得多，因此容易消振。

7.7　微项目演练

1) 微项目简介

基于模拟电子技术第 7 章的放大电路的反馈知识，设计一款利用集成运放和三极管构成反馈电路的扬声器，遵循项目设计的思路和步骤，着手项目功能分析→原理图设计→电路仿真→电路焊接→电路调试、运行。此扬声器很好地体现了带有反馈的集成运放的特性。

2) 功能描述

前两级是通过两个集成运放实现一个正反馈和一个负反馈，通过反馈电路将电压放大，电压放大的时候会将大的电压输出给喇叭，使得喇叭能够在大的电压下发出声音。

3）电路及实现原理

正反馈电路是输出一个稳定的峰峰值电压给下一级集成运放，然后经过同相比例运放将电压放大（$U_o=(1+R_f/R_1)U_i$），输出给功率放大电路，使得喇叭在大电压下发出声音。

习题 7

7.1　选择合适的答案填入空内。

（1）对于放大电路，所谓开环是指________。

A. 无信号源　　B. 无反馈通路

C. 无电源　　D. 无负载

而所谓闭环是指________。

A. 考虑信号源内阻　　B. 存在反馈通路

C. 接入电源　　D. 接入负载

（2）在输入量不变的情况下，若引入反馈后，________则说明引入的反馈是负反馈。

A. 输入电阻增大　　B. 输出量增大

C. 净输入量增大　　D. 净输入量减小

（3）直流负反馈是指________。

A. 直接耦合放大电路中所引入的负反馈

B. 只有放大直流信号时才有的负反馈

C. 在直流通路中的负反馈

（4）交流负反馈是指________。

A. 阻容耦合放大电路中所引入的负反馈

B. 只有放大交流信号时才有的负反馈

C. 在交流通路中的负反馈

（5）① 为了稳定静态工作点，应引入________；

② 为了稳定放大倍数，应引入________；

③ 为了改变输入电阻和输出电阻，应引入________；

④ 为了抑制温漂，应引入________；

⑤ 为了展宽频带，应引入________。

A. 直流负反馈　　B. 交流负反馈

7.2　选择合适答案填入空内。

A. 电压　　B. 电流

C. 串联　　D. 并联

（1）为了稳定放大电路的输出电压，应引入________负反馈；

（2）为了稳定放大电路的输出电流，应引入________负反馈；

（3）为了增大放大电路的输入电阻，应引入________负反馈；

(4) 为了减小放大电路的输入电阻，应引入________负反馈；

(5) 为了增大放大电路的输出电阻，应引入________负反馈；

(6) 为了减小放大电路的输出电阻，应引入________负反馈。

7.3　判断下列说法的正误，在括号内填入"√"或"×"。

(1) 只要在放大电路中引入反馈，就一定能使其性能得到改善。　(　　)

(2) 放大电路的级数越多，引入的负反馈越强，电路的放大倍数也就越稳定。　(　　)

(3) 反馈量仅仅取决于输出量。　(　　)

(4) 既然电流负反馈稳定输出电流，那么必然稳定输出电压。　(　　)

7.4　判断如图题 7.4 所示各电路中是否引入了反馈，是直流反馈还是交流反馈，是正反馈还是负反馈。设图中所有电容对交流信号均可视为短路。

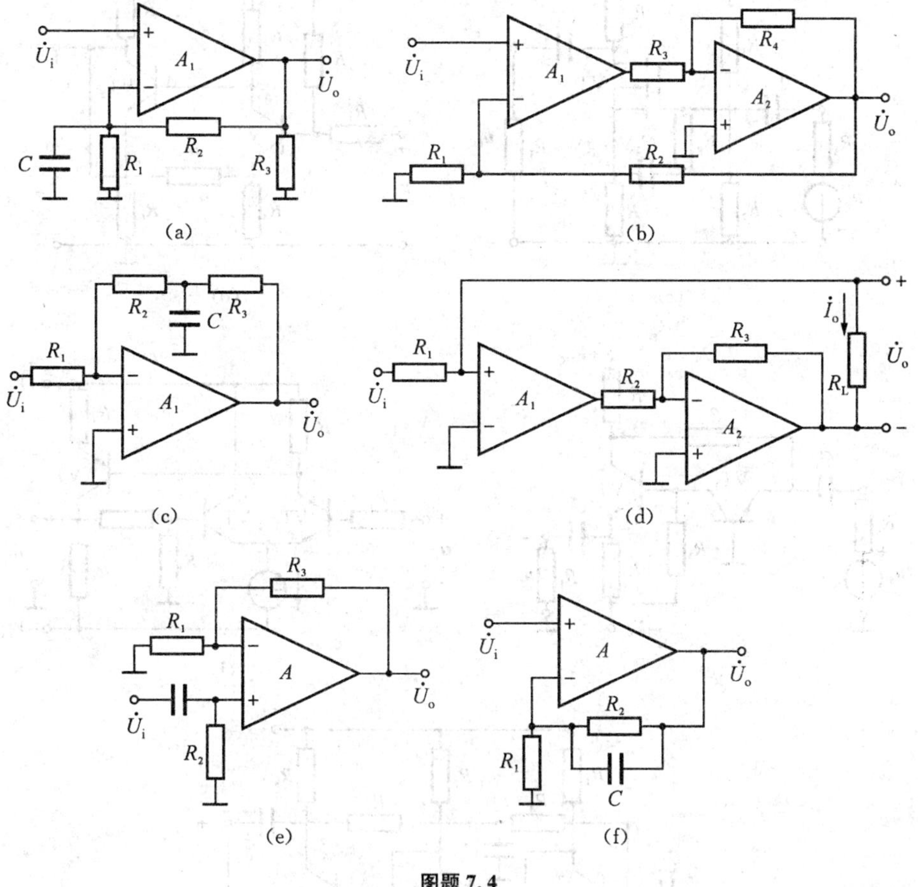

图题 7.4

7.5　电路如图题 7.5 所示，要求同题 7.4。

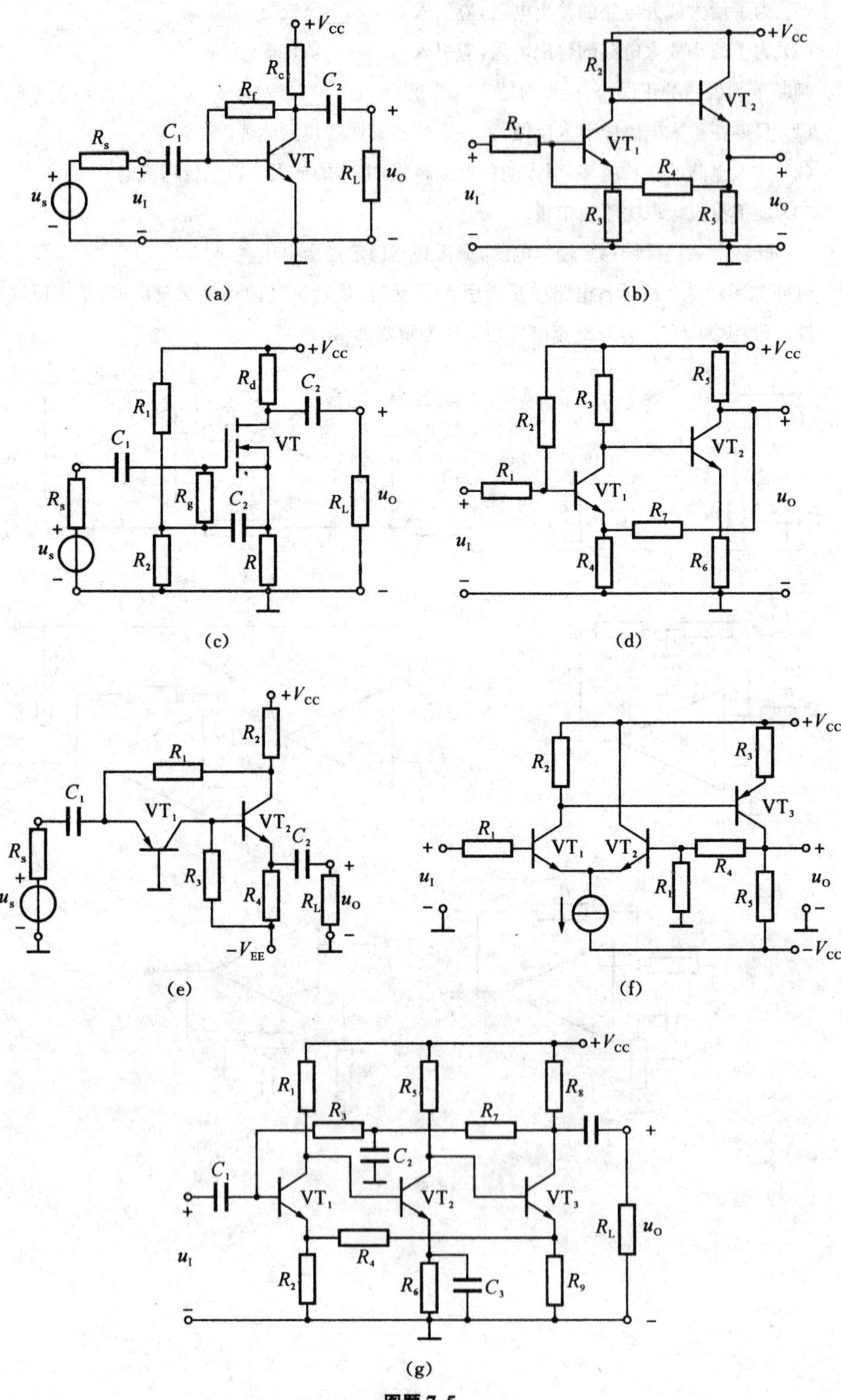

图题 7.5

7.6　分别判断如图题 7.4(d)～(h)所示各电路中引入了哪种组态的交流负反馈，并计算它们的反馈系数。

7.7　分别判断如图题 7.5(a)、(b)、(e)、(f)、(g)所示各电路中引入了哪种组态的交流负反馈，并计算它们的反馈系数。

7.8　估算如图题 7.4(d)～(h)所示各电路在深度负反馈条件下的电压放大倍数。

7.9　估算如图题 7.5(e)～(g)所示各电路在深度负反馈条件下的电压放大倍数。

7.10　分别说明如图题 7.4(d)～(h)所示各电路因引入交流负反馈使得放大电路输入电阻和输出电阻产生的变化。只需说明是增大还是减小。

8 信号处理电路

8.1 对数运算电路和指数运算电路

1）二极管结构对数运算电路

图 8.1.1 为采用二极管构成的对数运算电路。

二极管的电流与其端电压间存在如下关系：$i_D = I_S(e^{u_D/U_T} - 1)$。

当 $u_D \gg U_T$ 时，$i_D \approx I_S e^{u_D/U_T}$，所以 $u_D = U_T \ln \dfrac{i_D}{I_S}$。

因为 $i_D = i_R = \dfrac{u_I}{R}$，

所以
$$u_O = -u_D = -U_T \ln \frac{i_D}{I_S} = -U_T \ln \frac{u_I}{RI_S} = -U_T \ln u_I + U_T \ln RI_S \tag{8.1.1}$$

即 u_O 与 u_I 间满足对数关系。此电路的工作范围较小，因为大电流时二极管的伏安特性与理想 PN 结有较大偏差，小电流时较难满足 $u_D \gg U_T$。

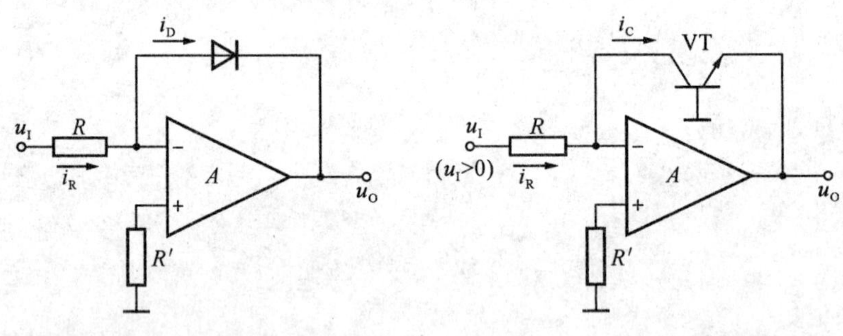

图 8.1.1　二极管对数电路　　　图 8.1.2　三极管对数电路

2）三极管结构对数运算电路

图 8.1.2 为三极管构成的对数运算电路。

三极管射级电流与基射间电压关系为 $i_E = I_S(e^{\frac{u_{BE}}{U_T}} - 1)$。

忽略基极电流，当 $u_{BE} \gg U_T$ 时，$i_C \approx i_E = I_S(e^{\frac{u_{BE}}{U_T}} - 1) \approx I_S e^{\frac{u_{BE}}{U_T}}$，所以 $u_{BE} = U_T \ln \dfrac{i_C}{I_S}$。

因为虚短，$i_C = i_R = \dfrac{u_I}{R}$，

所以
$$u_O = -u_{BE} = -U_T \ln\frac{i_C}{I_S} = -U_T \ln\frac{u_I}{I_S R} = -U_T \ln u_I + U_T \ln I_S R \tag{8.1.2}$$

u_O 与 u_I 满足对数关系。

3) 指数运算电路

图 8.1.3 为指数运算电路。三极管射极电流与基射电压间的关系为 $i_E = I_S(e^{\frac{u_{BE}}{U_T}} - 1)$，

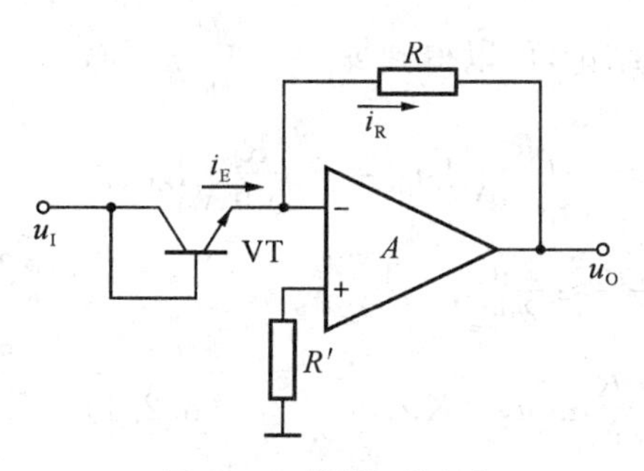

图 8.1.3　指数运算电路

当 $u_{BE} \gg U_T$ 时，$i_E \approx I_S e^{\frac{u_{BE}}{U_T}}$。

因为 $u_I = u_{BE}$，所以 $i_E \approx I_S e^{\frac{u_I}{U_T}}$。

因为虚断，$i_R = i_E$，

所以
$$u_O = -i_R R \approx -I_S R e^{\frac{u_I}{U_T}} \tag{8.1.3}$$

由式(8.1.3)可知，u_O 与 u_I 满足指数关系。

对数、指数电路输出表达式中包含与温度有关的参数，实际使用时，必须采用温度补偿等措施，以克服 U_T、I_S 因温度产生的误差。

8.2　模拟乘法器

模拟乘法器是实现两个模拟量相乘的非线性电子器件，可以进行模拟信号的乘、除、乘方、开方等处理，广泛应用于广播电视、通信、仪表、自动控制系统方面，用于调制、解调、混频、倍频。

图 8.2.1(a)为模拟乘法器的符号示意图，输出电压表示为两个输入模拟量的乘积：$u_O =$

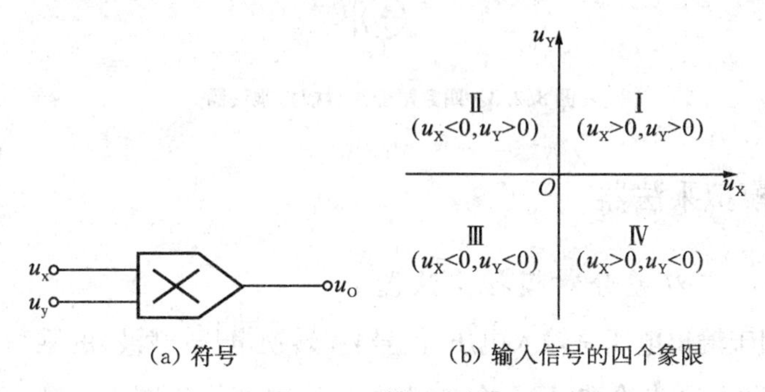

图 8.2.1　模拟乘法器

Ku_Xu_Y，K 为不随信号改变的比例因子，量纲为 V^{-1}。输入信号有四种可能的组合，在直角坐标平面上分为四个区域，即四个象限，如图 8.2.1(b)所示。模拟乘法器可以分为单象限、双象限、四象限。

8.2.1 变跨导型模拟乘法器的基本原理

利用差动放大器章节的结论，可以得到 $u_O=-\dfrac{\beta R_c}{r_{be}}u_X$，而 $r_{be}\approx(1+\beta)\dfrac{26\ \text{mV}}{I_E}$，所以 $u_O\approx-\dfrac{\beta R_c}{\beta 26\ \text{mV}}I_Eu_X=-\dfrac{R_c}{26\ \text{mV}}I_Eu_X$。

又因为 $I_E=\dfrac{I_{C3}}{2}=\dfrac{u_Y-U_{BE}}{2R_e}\approx\dfrac{1}{2}\dfrac{u_Y}{R_e}$，

所以
$$u_O=-\frac{1}{52\ \text{mV}}\frac{R_c}{R_e}u_Xu_Y=Ku_Xu_Y \qquad (8.2.1)$$

输出为输入的乘积。

因 I_{C3} 随 u_Y 而变，其比值为电导量，故此电路称为变跨导乘法器。输入 u_X 可正可负，u_Y 必须大于 0，电路只能工作在两个象限(见图 8.2.2)。

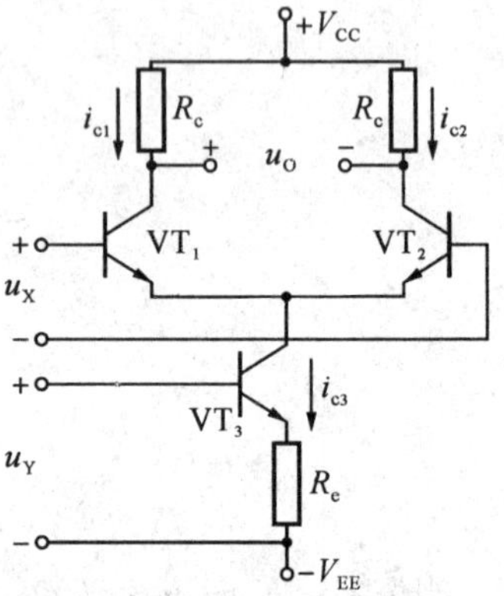

图 8.2.2 二象限变跨导模拟乘法器

8.2.2 双平衡四象限变跨导型模拟乘法器

图 8.2.3 为四象限变跨导模拟乘法器，u_X 可正可负，u_Y 可正可负。

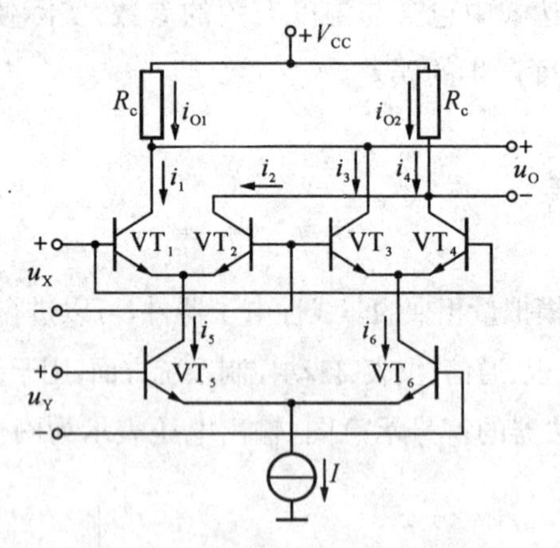

图 8.2.3 四象限变跨导模拟乘法器

8.2.3 集成模拟乘法器

1) MC1496——双差分对模拟乘法器

MC1496 常用于输出电压是输入电压(信号)和转换电压(载波)的乘积的场合。典型应用包括抑制载波调幅、同步检波、FM 检波、鉴相器。内部结构图中，VT_1、VT_2、VT_5、VT_3、

VT_4、VT_6 为模拟乘法器，VD、VT_7、VT_8、R 为电流源电路。图 8.2.4 为模拟乘法器 MC1496 的引脚图和内部结构图。

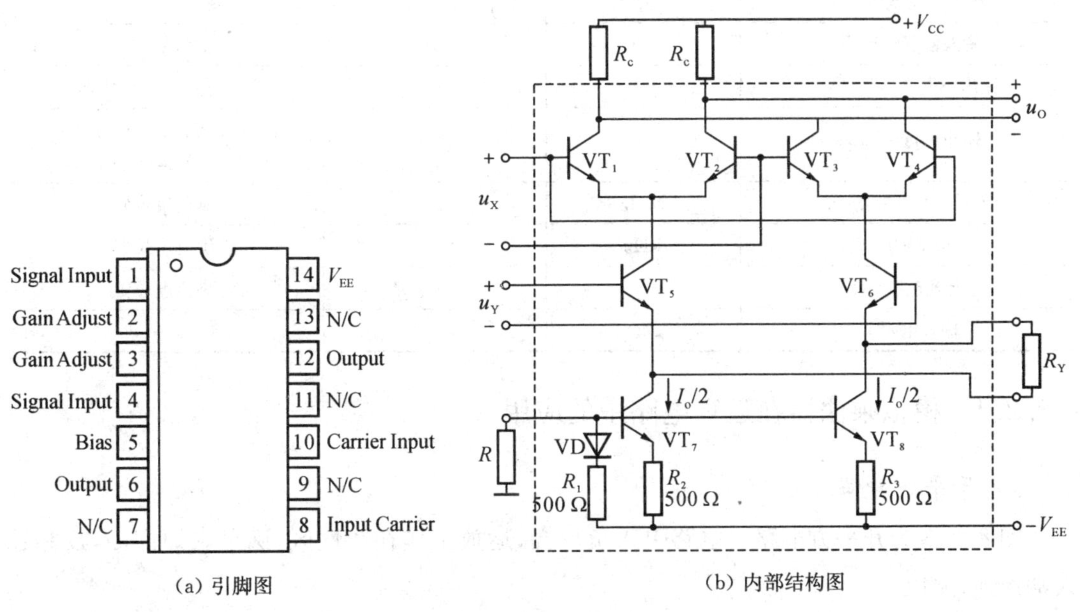

(a) 引脚图 (b) 内部结构图

图 8.2.4 模拟乘法器 MC1496

2) MC1595——多频线性四象限乘法器

对 MC1595 用户可以选用平移法以获得最大的通电性。典型应用包括乘法、除法和开方，也可用于调幅、解调、混频，鉴相和自动增益控制电路。

基本特点如下：① 宽频；② 线性指标的卓越性：9 端最大输入误差为 1%，Y 端最大输入误差为 2%；③ 乘法器增益系数为 K；④ 具有良好的温度稳定性；⑤ 宽频输入的电压范围：±10 V；⑥ 采用±15 V 电压。

图 8.2.5 为模拟乘法器 MC1595 的引脚图和外部接线图。表 8.1 列出了乘法器的主要性能指标和典型值。

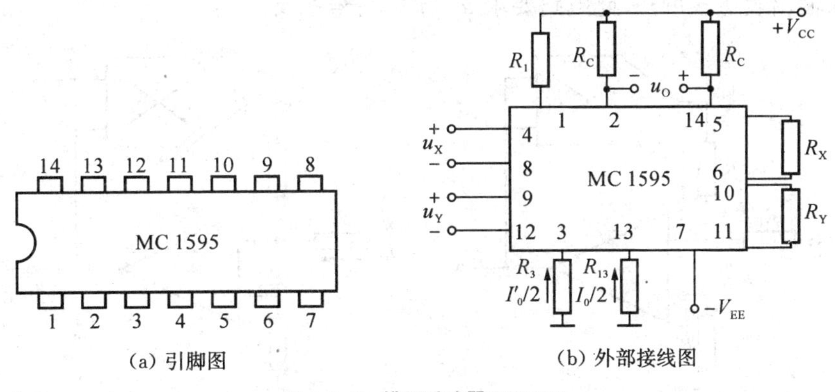

(a) 引脚图 (b) 外部接线图

图 8.2.5 模拟乘法器 MC1595

表 8.1　模拟乘法器的性能指标

参数名称	单　位	典型值	测试条件
输入失调电流 I_{IO}	μA	0.2	$u_X=u_Y=0$ V
输入偏置电流 I_B	μA	2.0	$u_X=u_Y=0$ V
输出不平衡电流 I_{OO}	μA	20	$u_X=u_Y=0$ V
输出精度 $\varepsilon_{R_x}\varepsilon_{R_y}$	%	1～2	$u_X=10$ V、$u_Y=\pm10$ V 和 $u_Y=10$ V、$u_X=\pm10$ V
−3 dB 增益带宽 f_{bw}	MHz	3.0	满刻度位置
满功率响应 f_P	kHz	700	满刻度位置
上升速度 SR	V/μs	45	满刻度位置
输入电阻 r_i	MΩ	35	——

8.2.4　模拟乘法器在运算电路中的应用

1）开平方电路

图 8.2.6 为开平方电路。电路引入负反馈，运放工作在线性区，满足虚短虚断，反相输入端虚地，所以

$$\frac{u_I-0}{R_1}=\frac{0-u_{O1}}{R_2}$$

整理得：

$$u_{O1}=-\frac{R_2}{R_1}u_I$$

模拟乘法器的输出为：

$$u_{O1}=Ku_O^2$$

两式整理可得输入输出表达式为：

$$u_O=\sqrt{\frac{1}{K}\frac{R_2}{R_1}(-u_I)} \tag{8.2.2}$$

从输入输出表达式可知，此电路要求 u_I 与 K 符号相反。

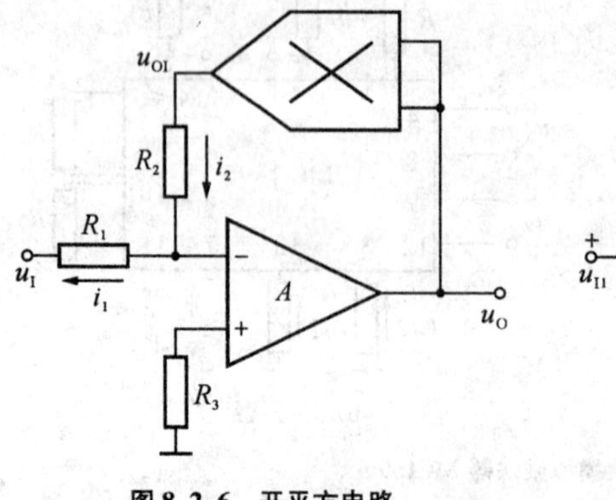

图 8.2.6　开平方电路

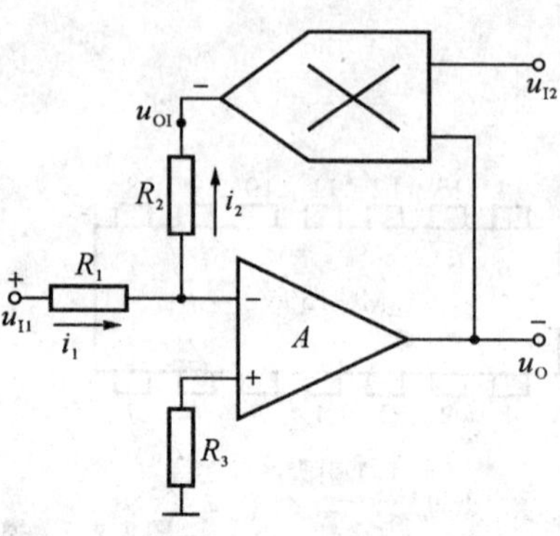

图 8.2.7　除法电路

2）除法电路

图 8.2.7 为除法电路。电路引入负反馈，运放工作在线性区，满足虚短虚断。

因为
$$\frac{u_{I1}}{R_1}=-\frac{u_{O1}}{R_2}$$

所以
$$u_{O1}=-\frac{R_2}{R_1}u_{I1}$$

模拟乘法器的输出为：

$$u_{O1}=Ku_Ou_{I2}$$

两式整理可得输入输出表达式：

$$u_O=-\frac{R_2}{KR_1}\frac{u_{I1}}{u_{I2}} \tag{8.2.3}$$

输出为两个输入相除。为满足负反馈，要求 u_{I2} 与 K 符号相同。

【例 8.2.1】 请写出图 8.2.8 输出与输入的关系表达式。

C
R2
R
-K
-K
uO1
R1
A1
uO2
R
A2
uI
uO
Rp1
Rp2
−
+
−
+

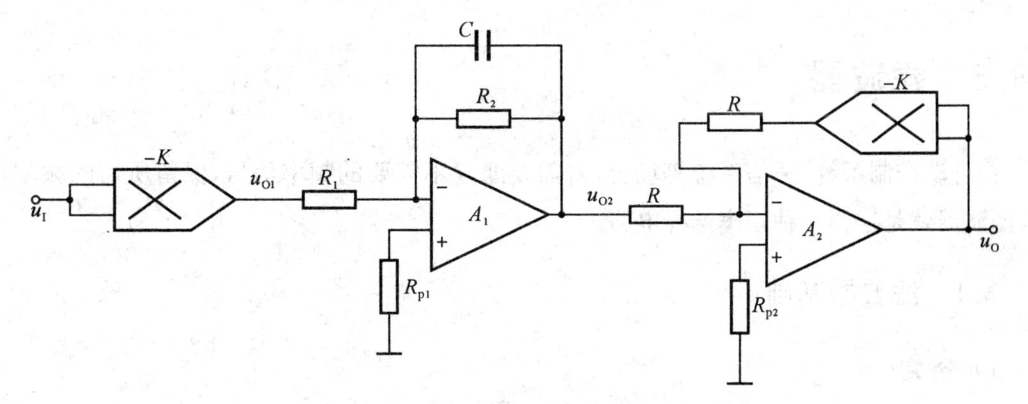

图 8.2.8　模拟乘法器运算电路

解：$u_{O1}=-ku_I^2$

$$u_{O2}=-\frac{1}{R_1C}\int u_{O1}\,dt=-\frac{1}{R_1C}\int(-ku_I^2)\,dt$$

$$\frac{u_{O2}}{R}=-\frac{ku_O^2}{R}$$

$$u_O=\sqrt{-\frac{u_{O2}}{k}}=\sqrt{-\frac{1}{R_1C}\int(u_I^2)\,dt}$$

【例 8.2.2】 模拟乘法器在通信系统中的应用(见图 8.2.9)。

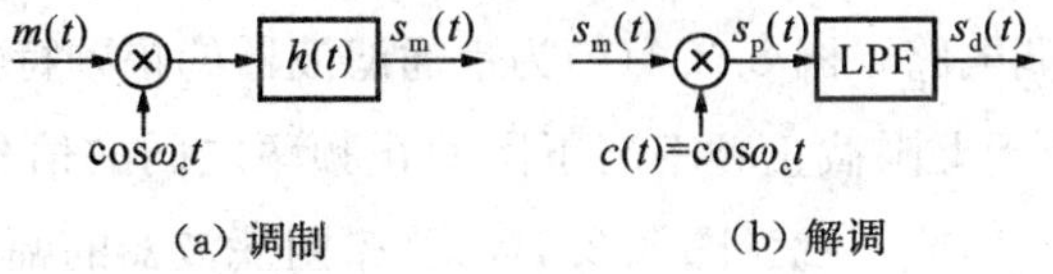

m(t)
h(t)
sm(t)
cosωct
(a) 调制
sm(t)
sp(t)
LPF
sd(t)
c(t)=cosωct
(b) 解调

图 8.2.9　调制解调原理框图

解：(1) 线性调制

调制信号与高频载波经过乘法器，产生已调信号。

$s_{DSB}(t)=m(t)\cos\omega_c t$

(2) 相干解调

已调信号与本地同频同相的相干载波经过乘法器进行相干解调。

设解调器输入信号为：

$$s_m(t)=m(t)\cos\omega_c t$$

与相干载波 $\cos\omega_c t$ 相乘后，得：

$$m(t)\cos^2\omega_c t=\frac{1}{2}m(t)+\frac{1}{2}m(t)\cos 2\omega_c t$$

经低通滤波器后，输出信号为：

$$m_o(t)=\frac{1}{2}m(t)$$

恢复出原始调制信号。

8.3 滤波器

在自动控制系统、通信系统等场合，常需要滤除不需要的频率信号，保留所需的频率信号，滤波器就是这样一种频率选择电路。

8.3.1 滤波器基础

1) 分类

滤波器有几种不同的分类方法。

(1) 按工作频率分，即按滤除信号的频率范围分，滤波器可以分为以下几种：

低通滤波器：频率低于某个频率（截止频率）的信号通过，高于截止频率的信号被衰减的滤波器。常用于直流电源整流后的滤波电路。图 8.3.1(a)为低通滤波器的幅频特性。折线表示理想滤波器响应，弧线表示实际滤波器响应。

高通滤波器：频率高于截止频率的信号通过，低于截止频率的信号被衰减的滤波器。常用于交流耦合电路。图 8.3.1(b)为高通滤波器的幅频特性。$0<\omega<\omega_L$ 范围内的频率为阻滞，高于 ω_L 的频率为通带。

带通滤波器：频率位于上限截止频率与下限截止频率之间的信号能通过的滤波器。常用于通信系统的调制解调电路。图 8.3.1(c)为带通滤波器的幅频特性。

带阻滤波器：频率位于上限截止频率与下限截止频率之间的信号被衰减的滤波器。常在通信系统中用于阻止噪声或干扰。图 8.3.1(d)为带阻滤波器的幅频特性。

全通滤波器：所有频率的信号均能通过的滤波器，但对于不同频率的信号有不同的相移。

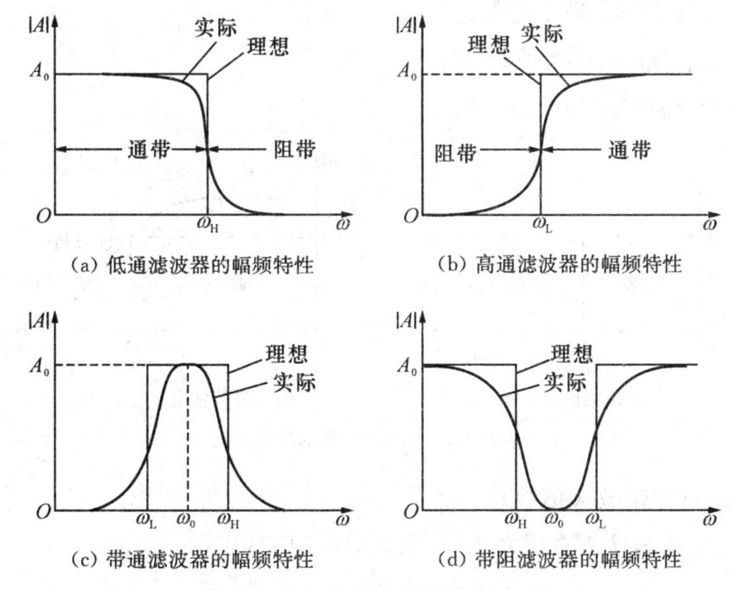

(a) 低通滤波器的幅频特性　(b) 高通滤波器的幅频特性

(c) 带通滤波器的幅频特性　(d) 带阻滤波器的幅频特性

图 8.3.1　理想与实际滤波器的幅频响应

(2) 按组成的元件特性分:无源滤波器:滤波器由电阻、电容、电感等无源元件组成。有源滤波器:滤波器由 BJT 管、FET 管、运放等有源元件组成。

(3) 按滤波器传输函数分母中 s 的最高指数分:一阶滤波器:滤波器传输函数分母中 s 的最高指数为 1。二阶滤波器:滤波器传输函数分母中 s 的最高指数为 2。高阶滤波器:滤波器传输函数分母中 s 的最高指数高于 2。

以二阶有源滤波器的传递函数为例:

$$A(s)=\frac{a_2 s^2+a_1 s+a_0}{s^2+\frac{\omega_n}{Q}s+\omega_n^2} \tag{8.3.1}$$

合理选择参数值,可以实现不同滤波器的传递函数。

式中,$a_2=a_1=0$ 时为低通滤波器,$A(s)=\dfrac{a_0}{s^2+\frac{\omega_n}{Q}s+\omega_n^2}$;

$a_1=a_0=0$ 时为高通滤波器,$A(s)=\dfrac{U_o(s)}{U_i(s)}=\dfrac{a_2 s^2}{s^2+\frac{\omega_n}{Q}s+\omega_n^2}$;

$a_2=a_0=0$ 时为带通滤波器,$A(s)=\dfrac{a_1 s}{s^2+\frac{\omega_n}{Q}s+\omega_n^2}$;

$a_1=0$ 时为带阻滤波器,$A(s)=\dfrac{a_2 s^2+a_0}{s^2+\frac{\omega_n}{Q}s+\omega_n^2}$。

2) 概念

(1) 通带、阻带、过渡带(见图 8.3.2)

通带:能够通过的信号频率范围。

阻带:受阻或衰减的信号频率范围。

过渡带:通带或阻带之间的频率范围。

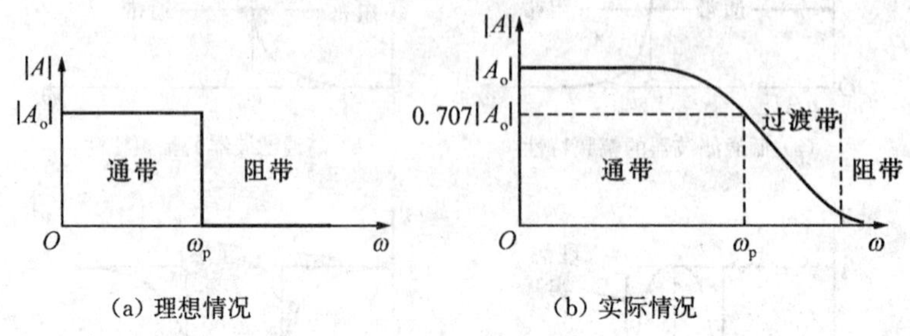

(a) 理想情况　　(b) 实际情况

图 8.3.2　低通滤波器的幅频响应

(2) 通带增益(通带放大倍数)

通带中输出电压与输入电压之比,常取对数后用 dB 表示。

(3) 通带截止频率

使增益为通带增益 0.707 倍对应的频率。

(4) 下限截止频率和上限截止频率

下限截止频率:信号频率降低时使增益等于 0.707 倍通带增益的频率。

上限截止频率:信号频率升高时使增益等于 0.707 倍通带增益的频率。

(5) 滤波器的传递函数与频率响应

在复频域内,输出与输入间关系用传递函数来描述。以图 8.3.3 无源低通滤波器为例,传递函数可以表示为:

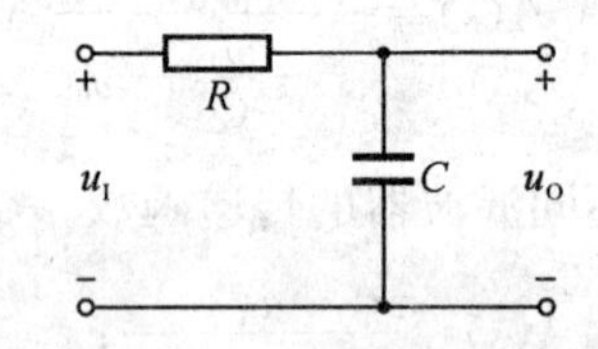

图 8.3.3　一阶无源低通滤波器

$$A(s)=\frac{U_o(s)}{U_i(s)}=\frac{\frac{1}{sC}}{R+\frac{1}{sC}}=\frac{1}{RCs+1}=\frac{\frac{1}{RC}}{s+\frac{1}{RC}}$$

令 $\omega_0=\frac{1}{RC}$,可得 $A(s)=\frac{\omega_0}{s+\omega_0}$。

因为传递函数中 s 的最高指数值称为滤波器的阶数,所以图 8.3.3 为一阶滤波器。

如果令 $s=j\omega$,可将传递函数转换为频率响应函数。频响函数经过数学变换可以表示为幅频响应和相频响应的形式。

$$A(\mathrm{j}\omega)=\frac{\omega_0}{\mathrm{j}\omega+\omega_0}=\frac{1}{1+\mathrm{j}\frac{\omega}{\omega_0}}=|A(\mathrm{j}\omega)|\mathrm{e}^{\mathrm{j}\varphi(\omega)} \tag{8.3.2}$$

其中，$|A(\mathrm{j}\omega)|=\dfrac{1}{\sqrt{1+\left(\dfrac{\omega}{\omega_0}\right)^2}}$称为幅频响应，$\varphi(\omega)=-\arctan\dfrac{\omega}{\omega_0}$称为相频响应。

由表达式可知，当 $\omega=\omega_0$ 时，$|A(\mathrm{j}\omega_0)|=\dfrac{1}{\sqrt{2}}=0.707$，$20\lg|A(\mathrm{j}\omega_0)|=-3\ \mathrm{dB}$，$\varphi(\omega)=-\dfrac{\pi}{2}$；当 $\omega\gg\omega_0$ 时，$|A(\mathrm{j}\omega)|\approx\dfrac{\omega_0}{\omega}$，频率 ω 每升高 10 倍，$|A(\mathrm{j}\omega)|$下降 10 倍，$20\lg|A(\mathrm{j}\omega)|=-20\ \mathrm{dB}$。远离 ω_0 处幅频曲线以-20 dB/10 倍频的速率衰减。图 8.3.4 为用常用对数曲线描述的上述两种响应。

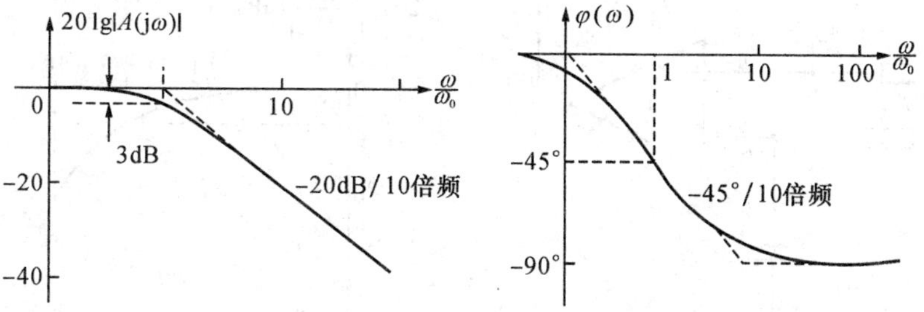

(a) 幅频响应　　(b) 相频响应

图 8.3.4　一阶低通特性曲线

8.3.2　各种滤波器

1）一阶无源低通滤波器

图 8.3.3 的一阶无源低通滤波器，通带增益为 1，幅频特性衰减为-20 dB/10 倍频。

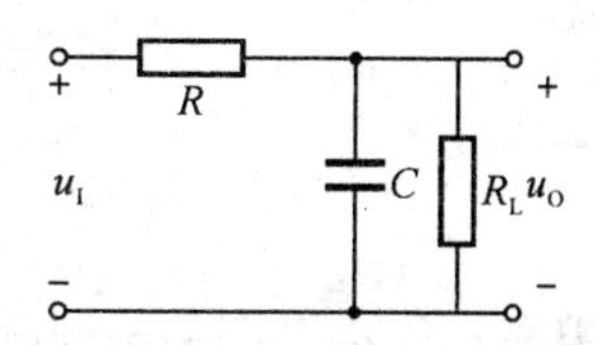

图 8.3.5　带负载的一阶无源低通滤波器

如果带负载 R_L，如图 8.3.5 所示，滤波器的传输特性将变为：

$$A(s)=\frac{U_\mathrm{o}(s)}{U_\mathrm{i}(s)}=\frac{R_\mathrm{L}/\!/\dfrac{1}{sC}}{R+R_\mathrm{L}/\!/\dfrac{1}{sC}}$$

相应的，频响函数将变为：

$$A(\mathrm{j}\omega)=\frac{\dfrac{R_\mathrm{L}}{R+R_\mathrm{L}}}{1+\mathrm{j}\omega(R_\mathrm{L}/\!/R)C}\tag{8.3.3}$$

通带增益和截止频率变为：

$$|A(\mathrm{j}\omega)|=\sqrt{\frac{\left(\dfrac{R_\mathrm{L}}{R+R_\mathrm{L}}\right)^2}{1+[\omega(R_\mathrm{L}/\!/R)C]^2}}$$

$$\omega_0=\frac{1}{(R_\mathrm{L}/\!/R)C}$$

加入负载后，滤波器的通带增益和截止频率都随负载变换，这是无源滤波器的共同特点，不符合电路应用的要求，因而产生了接入负载后对滤波器参数影响不大的有源滤波电路。

2）一阶有源低通滤波器

运算放大器具有高输入阻抗、低输出阻抗的特性，引入负反馈后，可以工作在线性区，构成一定增益的电路，有源滤波器可以用运算放大器来构成。图 8.3.6(a)为一阶有源低通滤波器。

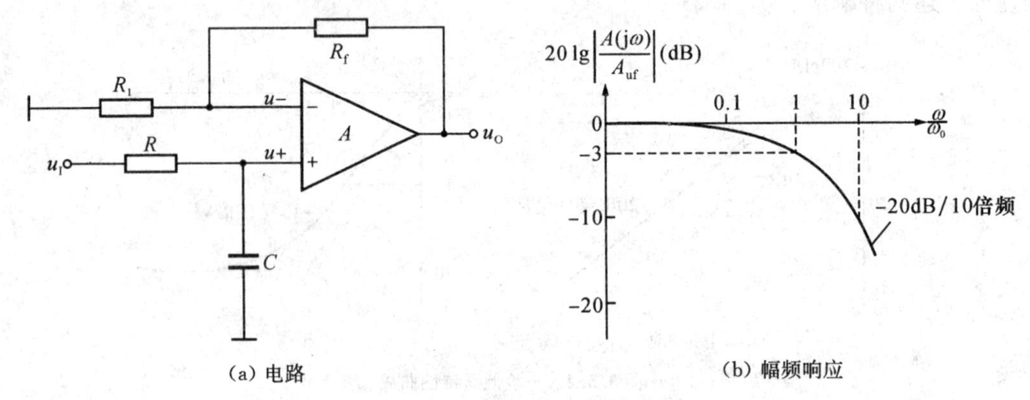

图 8.3.6　一阶有源低通滤波器

从 u_I 看 u_+ 是一阶低通滤波器，可以得到：

$$U_+(s)=\frac{\frac{1}{sC}}{R+\frac{1}{sC}}U_i(s)$$

从 u_+ 看 u_O 是同相比例放大器，

$$U_o(s)=\left(1+\frac{R_f}{R_1}\right)U_+(s)$$

所以电路的传递函数可以表示为：

$$A(s)=\frac{U_o(s)}{U_i(s)}=\left(1+\frac{R_f}{R_1}\right)\frac{\frac{1}{sC}}{R+\frac{1}{sC}}=\left(1+\frac{R_f}{R_1}\right)\frac{\frac{1}{RC}}{s+\frac{1}{RC}}$$

与一阶无源低通滤波器的传递函数比较发现，有源滤波器通带电压增益不为 1，而为 $1+\frac{R_f}{R_1}$，输出信号对输入进行了放大。

令 $s=j\omega$，$\omega_0=\frac{1}{RC}$，$A_{uf}=1+\frac{R_f}{R_1}$，得到频率响应为：

$$A(j\omega)=\frac{U_o(\omega)}{U_i(\omega)}=\left(1+\frac{R_f}{R_1}\right)\frac{\omega_0}{j\omega+\omega_0}=A_{uf}\frac{1}{1+j\frac{\omega}{\omega_0}} \tag{8.3.4}$$

式中，$|A(\mathrm{j}\omega)|=\dfrac{1+\dfrac{R_f}{R_1}}{\sqrt{1+\left(\dfrac{\omega}{\omega_0}\right)^2}}$为幅频响应。

分析可知，当 $\omega=\omega_0$ 时，$|A(\mathrm{j}\omega_0)|=\dfrac{1}{\sqrt{2}}\left(1+\dfrac{R_f}{R_1}\right)=0.707A_{uf}$，$20\lg|A(\mathrm{j}\omega_0)|=-3\ \mathrm{dB}+20\lg A_{uf}$，$\varphi(\omega)=-\dfrac{\pi}{2}$；当 $\omega\gg\omega_0$ 时，$|A(\mathrm{j}\omega)|\approx\left(1+\dfrac{R_f}{R_1}\right)\dfrac{\omega_0}{\omega}$。频率 ω 每升高 10 倍，$|A(\mathrm{j}\omega)|$下降 10 倍 A_{uf}，$20\lg|A(\mathrm{j}\omega)|=-20\ \mathrm{dB}+20\lg A_{uf}$。图 8.3.6(b)为一阶有源低通滤波器的幅频曲线。

一阶有源低通滤波器输出对输入有放大作用，通带增益为 $1+\dfrac{R_f}{R_1}$，远离 ω_0 处幅频曲线以−20 dB/10 倍频的速率衰减，衰减特性没有改善。

3）二阶有源低通滤波器

(1) 简单二阶低通滤波器

若要求衰减速率更快，可以增加 RC 环节，采用二阶、三阶滤波电路。高阶滤波器可以由一阶、二阶构成，下面研究二阶滤波器的特性。图 8.3.7(a)为简单二阶低通滤波器电路图。

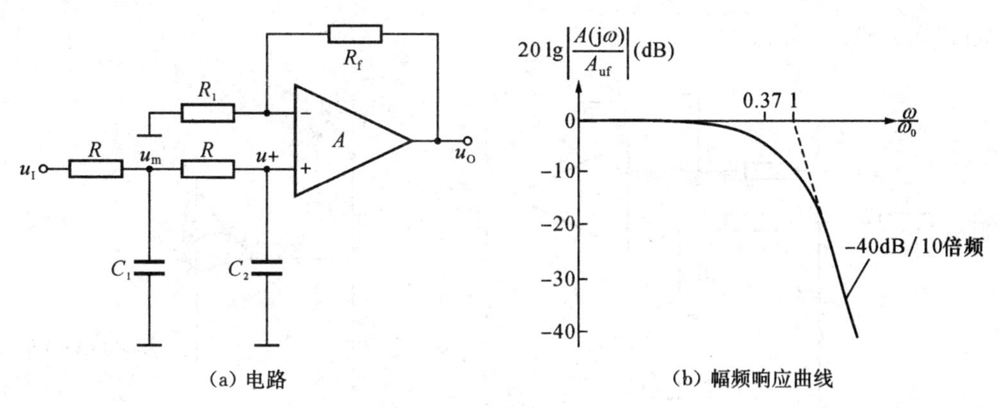

(a) 电路 (b) 幅频响应曲线

图 8.3.7 二阶有源低通滤波器

令 $A_{uf}=1+\dfrac{R_f}{R_1}$，$C_1=C_2=C$，由图可以得到下列关系：

$$U_o(s)=\left(1+\frac{R_f}{R_1}\right)U_+(s)=A_{uf}U_+(s)$$

$$U_+(s)=\frac{U_m(s)}{1+sRC}$$

$$U_m(s)=\frac{U_i(s)}{1+sRC}$$

联立三个方程，解出传递函数，

$$A(s)=\frac{A_{uf}}{1+3sRC+(sRC)^2}$$

令 $s=j\omega,\omega_0=\frac{1}{RC}$，得到频率响应：

$$A(j\omega)=\frac{A_{uf}}{1-\left(\frac{\omega}{\omega_0}\right)^2+j3\frac{\omega}{\omega_0}} \tag{8.3.5}$$

根据幅频响应表达式可以画出二阶有源低通滤波器的幅频响应曲线，如图 8.3.7(b)所示。远离 ω_0 处幅频曲线以 −40 dB/10 倍频的速率衰减，与一阶电路相比，衰减特性有改善。此电路输出对输入有放大作用，通带增益为 $\sqrt{\frac{A_{uf}^2}{\left[1-\left(\frac{\omega}{\omega_0}\right)^2\right]^2+\left(3\frac{\omega}{\omega_0}\right)^2}}$。

如果使 $\omega_p=\omega_0$ 附近的电压放大倍数增大，可使 ω_p 接近 ω_0。而增大放大倍数，可通过引入正反馈实现。将 C_1 接地端改接到运放输出端，可以实现正反馈。

(2) 压控电压源二阶低通滤波器

图 8.3.8(a)电路中既引入了负反馈，又引入了正反馈。当信号频率趋于 0 时，由于 C_1 的电抗无穷大，使正反馈很弱。当信号频率趋于无穷时，由于 C_2 的电抗趋于 0，使同相端电位趋于 0。因此，只要正反馈引入得当，可既使 $\omega=\omega_0$ 处电压放大倍数数值增大，又不会因正反馈过强而自激。

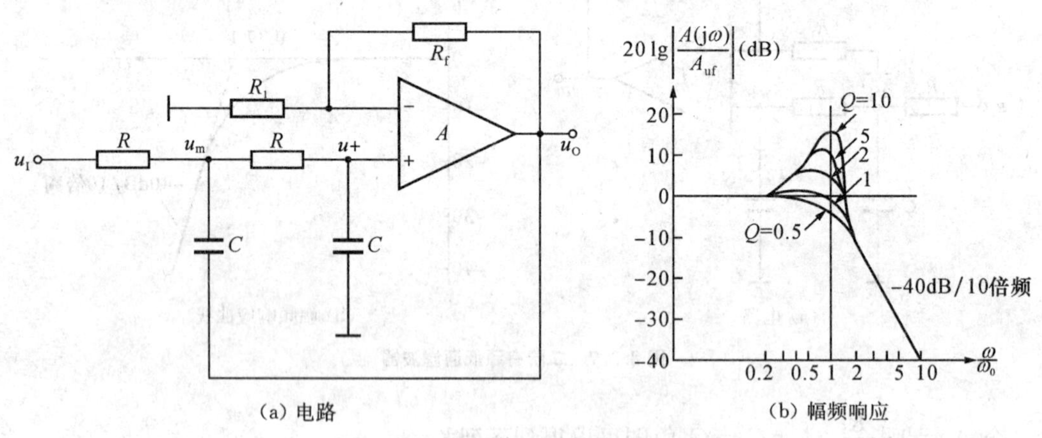

图 8.3.8 压控电压源二阶低通滤波器

令
$$A_{uf}=1+\frac{R_f}{R_1}$$

$$U_o(s)=\left(1+\frac{R_f}{R_1}\right)U_+(s)=A_{uf}U_+(s)$$

$$\frac{U_i(s)-U_m(s)}{R}=\frac{U_m(s)-U_+(s)}{R}+\frac{U_m(s)-U_o(s)}{\frac{1}{sC}}$$

$$U_{+}(s)=\frac{\frac{1}{sC}}{R+\frac{1}{sC}}U_{\mathrm{m}}(s)$$

联立三个方程,解出传递函数:

$$A(s)=\frac{A_{\mathrm{uf}}}{1+(3-A_{\mathrm{uf}})sRC+(sRC)^{2}}$$

令 $s=\mathrm{j}\omega,\omega_0=\frac{1}{RC},Q=\frac{1}{3-A_{\mathrm{uf}}}$,得到频率响应为:

$$A(\mathrm{j}\omega)=\frac{A_{\mathrm{uf}}}{1-\left(\frac{\omega}{\omega_0}\right)^{2}+\mathrm{j}\frac{\omega}{\omega_0 Q}} \tag{8.3.6}$$

$$|A(\mathrm{j}\omega)|=\frac{A_{\mathrm{uf}}}{\sqrt{\left[1-\left(\frac{\omega}{\omega_0}\right)^{2}\right]^{2}+\left(\frac{\omega}{\omega_0 Q}\right)^{2}}}$$

根据幅频特性式可以画出图 8.3.8(b)中曲线。

当 $A_{\mathrm{uf}}<3$ 时,滤波器可以稳定工作。此时特性与 Q 有关。当 $Q=0.707$ 时,幅频特性较平坦。

当 $f\gg f_{\mathrm{L}}$ 时,幅频特性曲线的斜率为-40 dB/10 倍频。

当 $A_{\mathrm{uf}}\geqslant 3$ 时,$Q=\infty$,有源滤波器自激。

【例 8.3.1】 为获得截止频率 $f_0=1\,000$ Hz,$Q=0.707$ 的二阶低通有源滤波,$R=10$ kΩ,$R_1=20$ k,求 C 及 R_{f}。

解:$\omega_0=2\pi f_0=\frac{1}{RC}$

$C=\frac{1}{2\pi f_0 R}=0.015\ \mu\mathrm{F}$

$Q=\frac{1}{3-A_{\mathrm{uf}}}=0.7$

$A_{\mathrm{uf}}=1.586$

$A_{\mathrm{uf}}=1+\frac{R_{\mathrm{f}}}{R_1}$

$R_{\mathrm{f}}=11.7$ kΩ

【例 8.3.2】 已知一阶有源 RC 低通滤波器的增益 $A_{\mathrm{uf}}=20$ dB,$R_1=R=10$ kΩ, $C=0.01\ \mu$F。

(1) 试画出该低通滤波器的电路结构图,并标明各元件值;

(2) 列出传递函数和幅频特性关系式。

解:电路图如图 8.3.9 所示。

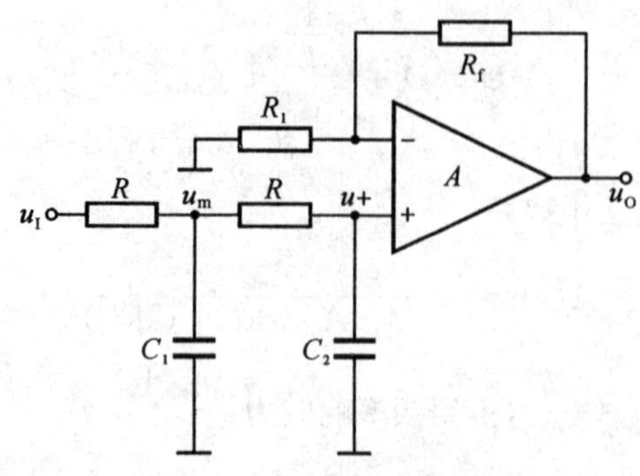

图 8.3.9　例 8.3.2 电路图

$$A_{uf}=1+\frac{R_f}{R_1}$$

因为
$$R_f=90\ \text{k}\Omega$$

所以
$$\omega_0=\frac{1}{RC}=10^4\ \text{rad/s}$$

$$A(s)=\frac{A_{uf}}{1+sRC}$$

$$A(\text{j}\omega)=\frac{A_{uf}}{1+\text{j}\dfrac{\omega}{\omega_0}}=\frac{10}{1+\text{j}\dfrac{\omega}{\omega_0}}$$

【例 8.3.3】 某电路采用压控型二阶 LPF 滤波器，要求滤波的截止频率为 1 000 Hz，品质因数 0.7，试选择并计算滤波电路中的各电阻和电容值（$C=0.022\ \mu\text{F}$，$R_1=39\ \text{k}\Omega$）。

解：$R=\dfrac{1}{2\pi f_0 C}=\dfrac{1}{2\pi\times 1\ 000\times 0.022\times 10^{-6}}\ \Omega=7\ 238\ \Omega$

$Q=\dfrac{1}{3-A_{uf}}=0.7$

$A_{uf}=1.57$

$A_{uf}=1+\dfrac{R_f}{R_1}=1.57$

$R_f=0.57R_1$，$R_f=22\ \text{k}\Omega$。

4）一阶有源高通滤波器

将图 8.3.6 中一阶有源低通滤波器的电阻 R 与电容 C 互换位置，将得到一阶有源高通滤波器，如图 8.3.10 所示。传递函数表示为：

$$A(s)=\frac{U_o(s)}{U_i(s)}=\left(1+\frac{R_f}{R_1}\right)\frac{R}{R+\dfrac{1}{sC}}=\left(1+\frac{R_f}{R_1}\right)\frac{1}{1+\dfrac{1}{sRC}}\tag{8.3.7}$$

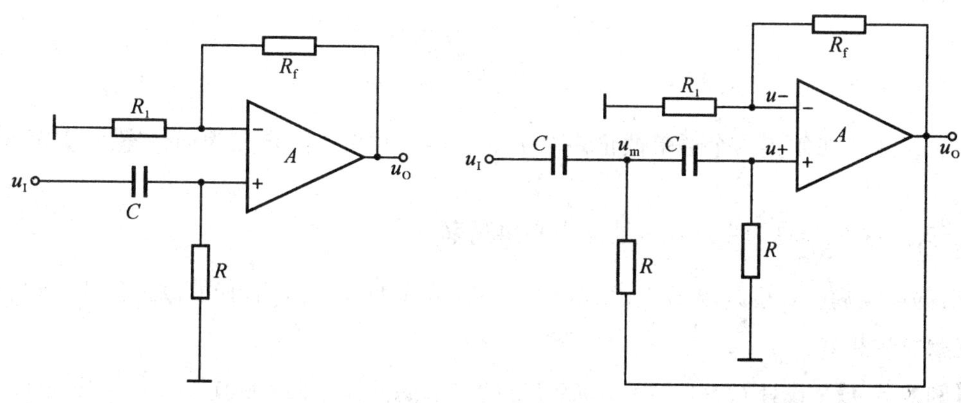

图 8.3.10　一阶有源高通滤波器　　　　图 8.3.11　二阶有源高通滤波器

5）二阶有源高通滤波器

将图 8.3.8 中二阶有源低通滤波器的电阻 R 与电容 C 互换位置，将得到二阶有源高通滤波器，如图 8.3.11 所示。传递函数表示为：

$$A(s)=\frac{A_{uf}(sRC)^2}{1+(3-A_{uf})sRC+(sRC)^2} \tag{8.3.8}$$

截止频率和品质因数为：

$$\omega_0=\frac{1}{RC},Q=\frac{1}{3-A_{uf}}$$

6）二阶有源带通滤波器

将低通滤波器和高通滤波器串联，可以得到带通滤波器。图 8.3.12(a)为二阶有源带通滤波器，传递函数为：

$$A(s)=\frac{A_{uf}sRC}{1+(3-A_{uf})sRC+(sRC)^2}$$

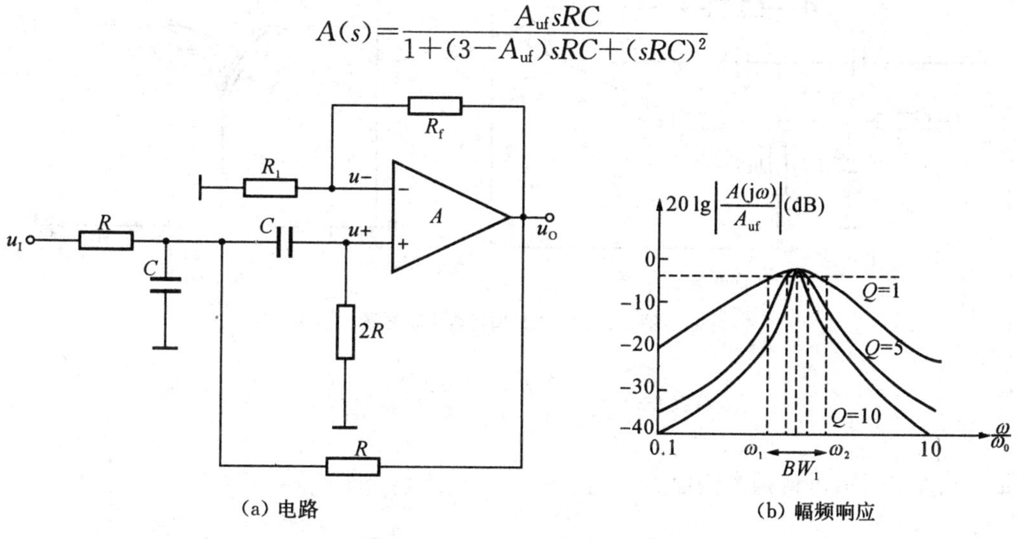

(a) 电路　　　　(b) 幅频响应

图 8.3.12　二阶有源带通滤波器

令 $\omega_0=\frac{1}{RC}$，$s=j\omega$，可得频率响应为：

$$A(\mathrm{j}\omega)=\frac{A_{\mathrm{uf}}}{1+\mathrm{j}Q\left(\frac{\omega}{\omega_0}-\frac{\omega_0}{\omega}\right)} \tag{8.3.9}$$

令$|A(\mathrm{j}\omega)|=\frac{1}{\sqrt{2}}$可解得两个通带截止频率$\omega_2$、$\omega_1$，两个频率之差定义为通带宽度，$BW=\omega_2-\omega_1=\frac{\omega_0}{2\pi Q}$。$\omega_0=\frac{1}{RC}$称为带通滤波器的中心角频率。

根据幅频响应式可画出图 8.3.12(b)的幅频响应曲线。由图可知，Q值越大，通频带越窄，选频特性越好。

【例 8.3.4】 设计$Q=4$，$f_0=1\,000$ Hz 的带通滤波器。$C=0.01$ μF，$R_1=15$ kΩ。

解：因为

$$\omega_0=\frac{1}{RC}$$

所以

$$R=\frac{1}{2\pi f_0 C}=15\,900\ \Omega$$

因为

$$Q=\frac{1}{3-A_{\mathrm{uf}}},A_{\mathrm{uf}}=1+\frac{R_{\mathrm{f}}}{R_1}$$

所以

$$R_{\mathrm{f}}=26.25\ \mathrm{k\Omega}$$

7）二阶有源带阻滤波器

如果低通滤波器的截止频率小于高通滤波器的截止频率，将两者并联，可以得到带通滤波器。图 8.3.13(a)为二阶有源带阻滤波器，传递函数为

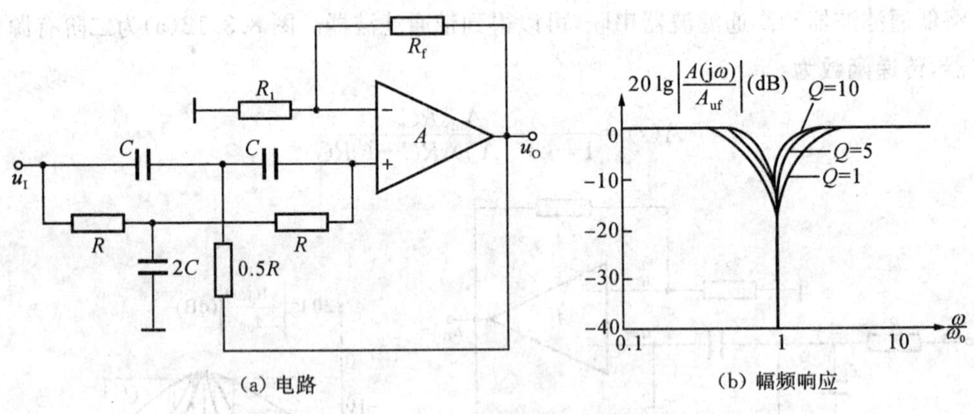

图 8.3.13　二阶有源带阻滤波器

$$A(s)=\frac{A_{\mathrm{uf}}[1+(sRC)^2]}{1+2(2-A_{\mathrm{uf}})sRC+(sRC)^2}$$

令$\omega_0=\frac{1}{RC}$，$s=\mathrm{j}\omega$，可得频率响应为：

$$A(\mathrm{j}\omega)=\frac{A_{\mathrm{uf}}\left[1+\left(\frac{\mathrm{j}\omega}{\omega_0}\right)^2\right]}{1+\frac{1}{Q}\frac{\mathrm{j}\omega}{\omega_0}+\left(\frac{\mathrm{j}\omega}{\omega_0}\right)^2} \tag{8.3.10}$$

$\omega=\omega_0$ 时，$|A(j\omega)|=0$，

$\omega=0$ 或 $\omega\to\infty$时，$|A(j\omega)|\to A_{uf}$。

根据幅频响应式可画出图 8.3.13(b)的幅频响应曲线。由图可知，电路呈带阻特性，不同的 Q 值，阻带特性略有差别。Q 值越大，阻带宽度越窄。

8）全通滤波器

图 8.3.14(a)为全通滤波器，所有频率的信号均能通过。

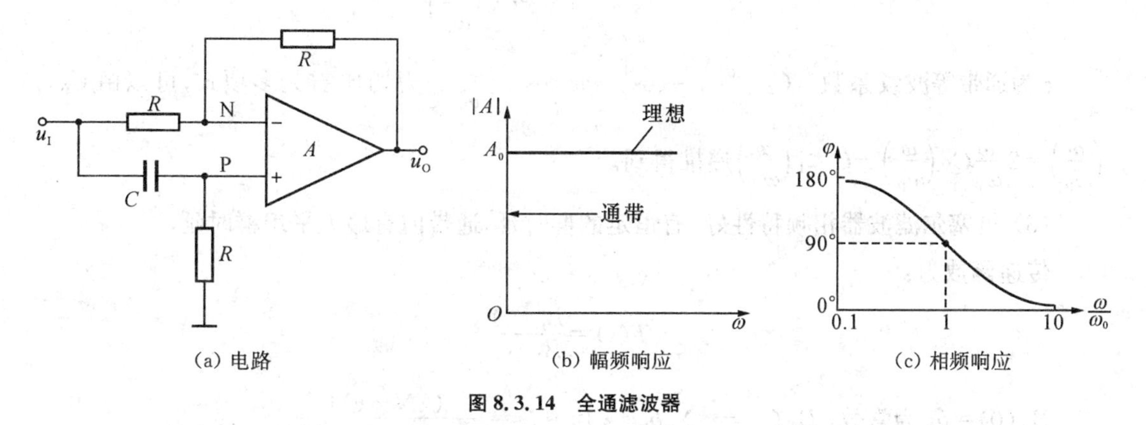

(a) 电路　　(b) 幅频响应　　(c) 相频响应

图 8.3.14　全通滤波器

根据电路可以得到关系式如下：

$$U_-(s)=U_+(s)=\frac{R}{R+sC}U_i(s)$$

$$U_o(s)=-\frac{R}{R}U_i(s)+\left(1+\frac{R}{R}\right)\frac{R}{R+sC}U_i(s)$$

解得传递函数和频率响应为：

$$A(s)=-\frac{1-sRC}{1+sRC}$$

$$A(j\omega)=-\frac{1-j\omega RC}{1+j\omega RC} \tag{8.3.11}$$

图 8.3.14(b)、(c)为全通滤波器的幅频响应和相频响应曲线。幅频响应 $|A(j\omega)|=1$，输出与输入间无放大。相频响应 $\varphi(\omega)=\pi-2\arctan\frac{\omega}{\omega_0}$；频率接近 ω_0 时，相位为 $\frac{\pi}{2}$；频率趋近 0 时，相位趋近 π；频率趋近无穷大时，相位趋近 0。

8.3.3　三种类型的有源滤波器

品质因数 Q 决定了截止频率附近的频率特性。二阶时，常用的三种类型为巴特沃斯($Q=0.707$)，通带具有最大平坦度，但从通带到阻带衰减较慢；切比雪夫($Q=1$)，能迅速衰减，但通带或阻带有波纹；贝塞尔($Q=0.56$)，通带和阻带等波纹。

(1) 巴特沃斯滤波器具有最大平坦的通带，但从通带到阻带衰减较慢。

N 阶低通巴特沃斯滤波器的幅频响应为

$$|A(\mathrm{j}\omega)|^2=\frac{1}{1+(\omega/\omega_c)^{2N}}=\frac{1}{1+\varepsilon^2(\omega/\omega_p)^{2N}}$$

ω_p 为-3 dB 截止角频率。

(2) 切比雪夫滤波器通带有等波纹，阻带衰减大。

N 阶低通切比雪夫滤波器的幅频响应为

$$|A(\mathrm{j}\omega)|^2=\frac{1}{1+\varepsilon^2C_N^2\left(\frac{\omega}{\omega_p}\right)}$$

ε 为通带等波纹系数。$C_N\left(\frac{\omega}{\omega_p}\right)=\cos\left[N\arccos^{-1}\left(\frac{\omega}{\omega_p}\right)\right]$为切比雪夫多项式，可以由 $C_{N+1}\left(\frac{\omega}{\omega_p}\right)=2\frac{\omega}{\omega_p}C_N\left(\frac{\omega}{\omega_p}\right)-C_{N-1}\left(\frac{\omega}{\omega_p}\right)$递推得到。

(3) 贝塞尔滤波器相频特性好，有恒定的群时延，通带内有最大平坦群时延。

传递函数为：

$$T(s)=\frac{B_N(0)}{B_N(s)}$$

$B_N(0)=b_0$ 为常数，$B_N(s)=\sum_{k=0}^{N}b_ks^k$，其中 $b_k=\frac{(2N-k)!}{2^{N-k}k!\,(N-k)!}$。

图 8.3.15 和图 8.3.16 分别为三种类型的有源低通滤波器的幅频特性比较和频率响应。

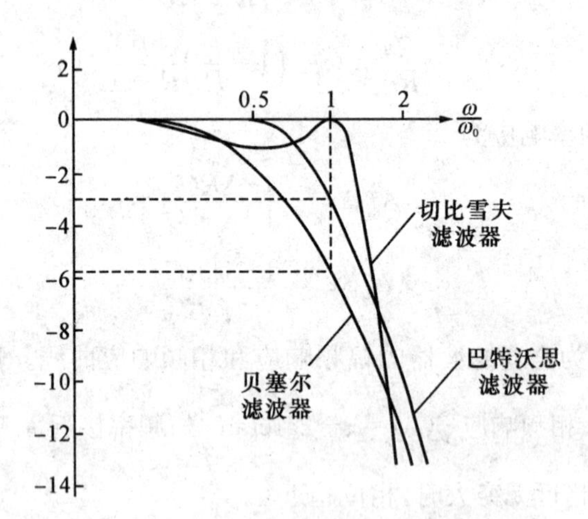

图 8.3.15　三种类型的有源低通滤波器的幅频特性比较

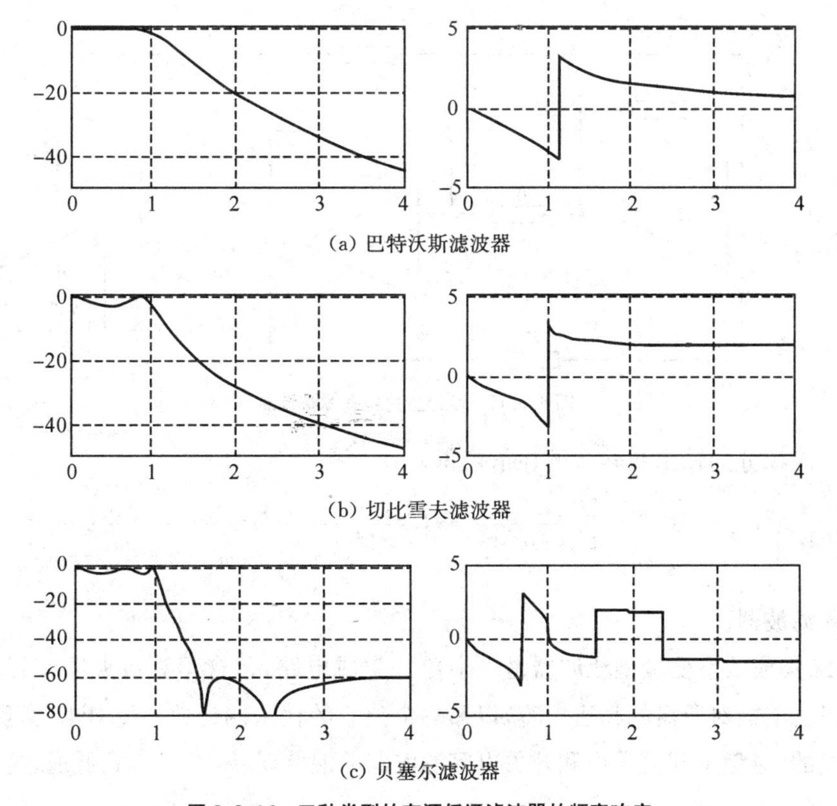

(a) 巴特沃斯滤波器

(b) 切比雪夫滤波器

(c) 贝塞尔滤波器

图 8.3.16 三种类型的有源低通滤波器的频率响应

8.3.4 状态变量型滤波器

状态变量滤波器是利用积分、比例、求和等模拟运算构成的，能自由设置传递函数，实现不同的滤波功能，又称多功能有源滤波。

以高通滤波器为例，式(8.3.1)中 $a_1=a_0=0$ 时为高通滤波器，传递函数为

$$A(s)=\frac{U_o(s)}{U_i(s)}=\frac{a_2s^2}{s^2+\frac{\omega_n}{Q}s+\omega_n^2}$$

所以

$$U_o(s)=a_2U_i(s)-\frac{\omega_n}{Q}\frac{1}{s}U_o(s)-\omega_n^2\frac{1}{s^2}U_o(s)$$

输出为三项之和，第二项为输出信号的一次积分，第三项为二次积分，因此，输出可以由一个乘法器和两个积分器得到，如图 8.3.17 所示。

计算一次积分的输出与输入的比值可得：

$$A_1(s)=\frac{U_x(s)}{U_i(s)}=\frac{U_x(s)U_o(s)}{U_o(s)U_i(s)}=\left(-\frac{\omega_n}{Q}\frac{1}{s}\right)\frac{a_2s^2}{s^2+\frac{\omega_n}{Q}s+\omega_n^2}=\frac{a_1s}{s^2+\frac{\omega_n}{Q}s+\omega_n^2}$$

实现了带通滤波器。

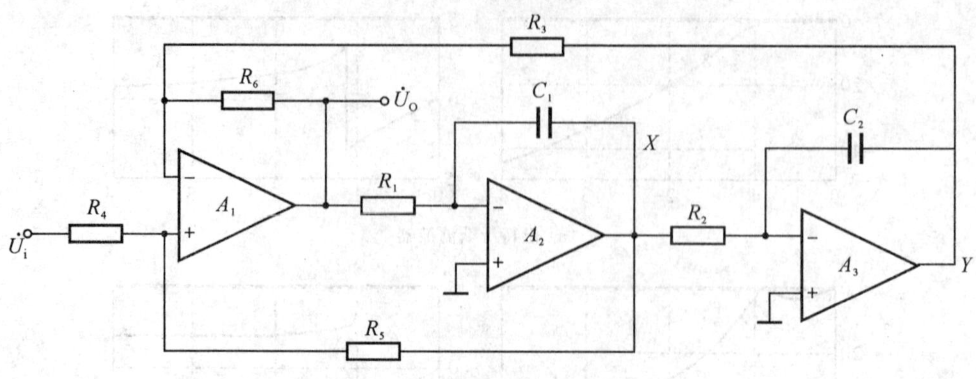

图 8.3.17　状态变量型有源滤波器

计算二次积分的输出与输入的比值可得

$$A_2(s)=\frac{U_y(s)}{U_i(s)}=\frac{U_y(s)U_x(s)}{U_x(s)U_i(s)}=\left(\frac{Q\omega_n}{s}\right)\frac{a_1 s}{s^2+\frac{\omega_n}{Q}s+\omega_n^2}=\frac{a_0}{s^2+\frac{\omega_n}{Q}s+\omega_n^2}$$

实现了低通滤波器。

UAF42 集成状态变量型滤波器是一个单片集成电路，包含运算放大器、匹配电阻和状态可调双极滤波极对所需的精密电容，以及一个独立的精密四运放。UAF42 实现的滤波器是时间连续的，避免了开关噪声和开关电容滤波器的混叠误差，可以得到低通、高通、带通输出（见图 8.3.18）。

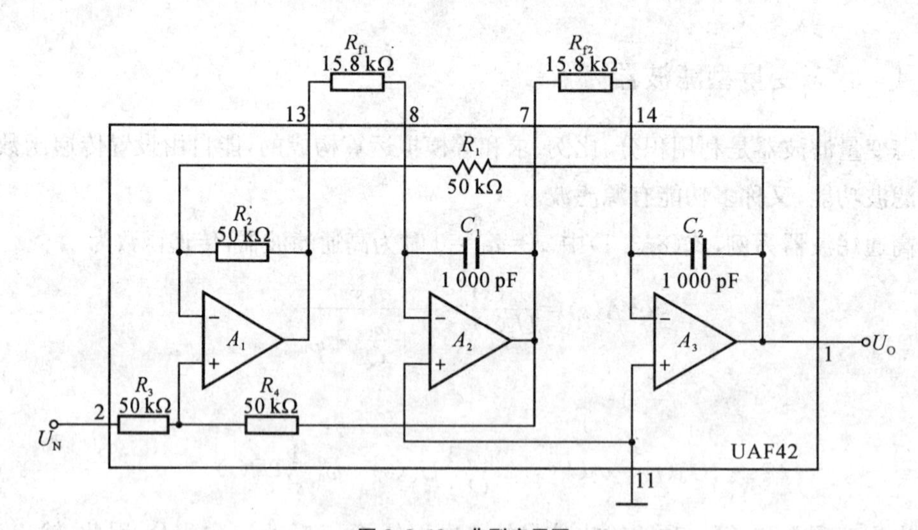

图 8.3.18　典型应用图

8.4　微项目演练

1）由 741 构成的莫尔码滤波器电路

使接收到的杂乱信号变为可录制的有用信号。L_1/C_1 构成并联谐振电路，谐振频率在

840 Hz 左右。仿真电路如图 8.4.1 所示。

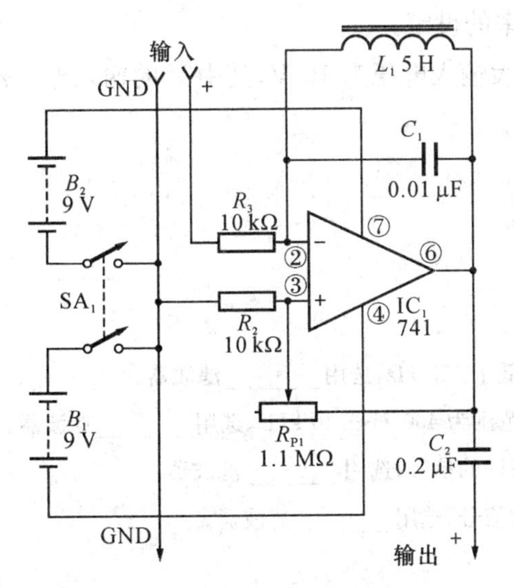

图 8.4.1　莫尔码滤波器

信号经 R_3 输入到 IC_1 的 2 脚，经放大后，一路输出接耳机，另一路由 R_{P1} 反馈到 IC_1 同相端的 3 脚，还有一路输出信号经过 L_1C_1 并联的谐振电路返回到芯片的反相输入端构成谐振放大器。

正反馈系统可以通过 R_{P1} 调节，正反馈量越大，滤波器越灵敏。但若灵敏度太高，电路会振荡。

2）压控通用滤波器电路

截止频率可调。可通过改变控制电压的方法改变滤波器的截止频率，可实现低通、高通、带通、带阻滤波器的转换。图 8.4.2 为仿真电路图。

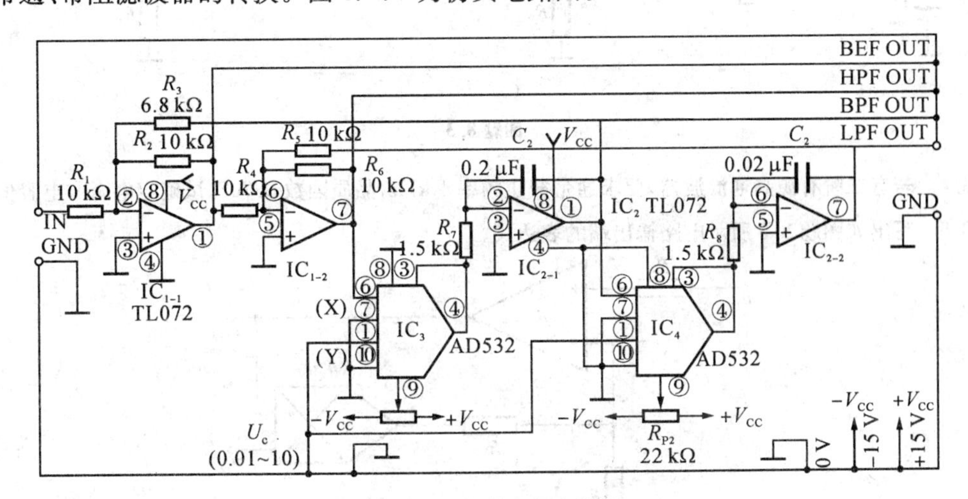

图 8.4.2　压控通用滤波器

TL072 为双运算放大器芯片，AD532 为模拟乘法集成电路。

IC_1 两个模块组成反相加法器，IC_2 两个模块组成积分电路。AD532 做衰减器，控制积分器的输入，实现截止频率的设定。

模拟乘法器 9Y 的最大输入电压为 10 V，其中 Y 的输入电压范围为 0.01～10 V，在 U_c =10 V 时，截止频率最高。

习题 8

8.1　填空题

(1) 有用信号频率低于 400 Hz，选用________滤波器。

(2) 有用信号频率范围为 400 Hz～40 kHz，选用________滤波器。

(3) 抑制低于 400 Hz 的信号，选用________滤波器。

(4) 抑制 400 Hz 的信号，选用________滤波器。

8.2　简答题

(1) 什么叫有源滤波器？根据滤除信号频率分量的范围，滤波器可以分为哪几种？

(2) 什么叫低通滤波器？试分别画出一阶无源低通和一阶有源低通滤波器的电路图，并写出它们的传递函数和频响特性关系式。

8.3　写出如图题 8.3 所示电路的传递函数，说明为何种类型的滤波器。

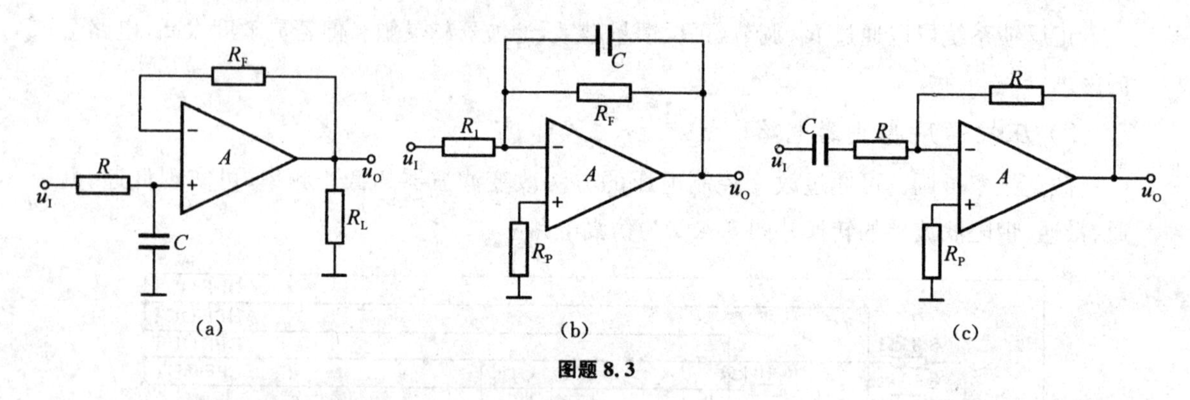

图题 8.3

8.4　若有二阶有源高通滤波器，要求通带截止频率 1 kHz，品质因数 0.707，试确定电阻和电容值。

8.5　写出如图题 8.5 所示电路输出端的表达式。

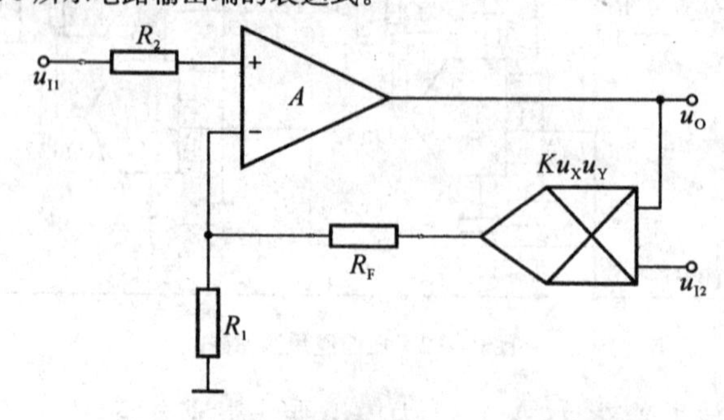

图题 8.5

8.6　推导如图题 8.6 所示电路输出与输入之间的关系。

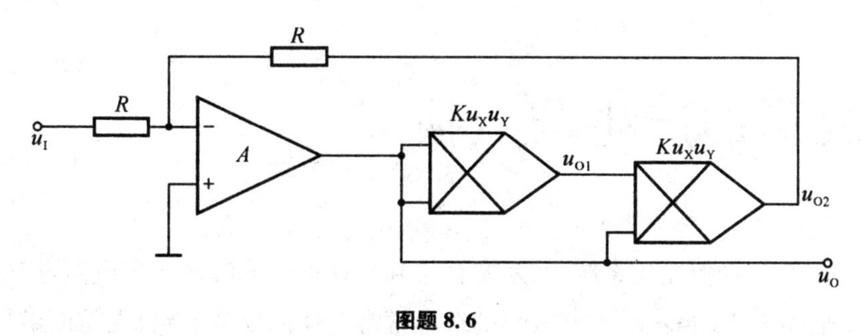

图题 8.6

9 波形的产生与变换

在测量、通信、自动控制等系统中，通常会用到各种类型的波形产生电路，产生的常用波形有正弦波、矩形波和锯齿波。这些波形的产生常常要使用反馈电路，在前面讲过的放大电路中我们引入的是负反馈，目的是用来改善放大电路的性能指标。但如果引入不当，可能形成自激振荡，即在没加外部激励信号的情况下电路自动将直流电源提供的能量转换为交变能量输出。

本章主要介绍正弦波振荡电路中的RC振荡电路和LC振荡电路，以及方波、锯齿波等非正弦波产生电路。

9.1 正弦波振荡电路

9.1.1 正弦波振荡电路的基本原理

1）振荡电路框图和振荡平衡条件

如图9.1.1所示，开关S开始打到位置1，外加电压 u_i 加到放大电路 A 的输入端，输出电压为 u_o。如果将输出电压 u_o 通过反馈网络 F 反馈到输入端，反馈电压为 u_f，并设法使 u_f 与 u_i 大小相等，相位相同，则反馈电压 u_f 就可以代替 u_i。此时将S打到位置2，切除外加的输入电压，则在放大电路输入端不外加激励信号的情况下，输出端仍有信号输出，形成了一个振荡电路。

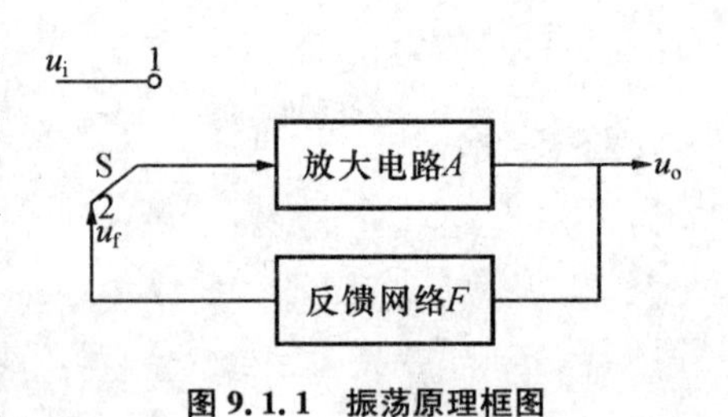

图 9.1.1 振荡原理框图

事实上，振荡电路并不需要先由外加激励信号产生输出，而后再将激励信号移去，而是靠反馈回路自身建立振荡，振荡电压从无到有逐步增大，最后达到振幅稳定输出。进入平衡条件后，即使外界条件变化，也会自动恢复平衡。

前面章节在讲负反馈放大电路的时候已经推导出如下公式：$\dot{A}_f=\dfrac{\dot{A}}{1+\dot{A}\dot{F}}$。振荡电路要求引入正反馈，此时公式变为 $\dot{A}_f=\dfrac{\dot{A}}{1-\dot{A}\dot{F}}$，在 $1-\dot{A}\dot{F}=0$，即 $\dot{A}\dot{F}=1$ 时，$\dot{A}_f$ 趋向于无穷大，此时电路在没有输入信号的情况下也可产生输出信号，即产生自激振荡。振荡平衡条件为：

$$\begin{cases}|\dot{A}\dot{F}|=1\\ \varphi_A+\varphi_F=\pm 2n\pi \quad n=0,1,2,\cdots\end{cases}$$

其中第一个式子为振幅平衡条件，第二个式子为相位平衡条件。

2）正弦波振荡电路的组成

正弦波振荡电路由以下三部分组成。

基本放大电路：将直流电源提供的能量，通过振荡系统转换成固定频率的交流能量输出。

正反馈网络：将输出信号通过正反馈引至输入端，以维持正常振荡。

选频网络：振荡电路在刚接通电源的瞬间，电路中存在各种频率的噪声，可通过选频网络，根据需要，使特定频率的信号输出，则电路产生单一频率的振荡信号。选频网络可以设在放大电路中，也可以设在反馈网络中，根据组成选频网络的元件可以将振荡电路分为 RC 正弦波振荡电路和 LC 正弦波振荡电路。其中 RC 正弦波振荡电路的振荡频率较低，一般在 1 MHz 以下，LC 正弦波振荡电路的振荡频率较高，多在 1 MHz 以上。

3）振荡的建立和稳定振荡的条件

振荡电路在满足前面的振幅平衡条件的时候，并不能起振，因为电路无输入，接通电源时，会产生微弱的噪声作为激励信号，在 $|\dot{A}\dot{F}|=1$ 的条件下，输入信号经放大反馈得到的输出不变，仍很微弱，不满足要求。只有在 $|\dot{A}\dot{F}|>1$ 的情况下，信号经一轮轮的循环，才能不断放大，建立振荡，因此振荡电路的起振条件为 $\begin{cases}|\dot{A}\dot{F}|>1\\ \varphi_A+\varphi_F=\pm 2n\pi \quad n=0,1,2,\cdots\end{cases}$

9.1.2　RC 正弦波振荡电路

RC 正弦波振荡电路可分为 RC 文氏电桥振荡电路、RC 移相式振荡电路和双 T 网络振荡电路等多种形式，下面仅讨论 RC 文氏电桥振荡电路。

1）RC 串并联选频网络的选频特性

RC 串并联网络如图 9.1.2 所示，因为 RC 串并联选频网络在正弦波振荡电路中既作为选频网络，又作为正反馈网络，所以输入电压为 $\dot{U}_o$，输出电压为 $\dot{U}_f$。

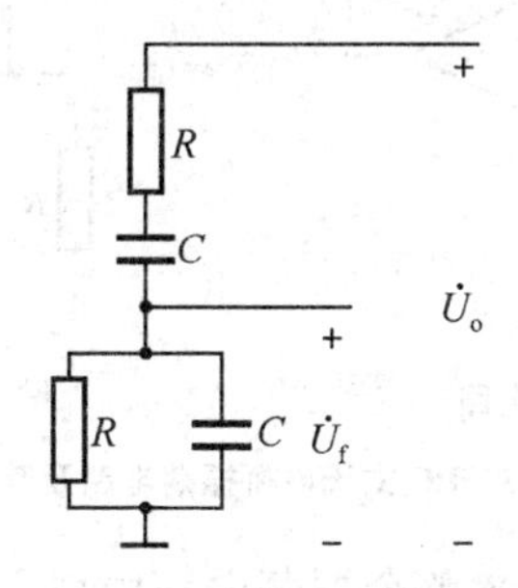

图 9.1.2　RC 串并联选频网络

电压传输系数(反馈系数)

$$\dot{F}_v=\frac{\dot{U}_f}{\dot{U}_o}=\frac{R/\!/\frac{1}{j\omega C}}{R+\frac{1}{j\omega C}+\left(R/\!/\frac{1}{j\omega C}\right)}=\frac{1}{3+j\left(\omega RC-\frac{1}{\omega RC}\right)}$$

令 $\omega_0=\frac{1}{RC}$,则

$$\dot{F}_v=\frac{1}{3+j\left(\frac{\omega}{\omega_0}-\frac{\omega_0}{\omega}\right)}$$

公式为 RC 串并联选频网络的频率特性,将其写成幅频特性和相频特性分别为

幅频特性

$$|\dot{F}_v|=\frac{1}{\sqrt{3^2+\left(\frac{\omega}{\omega_0}-\frac{\omega_0}{\omega}\right)^2}}$$

相频特性

$$\varphi_F=-\arctan\frac{\frac{\omega}{\omega_0}-\frac{\omega_0}{\omega}}{3}$$

根据公式画出幅频特性和相频特性,当 $\omega=\omega_0=\frac{1}{RC}$时,即 $f=f_0=\frac{1}{2\pi RC}$时,网络输出电压幅值最大,$|\dot{F}|_{max}=\frac{1}{3}$,$\varphi_F=0$。

2) RC 文氏电桥振荡电路原理图

如图 9.1.3(a)为 RC 文氏电桥振荡电路,选频网络由 R、C 元件组成的串并联网络构成,R_f 和 R_1 支路引入一个负反馈。串并联网络中的串联支路、并联支路、R_f 和 R_1 正好组成一个电桥的四个臂,因此这种电路称为文氏电桥振荡电路。

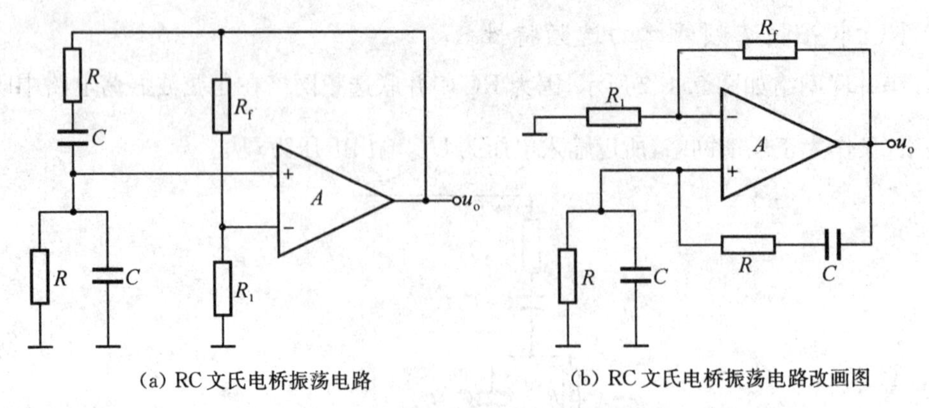

(a) RC 文氏电桥振荡电路　　(b) RC 文氏电桥振荡电路改画图

图 9.1.3　RC 文氏电桥振荡电路及其改画图

可将电路图改画为图 9.1.3(b),整个振荡电路由以下三部分电路组成:

(1) 基本放大电路

由运放、R_f 和 R_1 构成了一个同相放大电路，根据前面章节的知识可知，同相放大电路的电压增益表达式为：$A_v=\left(1+\frac{R_f}{R_1}\right)$。对于振荡电路，前面已经得出 $|\dot{A}\dot{F}|\geqslant1$、$|\dot{F}|=\frac{1}{3}$，所以可以推导出对于 RC 正弦波振荡电路要求 $|\dot{A}|\geqslant3$，即 $R_f\geqslant2R_1$，这里具体要求电路起振的时候 $R_f>2R_1$，稳振的时候 $R_f=2R_1$。

(2) 正反馈网络

为满足起振的相位平衡条件，要求引入正反馈。如图用瞬时极性法判断，先将输入端断开，假设输入信号极性为正，然后沿放大电路和反馈回路判断反馈信号极性也为正，说明为正反馈，满足要求。

(3) 选频网络

由 R、C 串并联网络构成，输出的正弦波频率为 $f_0=\frac{1}{2\pi RC}$。

3) 稳幅措施

RC 振荡电路的稳幅方式通常是在负反馈电路中采用非线性元件来自动调整反馈的强弱，以维持输出电压的稳定。例如可让图 9.1.3 中的 R_f 采用负温度系数的热敏电阻。起振时，流过热敏电阻的电流很小，温度较低，热敏电阻阻值较大，满足 $R_f>2R_1$。稳振后，流过热敏电阻的电流变大，温度增加，热敏电阻阻值减小，直到 $R_f=2R_1$ 时，满足振幅平衡条件，振荡幅度就稳定下来了。

也可以利用二极管正向伏安特性的非线性稳幅。如图 9.1.4 所示，利用两个方向相反的二极管，起振时由于输出电压幅度很小，两个二极管都不导通，近似开路状态，此时$(R+R_{F2})>2R_{F1}$。随着振荡幅度的增加，两个二极管中的一个导通，其正向电阻逐渐减小，直到$(R+R_{F2})=2R_{F1}$时，振荡趋于稳定。

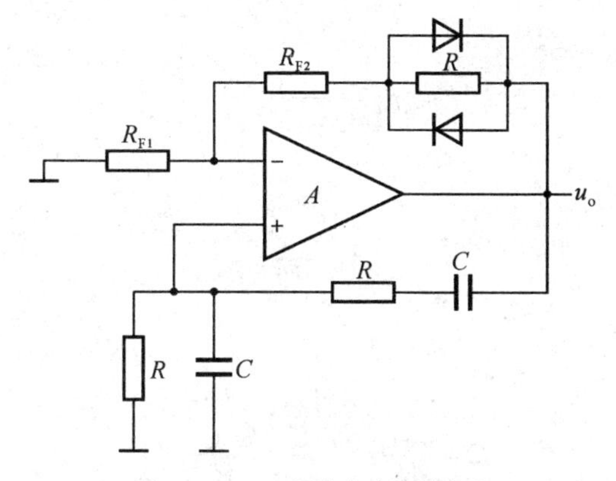

图 9.1.4 RC 振荡电路稳幅电路

9.1.3 LC 正弦波振荡电路

在 LC 振荡电路中，选频网络由电感 L 和电容 C 元件组成，可以产生几十兆赫以上的正弦波信号。

1) LC 并联电路的选频特性

LC 并联电路如图 9.1.5 所示。图中 R 表示电路的等效电阻，一般很小，满足 $R \ll \omega L$，电路的等效阻抗为 $Z=\frac{1}{j\omega C} \parallel (j\omega L+R)=\frac{\frac{L}{C}}{R+j\left(\omega L-\frac{1}{\omega C}\right)}$。

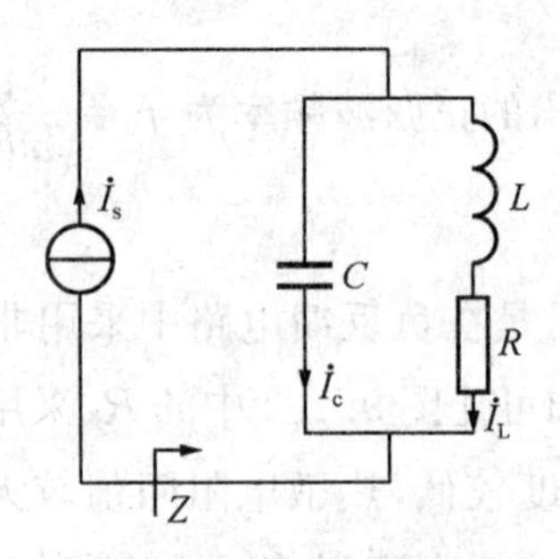

图 9.1.5 LC 并联电路

当 $\omega=\omega_0=\frac{1}{\sqrt{LC}}$ 时，电路发生谐振，此时阻抗 Z 最大，且为纯电阻。

谐振角频率为：

$$\omega_0=\frac{1}{\sqrt{LC}}$$

谐振频率为：

$$f_0=\frac{1}{2\pi\sqrt{LC}}$$

谐振阻抗为：

$$Z_0=\frac{L}{RC}$$

品质因数为：

$$Q=\frac{\omega_0 L}{R}=\frac{\frac{1}{\omega_0 C}}{R}=\frac{\sqrt{\frac{L}{C}}}{R}\gg 1$$

谐振时，回路电流 $|I_C| \approx |I_L| = Q|I_S| \gg |I_S|$ 可见，在谐振时 LC 并联电路的回路电流比输入电流大很多。

LC 并联电路阻抗的频率特性如图 9.1.6 所示，包括幅频特性和相频特性。

由幅频特性曲线可见，当 $\omega=\omega_0$ 时，产生并联谐振，回路等效阻抗达到最大值 Z_0。当 ω

$\neq\omega_0$ 时，$|Z|$将减小。Q越大，幅频特性曲线越尖。

由相频特性曲线可见，当 $\omega=\omega_0$ 时，电路呈纯阻性；当 $\omega>\omega_0$ 时，电路呈容性；当 $\omega<\omega_0$ 时，电路呈感性。Q越大，在 ω_0 处曲线越陡，相角变化越快。

所以 LC 电路具有频率选择性，Q越大，频率选择性越好。

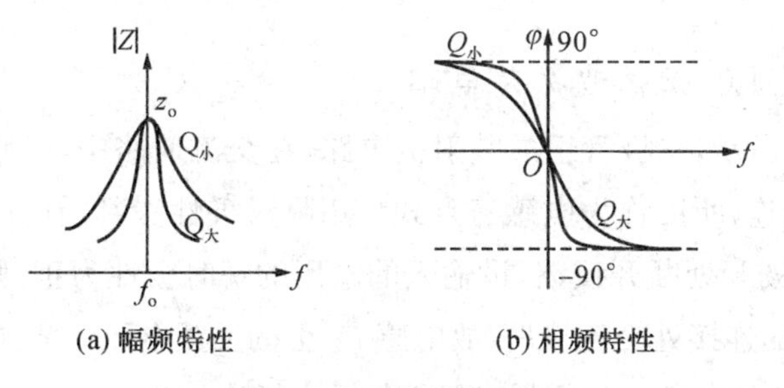

图 9.1.6　阻抗频率特性

2）变压器反馈式 LC 正弦波振荡电路

变压器反馈式 LC 正弦波振荡电路如图 9.1.7 所示。整个振荡电路由三部分组成：基本放大电路、反馈网络和选频网络。基本放大电路的核心器件是三极管 VT，组成了一个共射极放大电路。反馈网络由变压器的绕组 L_1 实现。选频网络由 LC 并联电路组成。

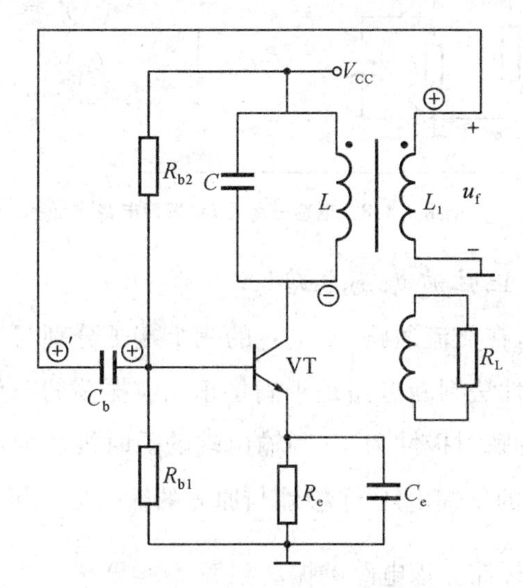

图 9.1.7　变压器反馈式 LC 振荡电路

根据反馈极性的方法判断，当 $\omega=\omega_0=\dfrac{1}{\sqrt{LC}}$时 $f_0\approx\dfrac{1}{2\pi\sqrt{LC}}$，LC 回路呈纯电阻性，且最大，这样三极管的集电极输出电压与基极输入电压将产生 180°的相位移，即 $\varphi_A=180°$；同时根据图中标出的同名端符号，线圈 L_1 的同名端与集电极相位相反，反馈网络又引入了 180°的相位移，即 $\varphi_F=180°$。这样，整个闭合回路的总相位移为 $\varphi_A+\varphi_F=360°$，满足振荡电路的相位平衡条件。

用瞬时极性法判断反馈极性。如图 9.1.7 所示，先在基极 b 处断开，并假设输入电压的瞬时极性为正，则集电极极性为负，根据同名端的符号，线圈 L_1 的电压极性为上正下负，这时反馈电压的极性与输入电压的极性相同，满足振荡的相位条件。从分析相位平衡条件可以看出，只有在谐振频率 f_0 时，电路才满足振荡条件，所以振荡频率就是 LC 回路的谐振频率 $f_0\approx\frac{1}{2\pi\sqrt{LC}}$。

3）电感三点式 LC 正弦波振荡电路

电路如图 9.1.8 所示，三极管组成共射极电路，在交流通路中，电感的三个端子分别与三极管的三个电极相连，所以称为电感三点式。用瞬时极性法判断电路是否满足正弦波振荡的条件：首先在基极 b 处断开反馈，设输入的电压的瞬时极性为正，则集电极的瞬时极性为负，而电感 L_1、L_2 的连接处交流接地，故电感 L_2 上的反馈电压 u_f 极性与原先的输入电压极性相同，电路满足相位条件。各点瞬时极性如图中标注。

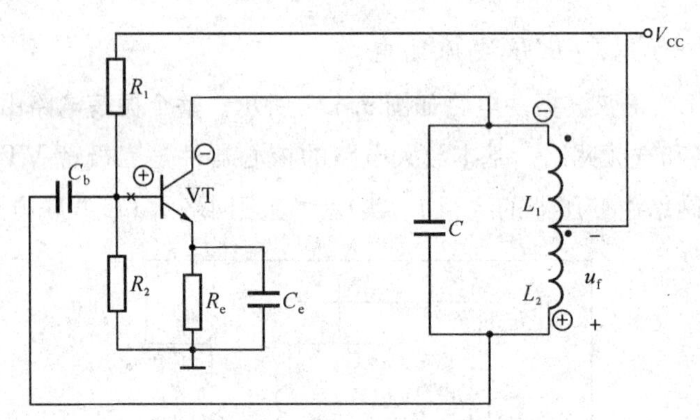

图 9.1.8　电感三点式 LC 振荡电路

4）电容三点式 LC 正弦波振荡电路

电路如图 9.1.9 所示，在交流通路中，电容的三个端子分别与运放的三端相连，所以称为电容三点式。用瞬时极性法判断电路是否满足正弦波振荡的条件：首先在同相输入端处断开反馈，设输入的电压的瞬时极性为正，则输出端的瞬时极性为正，而电容 C_1、C_2 的连接处交流接地，故电容 C_2 上的反馈电压 u_f 极性与原先的输入电压极性相同，电路满足相位条件。各点瞬时极性如图中标注。该电路的振荡频率 $f_0\approx\frac{1}{2\pi\sqrt{LC}}$，式中 $C=\frac{C_1C_2}{C_1+C_2}$。

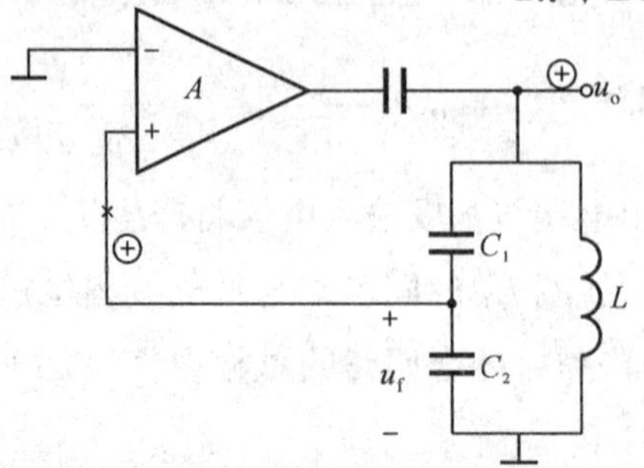

图 9.1.9　电容三点式 LC 振荡电路

9.2　石英晶体振荡器

在 LC 振荡器中，由于工艺水平的限制，其频率稳定度一般只能达到 10^{-4} 数量级。然而在某些场合，往往要求振荡器的稳定度高于 10^{-5} 数量级，这时就必须采用稳定度更高的石英晶体振荡器，其稳定度一般可达 $10^{-6}\sim10^{-8}$ 数量级，甚至更高。

石英晶体的主要化学成分是二氧化硅。应用时，要将其按一定方向切割成薄片，称为晶片，在晶片的两个对应表面上涂敷银层并装上一对金属板，就构成石英晶体产品。石英晶体之所以能作为振荡器，是因为它具有压电效应。若在石英晶体的两个极板间加电场，会使晶体产生机械变形；相反，若在极板上施加机械力，又会在相应的方向上产生一定的电场，这种现象就称为压电效应。若在极板上加交变电压，则晶片会产生机械变形振动，机械变形振动又会产生交变电场。当外加交变电压的频率和晶片固有的频率接近或相等时，机械振动幅度将会突然增大，这种现象称为压电谐振，该频率称为石英晶体的谐振频率，因此石英晶体具有选频特性。

石英晶体振荡器的电路图形符号和基频等效电路如图 9.2.1 所示，其串联谐振频率为：

$$f_s=\frac{1}{2\pi\sqrt{L_qC_q}}$$

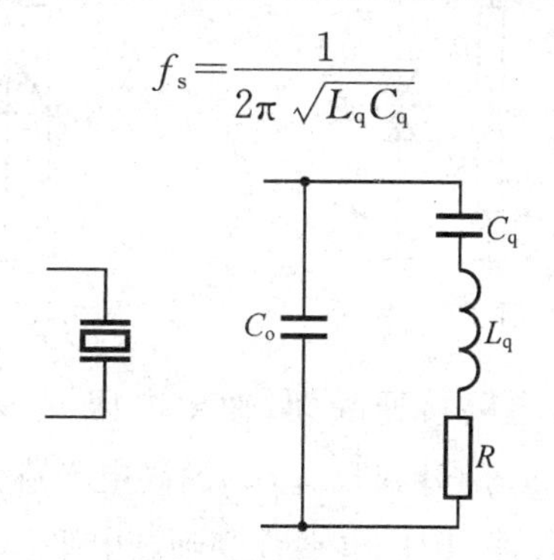

图 9.2.1　石英晶体振荡器电路符号和等效电路

并联谐振频率为：

$$f_p=\frac{1}{2\pi\sqrt{L_q\dfrac{C_oC_q}{C_o+C_q}}}=f_s\sqrt{1+\frac{C_q}{C_o}}$$

由于 C_q/C_o 非常小，所以 f_s 和 f_p 非常接近。在 f_s 和 f_p 之间很窄的频率范围内，晶体等效为一个电感，并且其电抗特性最为陡峭，对频率变化具有极灵敏的补偿能力。因此，为了使晶体稳频作用强，石英晶体总是工作在这个感性区的频率范围内，作为一个电感元件来使用。而其余频率均等效为一个电容。晶体的电抗频率特性如图 9.2.2 所示。

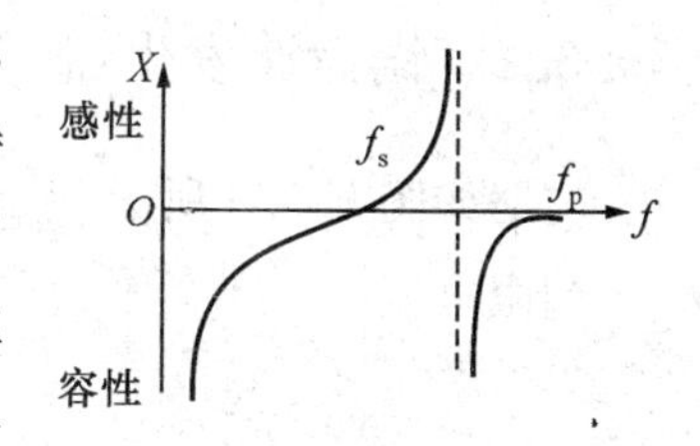

图 9.2.2　电抗—频率特性

9.3 非正弦波信号产生电路

9.3.1 方波发生器

电路如图 9.3.1 所示，基本工作原理是：将输出电压 u_o 经 R_1、C（利用电容 C 的充放电电压 u_c 代替迟滞比较器的外输入电压 u_i）支路反馈回比较器的反相端，与同相端电压进行比较，使比较器的输出不断发生翻转，从而形成自激振荡。由图可知运放同相端电位为 $u_p=\frac{R_2}{R_2+R_3}u_o$，当 $u_c=u_p$ 时，输出电压发生跳变，门限电压为 $U_T=\frac{R_2}{R_2+R_3}u_o$。将 $u_o=+U_Z$ 或 $u_o=-U_Z$ 代入可得，$U_{T+}=\frac{R_2}{R_2+R_3}U_Z$，$U_{T-}=-\frac{R_2}{R_2+R_3}U_Z$。

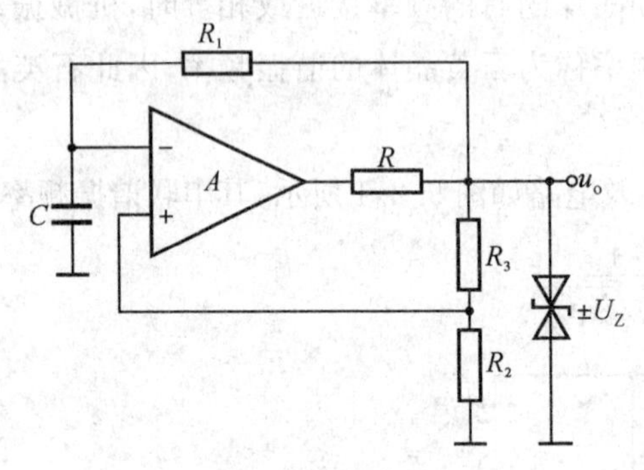

图 9.3.1 方波发生器

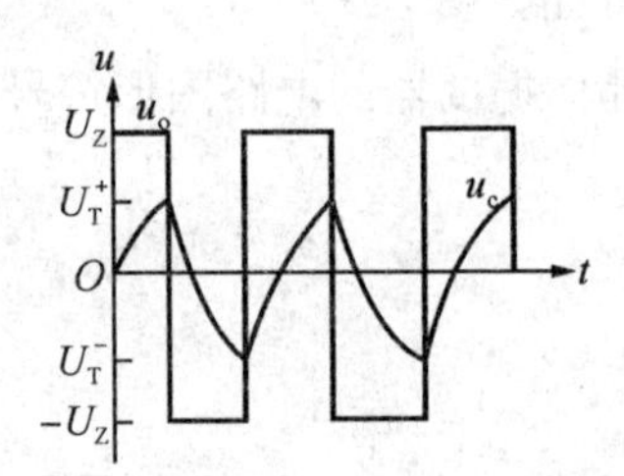

图 9.3.2 方波发生器输出波形图

设电容的初始电压为零，电路接通瞬间，输出电压 u_o 为正或负纯属偶然，可设 $u_o=+U_Z$。U_Z 经 R_1 对 C 充电，使 u_c 上升到 U_{T+}，u_o 由高电平跳变到低电平，即 $u_o=-U_Z$；电容 C 经 R_1 放电，使 u_c 下降到 U_{T-}，u_o 由低电平跳变到高电平，即 $u_o=+U_Z$，如此反复，输出方波，如图 9.3.2 所示。

根据图可知，由于电容 C 充、放电的时间常数均为 R_1C，且幅值也相等，因此 u_o 为方波，故该电路称为方波发生器。当电容 C 的充、放电的时间常数不相等，将得到矩形波，矩形波高电平持续的时间与周期之比称为占空比，而方波的占空比为 50%。

9.3.2 锯齿波发生器

电路如图 9.3.3 所示，A_1 为同相输入的迟滞电压比较器，A_2 为积分电路。

门限电压

$$u_{N1}=0$$

令

$$u_{P1}=u_{N1}=0$$

$$u_{P1}=\frac{R_1}{R_1+R_2}(\pm U_Z)+\frac{R_2}{R_1+R_2}u_o=0$$

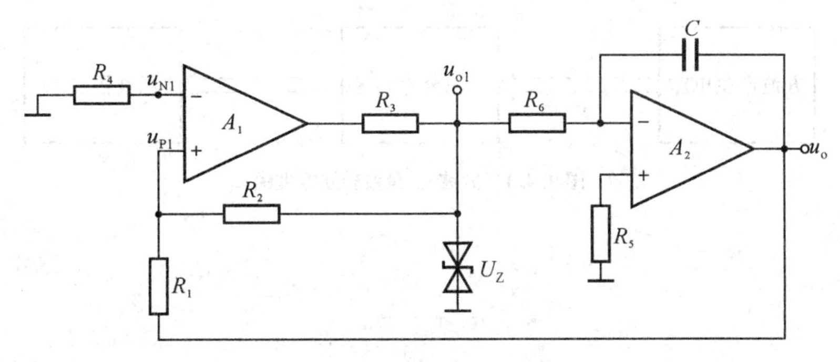

图 9.3.3 锯齿波产生电路

$$u_o=-\frac{R_1}{R_2}(\pm U_Z)$$

当 $u_{o1}=+U_Z$ 时，

$$U_{T-}=-\frac{R_1}{R_2}U_Z$$

当 $u_{o1}=-U_Z$ 时，

$$U_{T+}=\frac{R_1}{R_2}U_Z$$

工作原理为：设 $t=0$ 时接通电源，有 $u_{o1}=U_Z$，U_Z 经 R_6 向 C 充电，使输出电压按线性规律下降。当 U_o 下降到门限电压 U_{T-}，使 $u_{P1}=u_{N1}=0$ 时，比较器输出 u_{o1} 由 $+U_Z$ 下跳到 $-U_Z$，同时门限电压上跳到 U_{T+}，此时 $u_{o1}=-U_Z$；当 U_o 上升到门限电压 U_{T+} 时，比较器输出 u_{o1} 由 $-U_Z$ 上升到 $+U_Z$，如此周而复始，产生振荡。输出的波形图如图 9.3.4 所示。

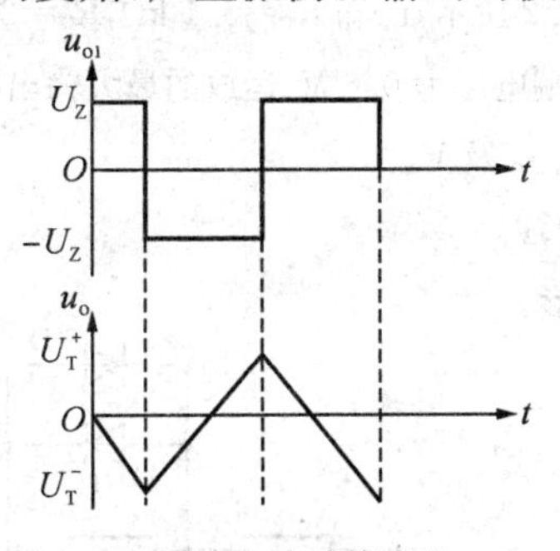

图 9.3.4 电路的波形

9.4 微项目演练

试利用本章知识设计一个方波-三角波转换电路。首先设计方波产生电路，由迟滞电压比较器及其外围电路组成，对产生的方波信号的幅度和频率不做统一规定，请自行设计。产生的方波信号经积分电路得到三角波信号，最后通过示波器显示出来。

图 9.4.1　方波-三角波转换方框图

习题 9

9.1　如图题 9.1 所示电路中，设运放是理想器件，运放的最大输出电压为±10 V，试问由于某种原因使 R_2 断开时，其输出电压的波形是什么(正弦波、近似为方波或停振)？输出波形的峰峰值是什么？

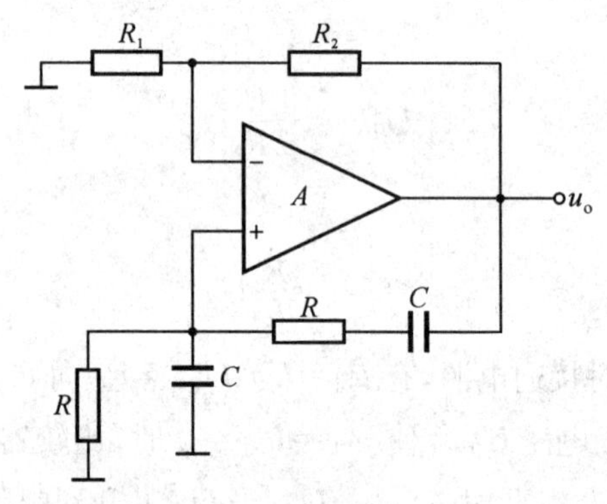

图题 9.1

9.2　正弦波振荡电路如图题 9.2 所示，已知 $R_1=5.1\ \text{k}\Omega$，$R_2=2.7\ \text{k}\Omega$，$R_3=9.1\ \text{k}\Omega$，设运放 A 是理想的，振幅稳定后二极管两端电压为 0.6 V，运放的最大输出电压为±14 V。求：

(1) 产生的正弦波的频率 f_o 及 V_{om}；

(2) 若 R_3 短路，画 u_o 波形；

(3) 若 R_3 开路，画 u_o 波形。

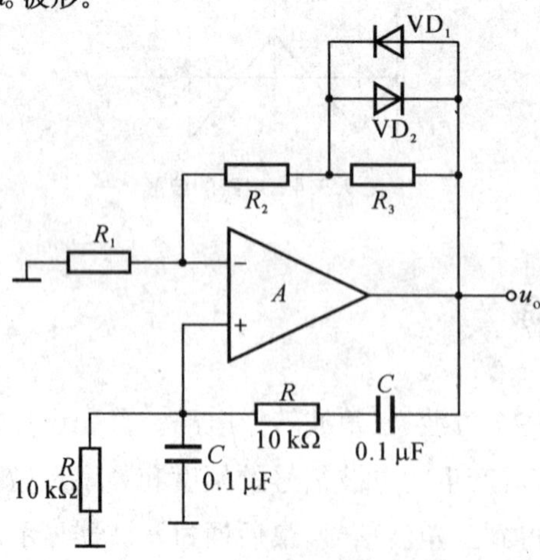

图题 9.2

9.3　设运放 A 是理想的，试分析如图题 9.3 所示正弦波振荡电路：

(1) 为满足振荡条件，试在图中用＋，－标出运放 A 的同相端和反相端；

(2) 为能起振，R_P 和 R_2 两个电阻之和是多少？

(3) 此电路的振荡频率 f_o 是多少？

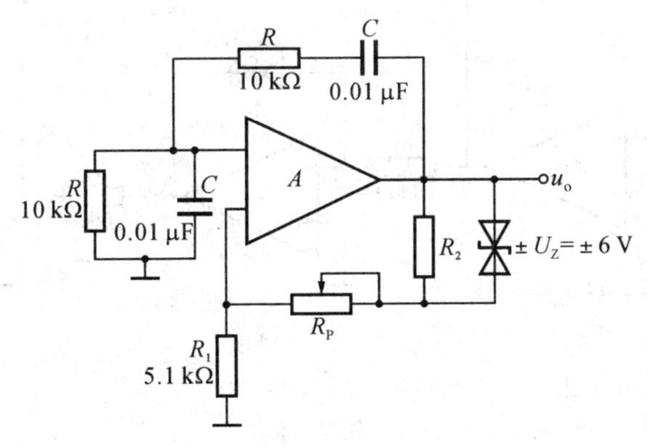

图题 9.3

9.4　电路如图题 9.4 所示，试用相位平衡条件判断哪个能振荡，哪个不能？

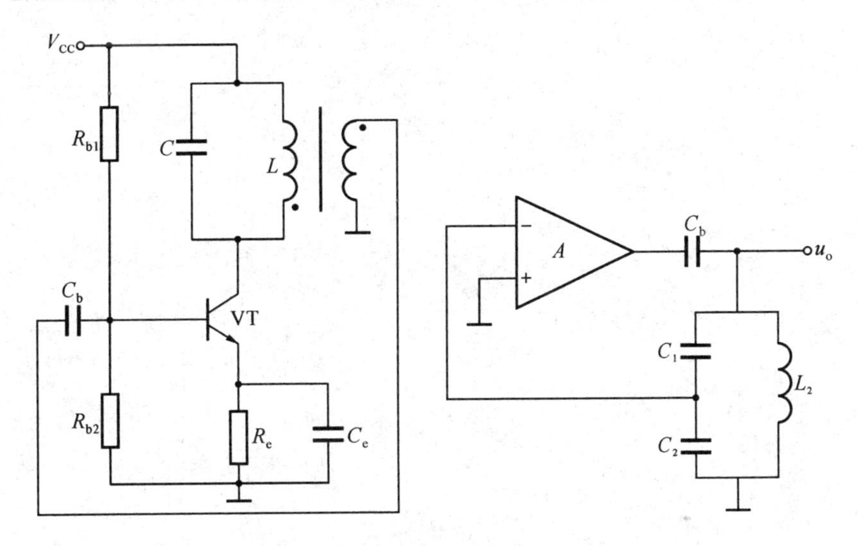

图题 9.4

9.5　如图题 9.5 所示为波形发生器电路，试说明它是由哪些单元电路组成的，各起什么作用。定性画出 u_{o1}，u_{o2}，u_{o3} 的波形(设 $u_{o3}(0)=0$)。

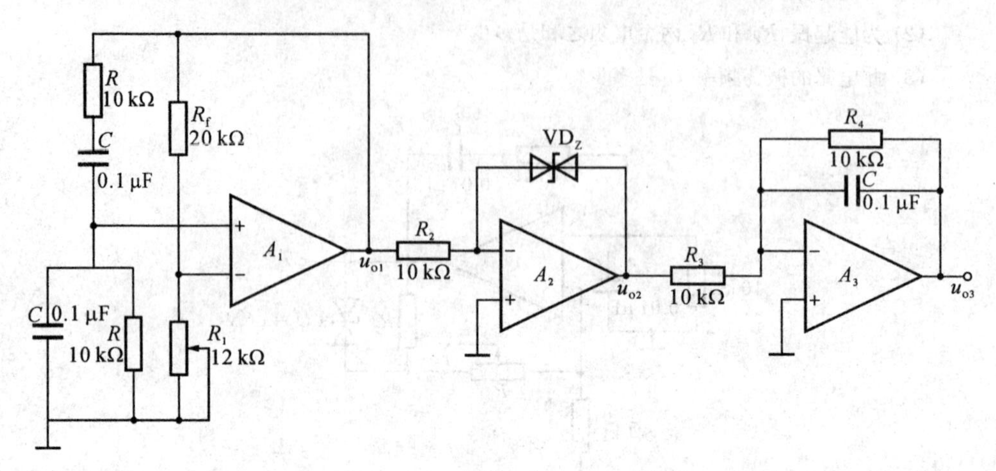

图题 9.5

10 功率放大电路

10.1 功率放大电路概述

前面章节讨论的放大电路，如共射、共集、共基、共源、共漏、差分电路等，主要用于增强电压幅度或电流幅度，属于小信号放大电路。实际应用中，许多电子设备需要输出足够的功率，才能驱动负载，如收音机中的扬声器、自动记录仪中的电动机等。能够向负载提供足够功率的放大电路称为功率放大电路。

如图 10.1.1 所示为放大系统的示意框图。前置放大器由小信号放大器组成，可以不失真的增大输入信号源的电压或电流幅度。功率放大器可以在保证信号不失真下，输出足够功率，以驱动负载。图 10.1.2 为扩音系统示意图，传感器采集的信号经过前级电压放大后接功率放大器，以驱动扬声器。

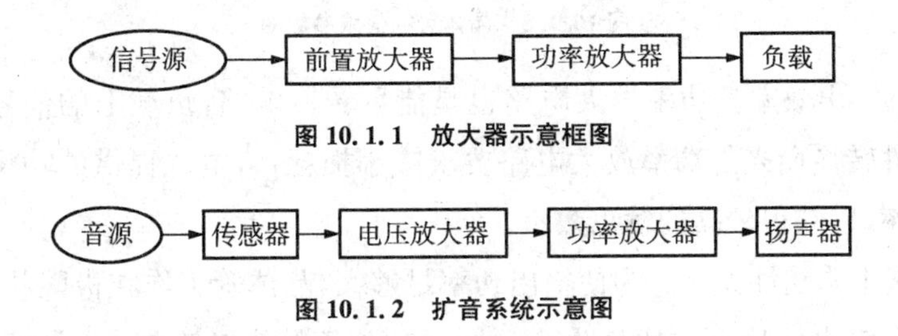

图 10.1.1　放大器示意框图

图 10.1.2　扩音系统示意图

1）功率放大电路指标

功率放大电路主要有以下一些指标：

(1) 输出功率 P_o。

输出功率 P_o 是功率放大电路提供给负载的交流功率。可以用式(10.1.1)表示，其中，I_o、U_o 为输出电流、输出电压的有效值。

$$P_o = U_o I_o \tag{10.1.1}$$

(2) 直流电源提供的功率 P_V

直流电源提供的功率 P_V 可表示为直流电源输出电流平均值 I_{CC} 与电源电压 V_{CC} 之积。

$$P_V = V_{CC} I_{CC} \tag{10.1.2}$$

(3) 转换效率 η

转换效率 η 是功放管的输出交流功率 P_o 与直流电源提供的功率 P_V 之比。

$$\eta=\frac{P_o}{P_V} \tag{10.1.3}$$

(4) 管耗 P_T

电源提供的功率，除转换为输出功率外，其余主要消耗在晶体管上。管耗一般指晶体管在输入信号的一个周期内在集电极上消耗的平均功率。一个周期内晶体管的导通时间越短，管耗越小。管耗 P_T 可以表示为直流电源提供的功率 P_V 与输出功率 P_o 之差。

$$P_T=P_V-P_o \tag{10.1.4}$$

2) 功率放大电路特点

(1) 追求足够大的输出功率。功放管的输出电压和电流要有足够大的幅度，晶体管工作在接近极限状态下。工作中必须注意电路参数不能超过晶体管的极限值：集电极最大电流 I_{CM}、ce 间最大管压降 $U_{(BR)CEO}$、集电极最大耗散功率 P_{CM}（见图 10.1.3）。

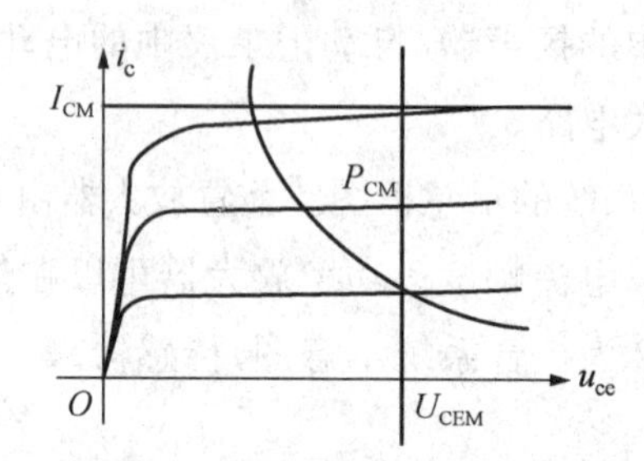

图 10.1.3　晶体管的极限参数图

(2) 追求高输出效率。功率放大电路也是能量转换电路，负载上的信号功率是直流电源通过有源器件转换而来。功率放大电路要求减小损耗，将电源提供的功率更多的转换为有用的信号功率，以获得较高的输出效率。

(3) 尽量减小非线性失真。为使输出功率足够大，晶体管工作在极限状态，工作点临界饱和区、截止区，输出信号有非线性失真。同一功放管输出功率越大，非线性失真越严重。理论分析时，必须注意防止波形失真。实际使用中，需要根据非线性失真的要求限制输出功率。

(4) 用图解法分析。大信号状态下，功率管特性的非线性不可忽略，前面章节常用的小信号交流等效线性模型已不再适用，常用图解法来求解。

(5) 需要考虑散热和保护。功放管通常为大功率管，工作时管子的集电结温度和管壳温度升高。使用时应查阅手册注意其散热条件，安装合适的散热片及采取其他保护措施。

3) 功率放大电路的工作方式

(1) 甲类方式

甲类方式中，晶体管在信号的整个周期内均处于导通状态，导通角 360°，静态工作点在交流负载线中点。前面章节所有的电压放大器（共射、共集、共基、共源、共漏、差分电路）都是甲类方式。

(2) 乙类方式

乙类方式中，晶体管仅在信号的半个周期处于导通状态，导通角 180°，静态工作点在交流负载线与横轴的交点。信号为 0 时电源输出功率为 0。

(3) 甲乙类方式

甲乙类方式中，晶体管在信号多于半个周期内处于导通状态，导通角大于 180°，静态工作点在交流负载线中点下方。信号为 0 时电源输出功率很小，信号增大时电源供给功率随之增大。

图 10.1.4 为三种方式下集电极电流波形和 Q 点位置示意图。

三种工作方式中，乙类方式的输出功率最大，甲乙类次之，甲类最小。

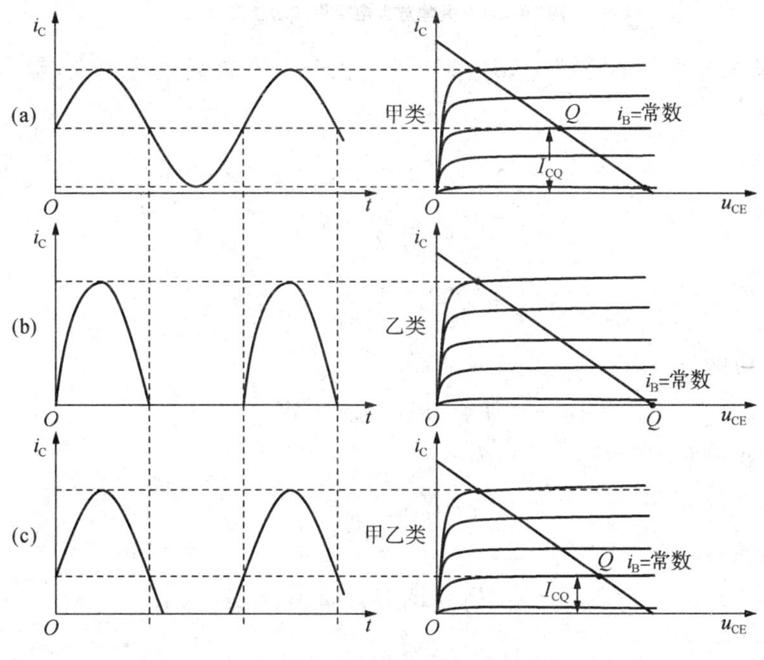

图 10.1.4　不同方式下的工作情况

10.2　功率放大电路

10.2.1　甲类功率放大电路

前面章节的所有电压放大电路均为甲类工作方式，下面通过两个例题来看一下这些电路是否适合用作功率放大电路。

【例 10.2.1】　如图 10.2.1 所示共集电路，$V_{CC}=8\ \text{V}$，$R_L=8\ \Omega$，$\beta=50$，设饱和管压降 $U_{CES}=0$，求电路可能达到的最大不失真输出功率和效率。

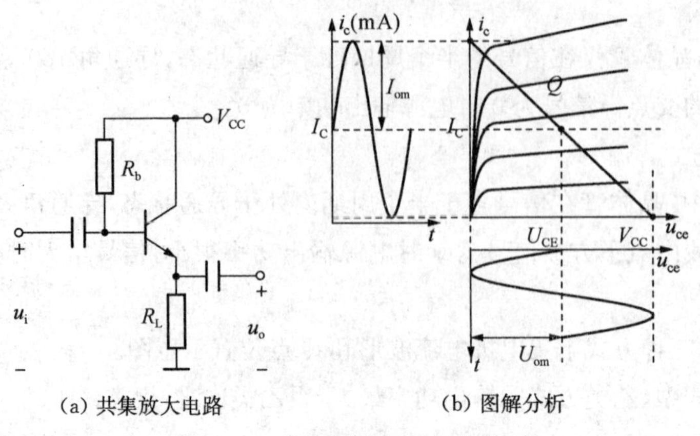

(a) 共集放大电路　　(b) 图解分析

图 10.2.1　共集放大电路用作功放图解

解:当电路工作在甲类方式下,静态工作点位于交流负载线的中点,输出最大电压和电流。

静态时

$$U_{CEQ}=\frac{V_{CC}}{2}=4\ \text{V}$$

$$I_{CQ}=\frac{U_{CEQ}}{R_L}=\frac{1}{2}\frac{V_{CC}}{R_L}=0.5\ \text{A}$$

电源供给功率

$$P_V=V_{CC}I_{CQ}=4\ \text{W}$$

三极管消耗功率

$$P_T=U_{CEQ}I_{CQ}=2\ \text{W}$$

负载上消耗的功率

$$P_R=R_L I_{CQ}^2=2\ \text{W}$$

动态时输出功率

$$P_o=U_o\times I_o=\frac{U_{om}}{\sqrt{2}}\times\frac{I_{om}}{\sqrt{2}}=\frac{1}{2}\frac{U_{om}^2}{R_L}$$

如果输入信号足够大,输出得到的最大值

$$U_{om}=\frac{V_{CC}}{2}=4\ \text{V}$$

最大输出功率

$$P_{omax}=\frac{1}{2}\frac{U_{om}^2}{R_L}=\frac{1}{8}\frac{V_{CC}^2}{R_L}=1\ \text{W}$$

电源提供的功率

$$P_V=V_{CC}I_{CC}=V_{CC}2\,\frac{1}{2\pi}\int_0^{\pi}i_C\,\mathrm{d}(\omega t)$$

$$=V_{CC}2\,\frac{1}{2\pi}\int_0^{\pi}\frac{V_{CC}-U_{CES}}{R_L}\sin\omega t\,\mathrm{d}(\omega t)$$

$$=V_{CC}I_{CQ}=4\ \text{W}$$

效率

$$\eta=\frac{P_o}{P_V}$$

最大效率

$$\eta_{max}=\frac{P_{omax}}{P_V}=25\%$$

题中将饱和管压降U_{CES}近似为0，实际应用中，大功率管的饱和管压降常为2～3 V，一般不能忽略。考虑管压降后，电路分析将变得不同。

【例 10.2.2】 如图10.2.2所示的共射电路，$V_{CC}=12$ V，$\beta=100$，$U_{BE}=0.7$ V，$U_{CES}=1$ V，$R_L=8\ \Omega$，求电路可能达到的最大不失真输出功率，求此时电路的效率。

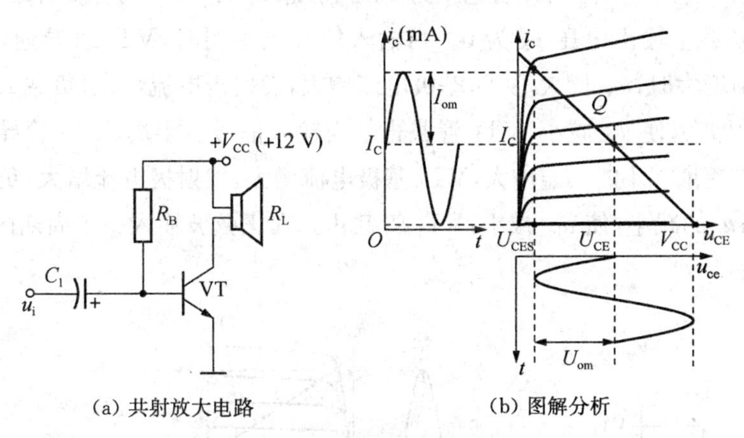

(a) 共射放大电路　　(b) 图解分析

图 10.2.2　共射放大电路用作功放图解

解: 输出功率

$$P_o=U_oI_o=\frac{U_{om}}{\sqrt{2}}\frac{U_{om}}{\sqrt{2}R_L}=\frac{U_{om}^2}{2R_L}$$

$$U_{om}=\frac{V_{CC}-U_{CES}}{2}=5.5\ \text{V}$$

最大输出功率

$$P_{omax}=\frac{1}{8}\frac{(V_{CC}-U_{CES})^2}{R_L}=1.9\ \text{W}$$

$$I_{CQ}=\frac{V_{CC}-U_{CES}}{2R_L}=0.7\ \text{A}$$

$$P_V=V_{CC}I_{CQ}=8.4\ \text{W}$$

最大效率

$$\eta_{max}=\frac{P_{omax}}{P_V}=22.6\%$$

由两个例题可知，共集电路构成的甲类功放输出功率较小，效率较低，采用共射方式构成的甲类功放，效率也较低。原因在于输入信号为0(静态)时，输出信号为0，输出功率为0，电源提供的功率全部消耗在管子和电阻上；输入信号不为0(动态)时，电源提供的功率一小部分转换为有用的输出功率。可以证明，忽略管压降时，甲类功放理想效率最高仅为25%，不符合功放追求的高效率的要求，所以实际中，功放电路不常采用甲类工作方式。

10.2.2 乙类互补对称推挽功放

目前常用的有无输出变压器的功率放大器(OTL 电路)和无输出电容的功率放大器(OCL 电路)。

1) OCL 乙类功放工作原理

图 10.2.3(a)为 OCL 乙类互补对称推挽功放，采用两个性能完全相同的 PNP、NPN 晶体管构成。设晶体管 b—e 间的开启电压为 0。当静态 u_i 为 0 时，两管发射结电压为 0，两管截止，不工作，负载上输出电压 u_o 为 0。当输入信号正半周时，VT_1 管导通，VT_2 管截止。当 $u_i>0$ 且逐渐增大时，u_{be1} 增大，VT_1 基极电流增大，发射极电流增大，负载 R_L 获得自上而下的电流；u_i 的增大，使 u_{eb2} 减小，VT_2 管截止。当输入信号负半周，VT_2 管导通，VT_1 管截止。当 $u_i<0$ 且逐渐减小时，u_{eb2} 增大，VT_2 基极电流增大，发射极电流增大，负载 R_L 获得自下而上的电流；u_i 的减小，使 u_{be1} 减小，VT_1 管截止。在正弦波输入一个周期内，负载上得到完整的正弦波。

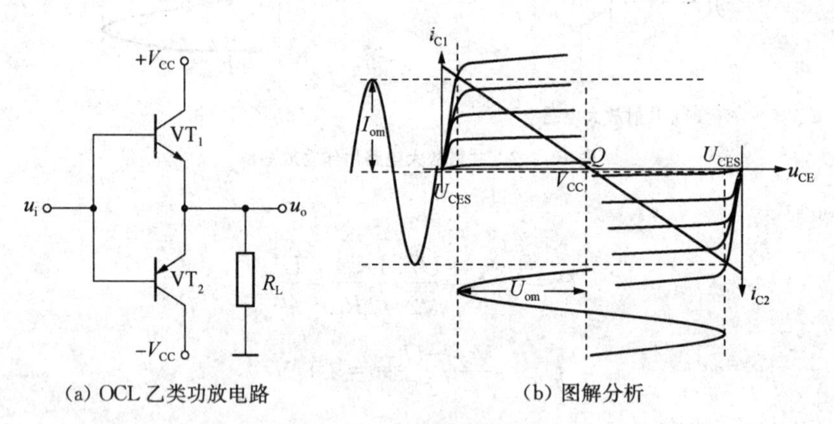

(a) OCL 乙类功放电路 (b) 图解分析

图 10.2.3 OCL 乙类功放图解

2) OCL 乙类功放参数

以输入正弦波为例。

(1) 输出功率

$$P_o=U_oI_o=\frac{U_{om}}{\sqrt{2}}\frac{U_{om}}{\sqrt{2}R_L}=\frac{U_{om}^2}{2R_L} \tag{10.2.1}$$

如果输入信号足够大，输出得到的最大值

$$U_{om}=V_{CC}-U_{CES}$$

最大不失真输出功率 P_{om}

$$P_{om}=\frac{U_{om}^2}{2R_L}=\frac{(V_{CC}-U_{CES})^2}{2R_L}\approx\frac{V_{CC}^2}{2R_L} \tag{10.2.2}$$

（2）直流电源提供功率

电路中，两路电源在一个周期内轮流供电，电路的对称性使两路电源提供的功率相等，总功率为单个电源提供功率的两倍。

$$P_V=V_{CC}I_{CC}=V_{CC}2\frac{1}{2\pi}\int_0^{\pi}I_{om}\sin\omega t\,d(\omega t)$$

$$=V_{CC}2\frac{1}{2\pi}I_{om}2=\frac{2V_{CC}}{\pi}\frac{U_{om}}{R_L} \tag{10.2.3}$$

$U_{om}\approx V_{CC}$时，$P_{V_m}=\frac{2V_{CC}^2}{\pi R_L}$。

（3）效率

$$\eta=\frac{P_o}{P_V}=\frac{\pi}{4}\frac{U_{om}}{V_{CC}} \tag{10.2.4}$$

$U_{om}\approx V_{CC}$时，$\eta_{max}=\frac{\pi}{4}\approx78.5\%$。

（4）管耗

总管耗是电源提供功率与输出功率之差。

$$P_T=P_V-P_O=\frac{2V_{CC}}{\pi}\frac{U_{om}}{R_L}-\frac{U_{om}^2}{2R_L} \tag{10.2.5}$$

管耗最大值P_{Tmax}可用求导获得。用P_T对U_{om}求导，并令导数=0，可以得出P_{Tmax}发生在$U_{om}=0.64V_{CC}$处。将$U_{om}=0.64V_{CC}$代入P_T表达式得到管耗最大值

$$P_{Tmax}\approx0.4P_{om}$$

两管一个周期内轮流导通，管耗相等。总管耗是单管耗的两倍。因此单管管耗为

$$P_{T1max}=P_{T2max}=\frac{1}{2}P_{Tmax}=0.2P_{om} \tag{10.2.6}$$

（5）功率管参数的选择

① 晶体管承受的最大管压降

两个管子中，处于截止状态的管子承受较大的管压降。当输入信号正半周，u_i由0增大至峰值时，VT_1导通，集电极和射极C_1E_1间电压为饱和管压降U_{CES}，两管的发射极电位u_E也从0增大至最大值$V_{CC}-U_{CES}$；VT_2截止，使E_2C_2间管压降为$u_E=V_{CC}-U_{CES}-(-V_{CC})=2V_{CC}-U_{CES}$。同理，输入信号负半周，$VT_1$管$C_1E_1$承受的管压降为$2V_{CC}-U_{CES}$。考虑一定的余量，要求管子承受的最大管压降

$$U_{(BR)CEO}>2V_{CC} \tag{10.2.7}$$

② 集电极最大电流

晶体管的集电极电流近似等于发射极电流，发射极电流等于负载上的输出电流。负载上的输出电压最大值为$V_{CC}-U_{CES}$，最大输出电流为$\frac{V_{CC}-U_{CES}}{R_L}$，考虑一定余量，集电极电流

需要满足

$$I_{CM}>\frac{V_{CC}}{R_L} \tag{10.2.8}$$

③ 集电极最大功耗

前面已经分析得到，晶体管的最大管耗发生的时刻不在 $u_i=0$ 或 $u_i=U_{om}$时。可以列出 P_{CM}与 U_{om} 的表达式，利用 P_{CM} 对 U_{om} 求导，令导数为 0，求得最大值，对应的单管管耗 $0.2P_{om}$，选管时要求

$$P_{CM}>0.2P_{om} \tag{10.2.9}$$

【例 10.2.1】 如图 10.2.4 所示为 OCL 乙类互补推挽功放，$V_{CC}=20$ V，$R_L=6$ Ω，u_I 为正弦波，求：(1) $U_{CES}=2$ V，输入信号足够大时，负载可能得到的最大输出功率和最大效率。(2) 如果输入为 8 V 有效值，求输出功率和管耗。

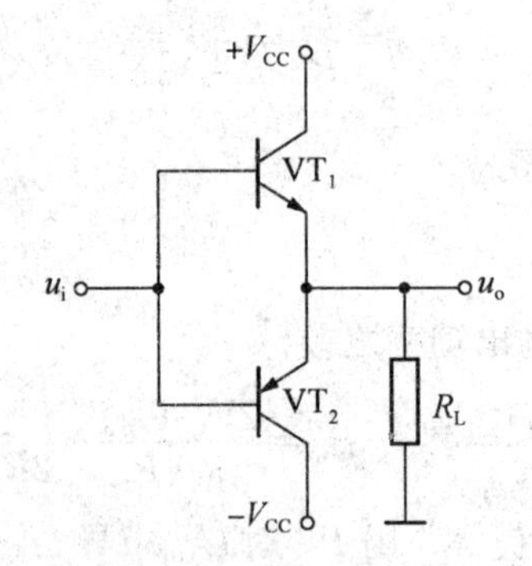

图 10.2.4 例 10.2.1 图

解：(1) 负载可能得到的最大输出功率

$$P_{om}=\frac{U_{om}^2}{2R_L}=\frac{(V_{CC}-U_{CES})^2}{2R_L}=13.5\ \text{W}$$

直流电源提供功率

$$P_V=V_{CC}I_{CC}=V_{CC}2\frac{1}{2\pi}\int_0^{\pi}I_{om}\sin\omega t\,d(\omega t)$$

$$=V_{CC}2\frac{1}{2\pi}I_{om}2=\frac{2V_{CC}}{\pi}\frac{U_{om}}{R_L}$$

$$P_{Vm}=\frac{2V_{CC}(V_{CC}-U_{CES})}{\pi R_L}=38.2\ \text{W}$$

可能得到的最大效率

$$\eta=\frac{P_o}{P_V}=\frac{\pi}{4}\frac{U_{om}}{V_{CC}}=70.7\%$$

(2) 从单管电路来看，属于共集电路，射极跟随器，输出电压与输入相等，

$$U_o=8\ \text{V}$$

$$P_o=\frac{U_o^2}{R_L}=10.7\ \text{W}$$

$$P_{T1}=P_{T2}=0.2P_o=2.14\ \text{W}$$

3）乙类功放存在的问题

功放管的 i_B 必须在 $|u_{BE}|$ 大于死区电压时才有显著变化，当 $|u_{BE}|$ 低于此值时，两管均截止，i_{C1}，i_{C2} 几乎为 0，负载上无电流通过，出现一段死区。此现象称为交越失真，如图 10.2.5 所示。交越失真是乙类功放不可避免的问题。

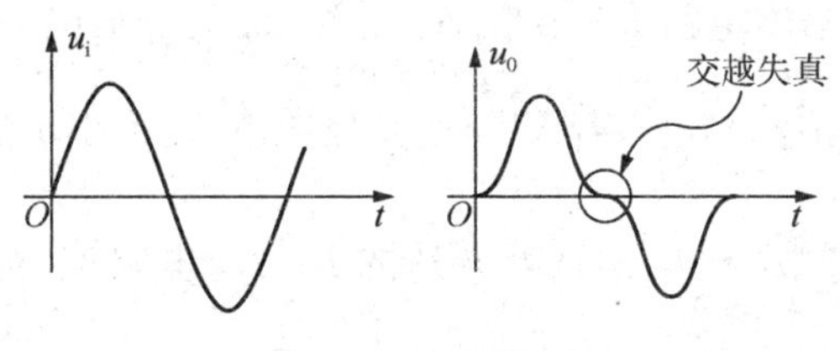

图 10.2.5　交越失真

10.2.3　甲乙类功放

为克服乙类功放特有的交越失真，可以外加偏置电压，以克服管子的门槛电压。通常在两管基极间加上两个二极管或二极管和电阻的组合，使两基极间有一定的电压值，供给两管一定的正偏压，使两管静态时处于微导通状态。

图 10.2.6 中，静态时，从 $+V_{CC}$ 经过 R_1、VD_1、VD_2、R_2 到 $-V_{CC}$ 有直流电流，在两管基极间产生的电压为 $U_{B1B2}=U_{D1}+U_{D2}$，其略大于两管发射结开启电压之和，从而使两管处于微导通状态——甲乙类工作状态，基极有微小的电流。由于电路对称，射极静态电位为 0。

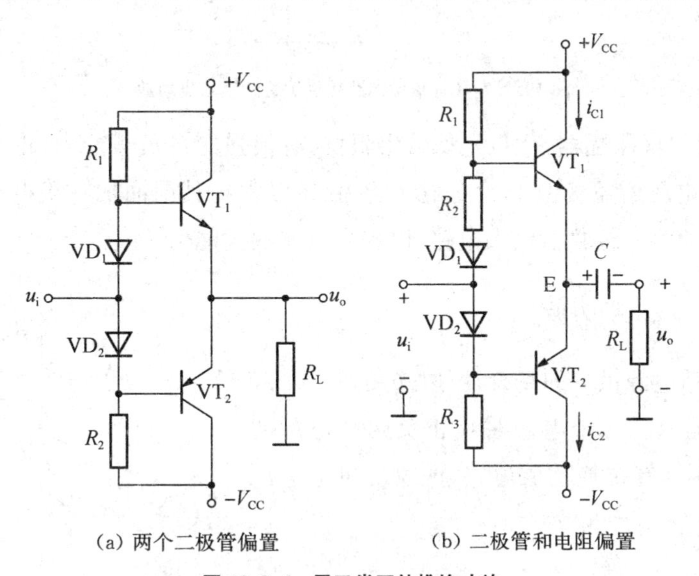

(a) 两个二极管偏置　　(b) 二极管和电阻偏置

图 10.2.6　甲乙类互补推挽功放

动态时，u_i 加入正弦信号。u_i 正半周时，VT_2 截止，VT_1 基极电位进一步提高，VT_1 进入良好的导通状态；负半周时，VT_1 截止，VT_2 基极电位进一步降低，VT_2 进入良好的导通状态。由于二极管的动态电阻很小，所以可以认为两管基极电位的变化近似相等，即认为两管基极的电位差恒定，两个基极电位随 u_i 变化相同。当 $u_i>0$ V 且逐渐增大时，u_{BE1} 增大，VT_1 管基极电流增大，射极电流也增大，负载上获得正方向的电流；而 u_i 的增大使 u_{EB2} 减小，当减小到一定数值时，VT_2 管截止。同理，当 $u_i<0$ V 且逐渐减小时，u_{EB2} 增大，VT_2 管基极电流增大，射极电流也增大，负载上获得负方向的电流；而 u_i 的减小使 u_{BE1} 减小，当减小到一定数值时，VT_1 管截止。所以，即使 u_i 很小，也总能保证至少有一只管子导通，从而消除了交越失真。

集成功放中常用 U_{BE} 倍增电路来提供偏置，如图 10.2.7 所示。VT_4 处于放大区时，U_{BE4} 近似为常数，R_2 中的电流 $I_{R2}=\dfrac{U_{BE4}}{R_2}$，若 VT_4 的基极电流 I_{B4} 远小于流过 R_1、R_2 的电流，则有 $U_{B1B2}=I_{R2}(R_1+R_2)=\dfrac{U_{BE4}}{R_2}(R_1+R_2)$，选择合适的 R_1、R_2 电阻值，可以满足 B_1B_2 间偏置电压的要求。

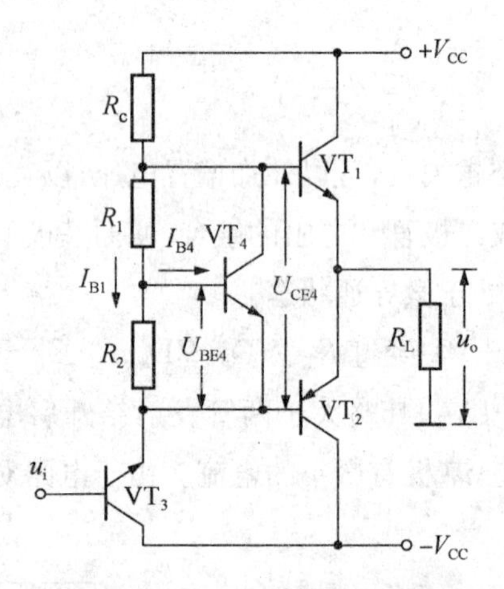

图 10.2.7　U_{BE} 倍增电路提供偏置的甲乙类功放

OCL 电路是射极跟随器，优点是低输出阻抗，有很强的带负载能力，正是输出级所必需的。但该类电路电压增益接近 1，没有放大能力，所以常在其前面加一级电压放大电路。图 10.2.7 中，VT_3 为第一级共射放大电路，以提高电压放大能力。

10.2.4　OTL 乙类功放

某些只能由单电源供电的场合，可以采用图 10.2.8 所示的电路，用电容和一个电源替代正负两个电源的作用，构成单电源互补推挽功放电路，两管的供电电压均为 $\dfrac{V_{CC}}{2}$。

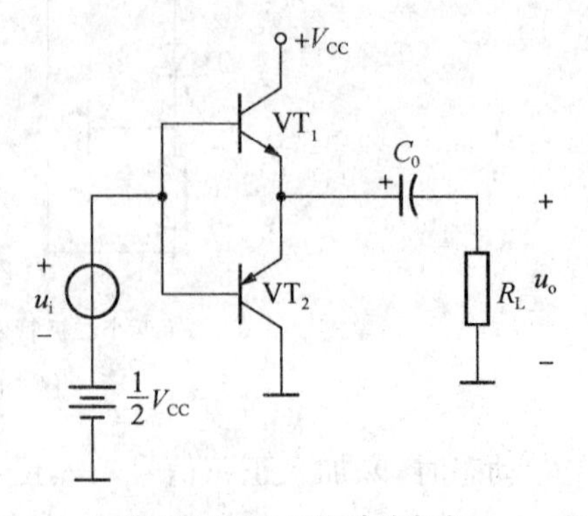

图 10.2.8　OTL 功放电路

输入 $u_i=0$ 时，基极电压为 $\dfrac{V_{CC}}{2}$，电容上的电压也为 $\dfrac{V_{CC}}{2}$。$u_i>0$ 时，VT_1 导通，VT_2 截止，有电流流过负载，

同时向电容充电；$u_i<0$ 时，VT_2 导通，VT_1 截止，电容通过负载放电。当电容值足够大，输入的交流信号对电容端电压基本无影响，电容相当于一个电源，为 VT_2 提供工作电压。可认为电容对交流信号短路，电容两端仅有直流电压，值为$\frac{V_{CC}}{2}$。C 值由电路的下限截止频率决定，$C\geqslant\frac{1}{2\pi f_L R_L}$。$f_L$ 为功放要求的下限截止频率。

图 10.2.9 为 OTL 甲乙类功放，工作原理与前面章节所示 OCL 甲乙类和 OTL 乙类功放相似。常用的电路如图 10.2.10 所示。VT_3 和电流源组成共射电路，作为第一级放大电路；VT_3 的集电极电位等于输出端电位；VT_1 基极和 VT_3 集电极为电流源，提供静态工作电流，也作为 VT_3 的有源负载，提高该级的电压增益。R_1 引入电压并联负反馈，以稳定输出电压。调节 R_1 可以使静态时 VT_1、VT_2 射极电位为$\frac{V_{CC}}{2}$。

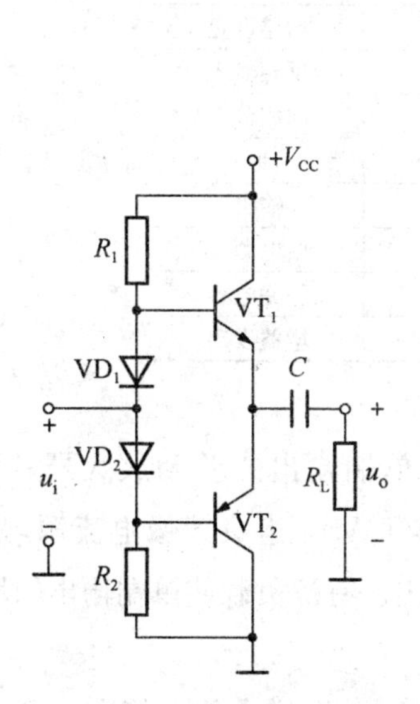

图 10.2.9 OTL 甲乙类功放

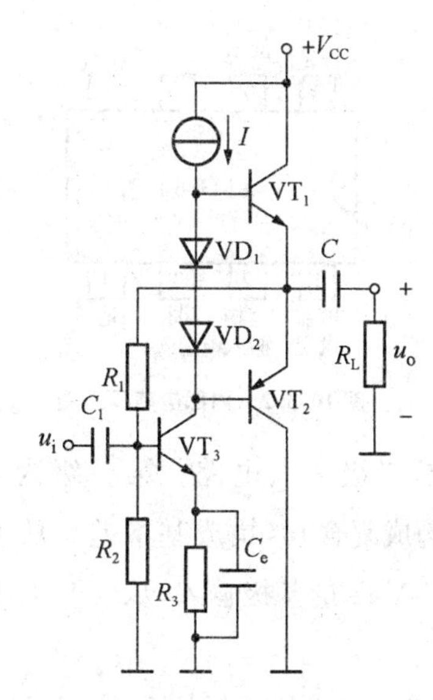

图 10.2.10 共射电路当驱动级的 OTL 电路

10.3 集成功率放大器

1) LM386 音频功放

LM386 音频集成功放具有功耗低、电压增益可调、电源电压范围大、外接元件少等特点，常用于录音机和收音机中。

图 10.3.1 为 LM386 内部电路原理图，图 10.3.2 为内部电路管脚图，表 10.1 为管脚介绍，其为单电源供电 OTL。

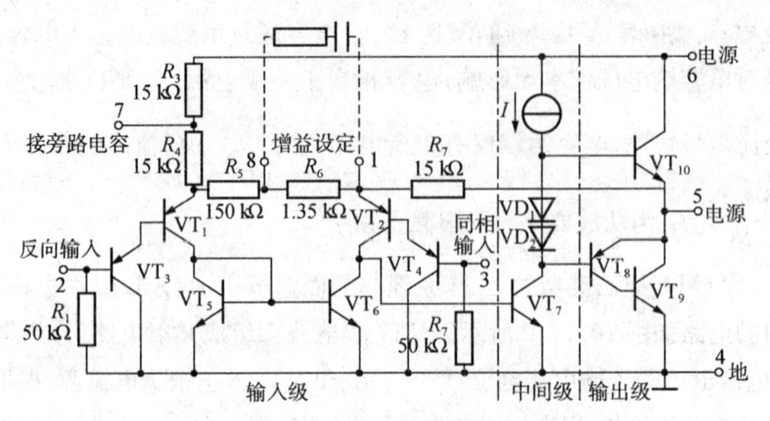

图 10.3.1 内部电路原理图

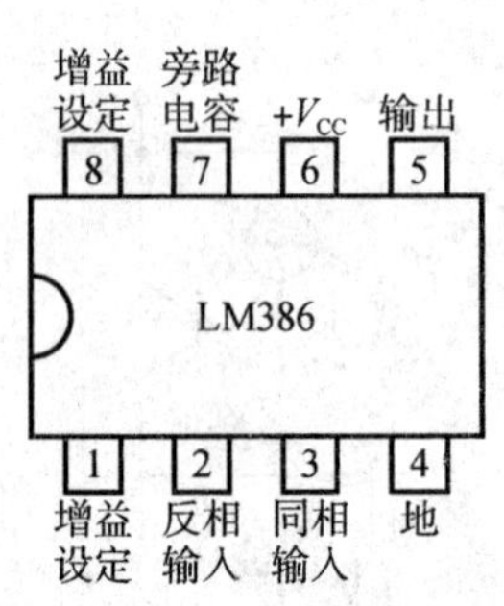

图 10.3.2 内部电路原理图

表 10.1 LM386 管脚

管脚	功能
1	增益设定
2	反相输入
3	同相输入
4	地
5	输出
6	电源
7	旁路电容
8	增益设定

内部电路是三级放大电路。第一级为双端输入单端输出的差动放大器，VT_1VT_3、VT_2VT_4 分别构成复合管，构成基本差分放大电路。VT_5VT_6 组成镜像电流源，是有源负载。信号从 VT_3VT_4 的基极输入，从 VT_2 的集电极输出。有源负载使单端输出的增益近似等于双端输出。

第二级为 VT_7 构成的共射放大，恒流源为其有源负载，以增大放大倍数。第三级为甲乙类功放。由 VT_8VT_9 构成的复合 PNP 管和 NPN 管 VT_{10}组成。电阻 R_7 与 R_5R_6 构成电压串联负反馈网络，使电路具有稳定的电压增益。

2）集成功放的主要性能指标

常用集成功放的主要参数如表 10.2 所示。

表 10.2 几种集成功放的主要参数表格

型 号	LM386-4	LM2877	TDA2030
电路类型	OTL	OTL	单通道
电源电压范围	5～18 V	6～24 V	±6～±36 V
静态电源电流	4 mA	25 mA	40 mA
输入阻抗	50 kΩ	—	5 MΩ
输出功率	1 W(V_{CC}=16 V,R_L=32)	4.5 W	14 W(V_{CC}=14 V,R_L=4)
电压增益	26～46 dB	70 dB(开环)	90 dB(开环)
频带宽	300 kHz(1、8 开路)	—	10～140 Hz
总谐波失真	0.2%	0.07%	0.05%

3）集成功放的接法

1 脚 8 脚外接不同的电阻时，电压放大倍数在 20～200 间可调。1 脚和 8 脚悬空时，电压增益内置为 20，此时外围元件最少；1 脚和 8 脚接电容时，电压增益为 200；1 脚和 8 脚串接电阻和电容时，改变电阻值将得到不同的增益值，如图 10.3.3 所示为一般接法。7 脚和地间接 10 μF 旁路电容。

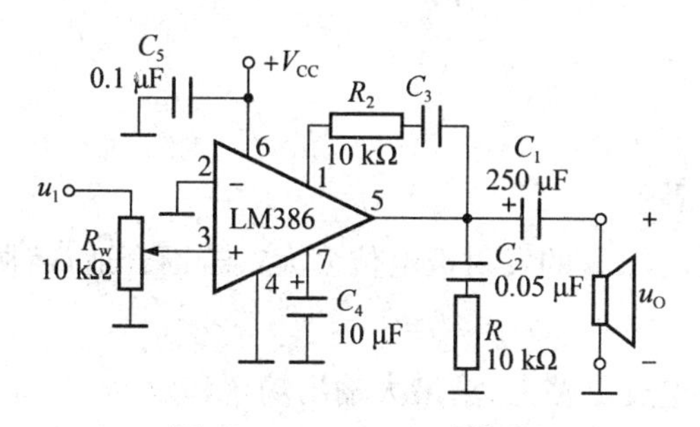

图 10.3.3　LM386 一般接法

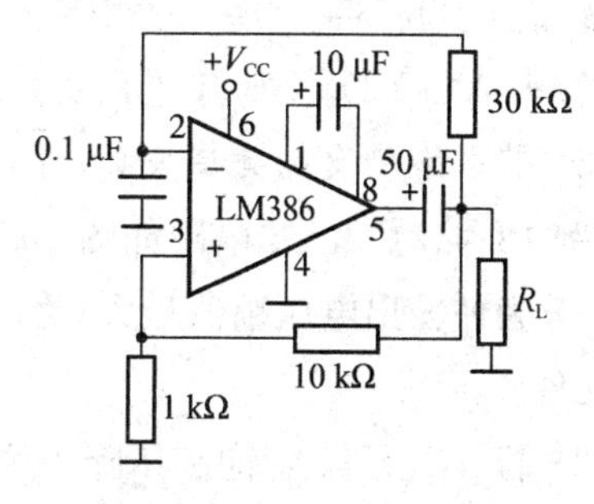

图 10.3.4　矩形波发生电路

将 LM386 作为运算放大器，可以构成一定功率输出的正弦波和矩形波发生器，如图 10.3.4 所示，原理与集成运算放大器相似。

10.4　复合管

互补推挽电路需要特性对称的互补管，常用复合管来实现。复合管是由两个或两个以上的三极管按照一定的连接方式组成的等效三极管，又称为达林顿管。

复合管可以由相同类型的管子复合而成，也可以由不同类型的管子复合连接，其连接的方法有多种。连接的基本规律为小功率管放在前面，大功率管放在后面。连接时要保证每根管都工作在放大区域，保证每根管的电流通路（见图 10.4.1）。

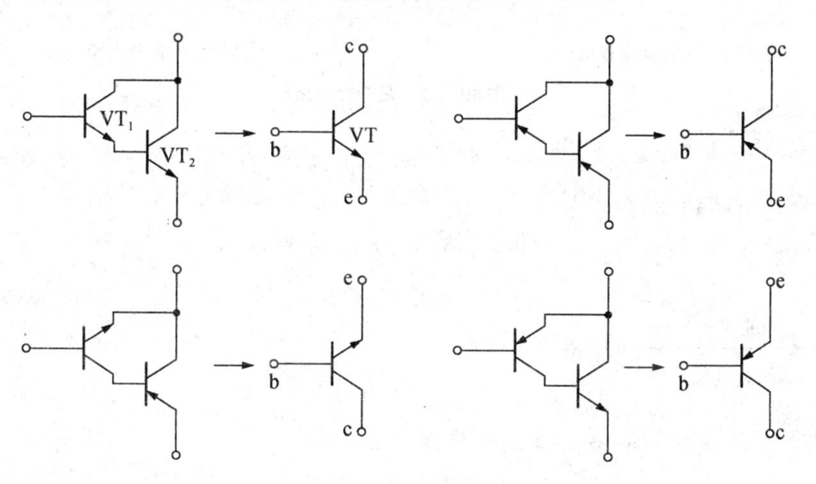

图 10.4.1　复合管的接法

复合管的特点:(1) 复合管的类型与组成复合管的第一只三极管的类型相同。(2) 复合管的电流放大系数 β 近似为组成该复合管的三极管电流放大系数的乘积,$\beta=\beta_1\beta_2\beta_3\cdots$。

【例 10.4.1】 已知电路如图 10.4.2(a)所示。(1) VT_1VT_3 和 VT_2VT_4 分别相当于什么类型的管子?(2) $R_2VD_1VD_2$ 有什么作用?(3) 若电路仍发生交越失真,应调节哪个电阻,如何调节?

解:(1) VT_1VT_3 相当于 NPN 管,VT_2VT_4 相当于 PNP 管。

(2) $R_2VD_1VD_2$ 是为了克服交越失真。

(3) 若电路仍发生交越失真,可增大 R_2。

【例 10.4.2】 已知电路如图 10.4.2(b)所示。

(1) 为使输出电压幅值最大,静态时 VT_2VT_4 管的发射极电位多大?若不合适,需调节哪个元件?

(2) 若 VT_2VT_4 管饱和压降为 2 V,输出电压足够大,求最大输出功率和效率。

(3) VT_2VT_4 管如何选管?

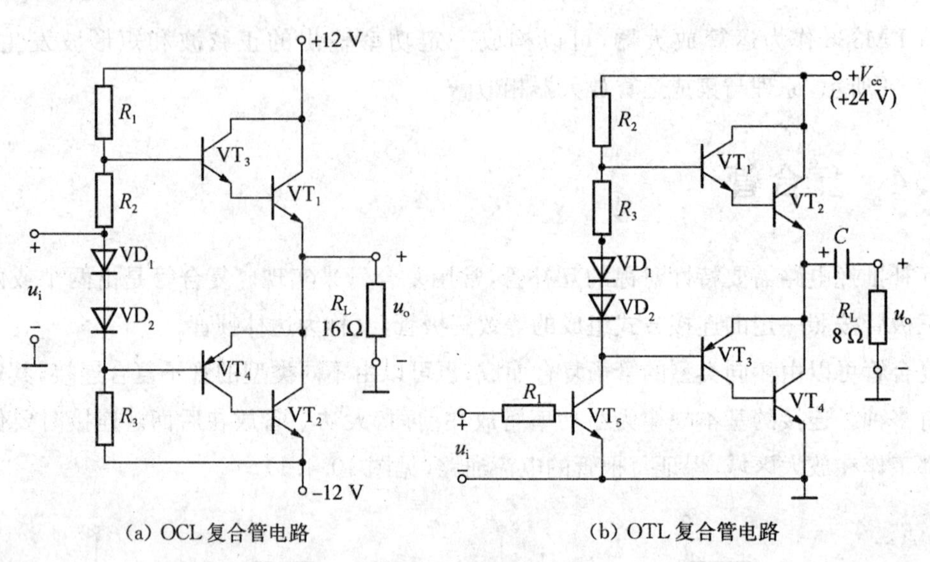

(a) OCL 复合管电路　　(b) OTL 复合管电路

图 10.4.2　复合管电路

解:(1)12 V,调节 R_2。

(2) $P_{omax}=\dfrac{\left(\dfrac{1}{2}V_{CC}-U_{CES}\right)^2}{2R_L}=6.25\ \text{W}$

$$\eta=\frac{\pi}{4}\times\frac{\frac{1}{2}V_{CC}-U_{ces}}{\frac{1}{2}V_{CC}}=0.65$$

(3) 集电极管压降 $U_{(BR)CEO}>V_{CC}=24\ \text{V}$

集电极电流需要满足 $I_{CM}>\dfrac{\frac{1}{2}V_{CC}}{R_L}=1.5\ \text{A}$

集电极最大功耗 $P_{CM}>0.2P_{om}=1.3$ W。

10.5　微项目演练

1）LM386 无线对讲电话

电路原理图如图 10.5.1 所示。

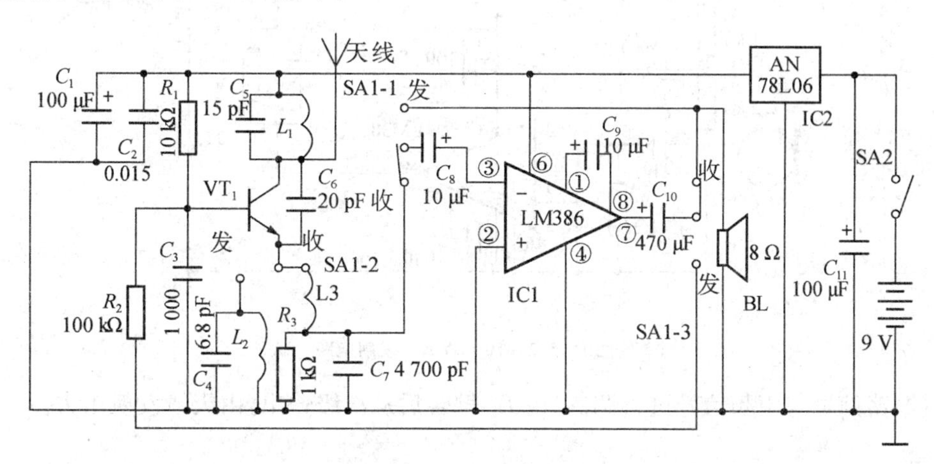

图 10.5.1　无线对讲电话电路

工作在 FM(88～108 MHz)，通话距离 1 km。

SA_1 波段开关，VT_1 可选 8050、9014 等型号，$P_{cm}=1$ W，$f=100$ MHz，发射可用 1.2～1.5 m 拉杆天线，或用 FM 发射专用橡胶天线，固定在电路板上。

当 SA_1 开关处于发信位置时，扬声器 BL 将声音变为电信号，经 C_8 耦合加到 386 的 3 脚，放大后从 7 脚输出，经 C_{10} 及负载电阻 R_2 反馈到振荡管 VT_1 基极。VT_1、L_1、L_2、C_5、C_4、C_6 构成高频振荡电路，高频信号受话音信号调制后，从 VT_1 集电极输出，由天线向外发射。VT_1 为振荡管，也为射频功放。

当 SA_1 开关处于收信状态，VT_1、L_1、L_3、C_5、C_7、C_6、R_3 构成超再生检波电路，对天线接收的 FM 信号进行超再生检波，得到的音频信号经 C_8 耦合，IC_1 放大后，驱动扬声器发声。

2）LM386 10 mW AM 发射电路

电路原理图如图 10.5.2 所示。

电容式麦克风作为话筒拾音。386 及其外围元器件构成了音频信号放大与调制电路。VT_1、X_1 及外围电路构成了 50.620 MHz 载波振荡器，振荡频率取决于 X_1 的频率，VT_2 及外围电路构成了功率放大电路。

通电后，电容话筒 MIC 拾取的音频信号转换为电信号后，经 C_5 电容耦合加至 386 的 2 脚，经功放放大后从 5 脚输出，经 R_6、L_3 处理后加到 L_2 的初级。

VT_1 与 X_1 构成的振荡电路得电工作，产生的振荡信号经过 L_1 耦合，从次级输出后加到 VT_2 管基极，经放大后从集电极输出，也加到 L_2 初级。

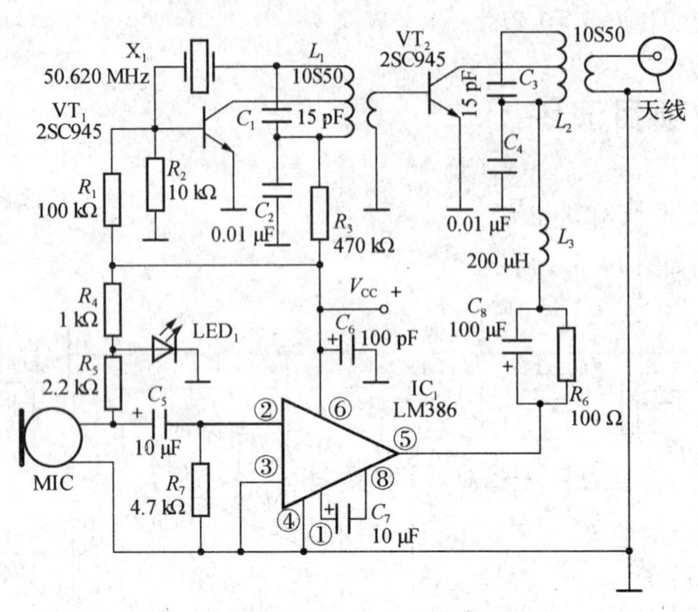

图 10.5.2　10 mW AM 发射电路

对振荡信号与声频信号进行调制，由 L_2 耦合后从次级输出，由天线发射出去。

习题 10

10.1　判断题

(1) 功放电路最大输出功率是指在基本不失真情况下，负载可获得的最大交流功率。　(　　)

(2) 通常，甲类的工作方式最高效率可达 40%。　(　　)

(3) 功率管在交流信号整个周期内导通的工作方式叫乙类。　(　　)

(4) 功放电路的转换效率指三极管消耗功率与电源提供的平均功率之比。　(　　)

(5) OCL 乙类功放电路中，最大输出功率 1 W，则三极管的集电极最大功耗约为 0.2 W。　(　　)

10.2　填空题

(1) 功率放大电路与电压放大电路的区别是____________________。

(2) 甲类、乙类和甲乙类放大电路中，________电路导通角最大；为了消除交越失真而又有较高效率的电路是________。

(3) 甲类功率放大器的效率最________(选填高或低)。能克服交越失真的功放类型为________(选填甲类、乙类、甲乙类)。

(4) 乙类互补推挽功放，管子饱和管压降为 2 V，直流电源 15 V，输入为正弦波，则静态时晶体管发射极电位为________。最大输出功率为________。电路的转换效率为________(选填大于、小于、等于)78.5%。为使电路输出最大功率，输入电压峰值应为________。正常工作时三极管能承受的最大管压降为________。

10.3　如图题 10.3 所示，双电源供电和单电源供电的两种互补推挽功放电路中，u_i 为正弦电压，已知 $V_{CC}=9$ V，$R_L=8$ Ω。

(1) 试计算理想情况下的最大输出功率 P_{omax} 和最大效率 η_{max}；

(2) 求每个管子的最大允许管耗 P_{CM} 至少应为多少；

(3) 功率管的安全工作条件。

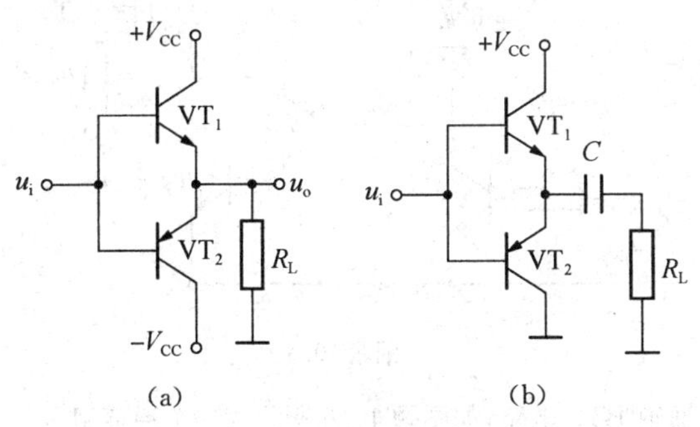

图题 10.3

10.4　如图题 10.4 所示，已知 $V_{CC}=8$ V，晶体管的 $U_{CES1}=U_{CES2}=0$ V，$R_L=8$ Ω。

(1) VT_1、VT_2 构成什么电路？

(2) VD_1、VD_2 起何作用？

(3) 若输入电压 U_I 足够大，求电路最大输出功率 P_{omax} 为多少？

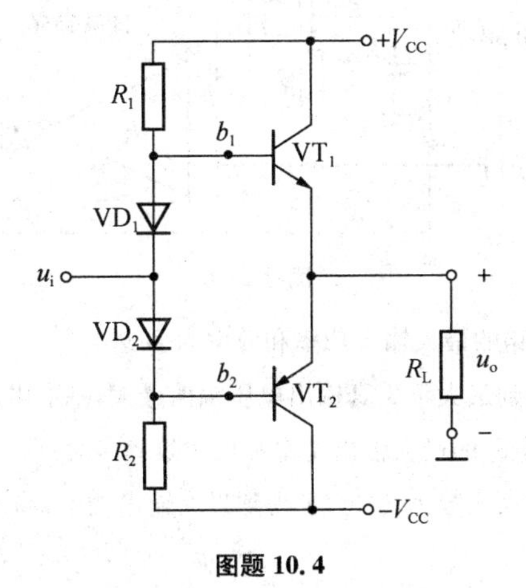

图题 10.4

10.5　如图题 10.5 所示为甲乙类功放，已知 $V_{CC}=15$ V，输入为正弦波，晶体管饱和管压降为 3 V，电压放大倍数为 1，负载 $R_L=4$ Ω。

(1) 求负载可能得到的最大输出功率和效率；

(2) 若输入电压有效值为 8 V，求负载能得到的最大输出功率。

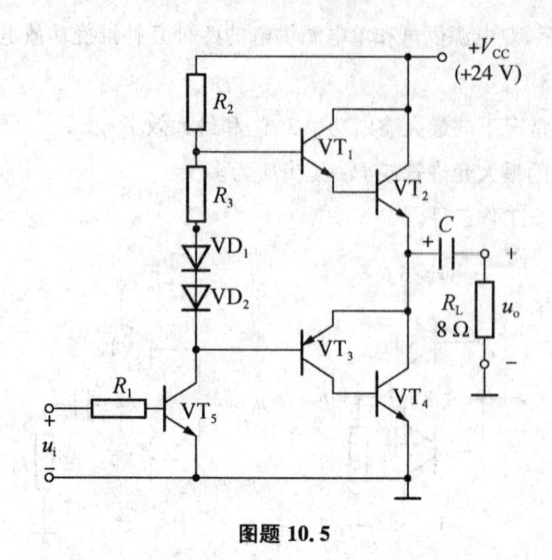

图题 10.5

10.6　TDA1556 为 2 通道 BTL 电路，如图题 10.6 所示为一个通道组成的电路，已知 $V_{CC}=15$ V，放大器的最大输出电压为 13 V。

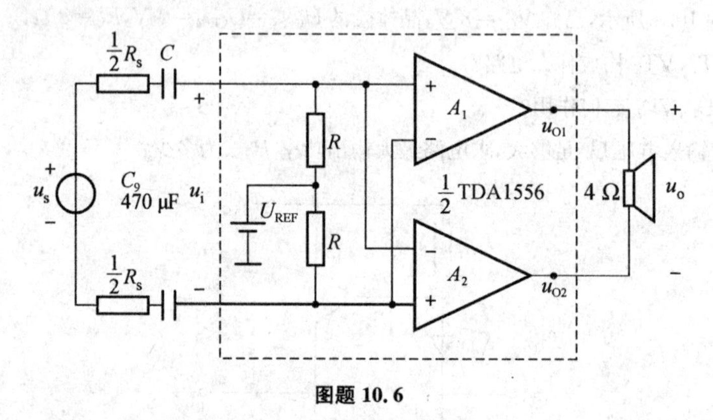

图题 10.6

(1) 若 u_i 足够大，电路的最大输出功率和效率为多少？

(2) 为了使负载上得到最大不失真输出电压幅值最大，基准电压应为多大？

(3) 若输入足够大，电路的最大输出功率和最大效率多大？

(4) 若电路的电压放大倍数为 20，为了得到最大输出功率，输入电压的有效值为多大？

11 直流稳压源

在某些实际电子电路的应用场合,如电解、电镀、蓄电池充电、直流电动机等需要直流电源。此外,多数电子仪器设备、家用电器、计算机装置中也都需要用功率小、电压稳定的直流稳压源。

小功率直流稳压电源一般由电源、整流变压器、整流电路、滤波电路和稳压电路几部分组成,其组成环节如图 11.1 所示。

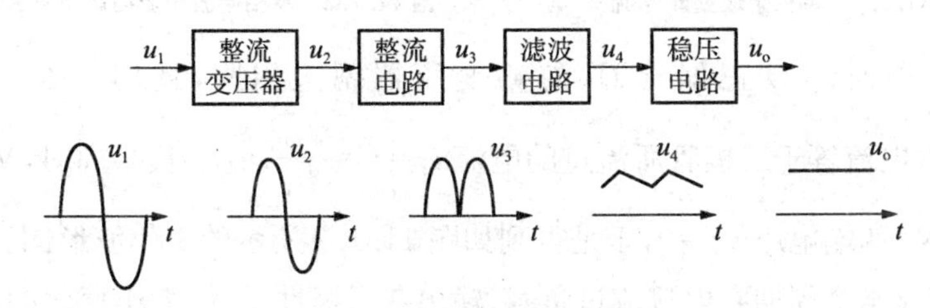

图 11.1 直流稳压电源组成方框图

(1) 整流变压器:将常规交流电压(220 V 或 380 V)变换成整流所需的交流电压值。

(2) 整流电路:将交流电变换成脉动的直流电。

(3) 滤波电路:将脉动的直流电中所含的纹波加以滤除,得到较平滑的直流电。

(4) 稳压电路:消除由于电网波动、负载或温度变化对稳压电源输出的影响,维持输出的直流电压的稳定。

11.1 单相整流电路

整流电路是将交流电变换成直流电,完成这一任务主要是靠半导体元件(如二极管)的单向导电性来实现。整流电路类型较多,按交流电源的相数,分为单相和多相整流;按整流元件的类型,分为二极管整流和可控硅整流;按流过负载的电流波形,分为半波和全波整流。

中小型电源一般使用单相交流电,因此这里只讨论单相整流电路。常见的几种整流电路有单相半波、全波和桥式等。以下分析二极管均采用理想模型,即正向导通电阻为零,反向电阻为无穷大。

11.1.1　单相半波整流电路

1）电路的组成与工作原理

如图 11.1.1 所示，单相半波整流电路结构最简单，它由整流变压器、整流二极管 VD 及负载 R_L 组成。交流电网电压经整流变压器降压后，得到电压为 $u_2=\sqrt{2}U_2\sin\omega t$，$u_2$ 为正弦波波形，设二极管 VD 为理想模型，R_L 为纯电阻负载。

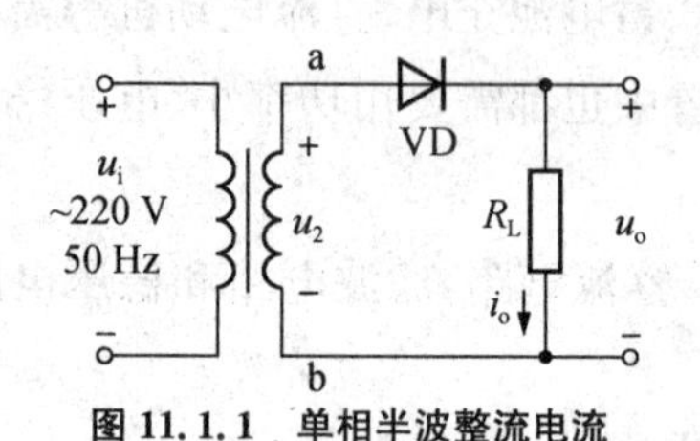

图 11.1.1　单相半波整流电流

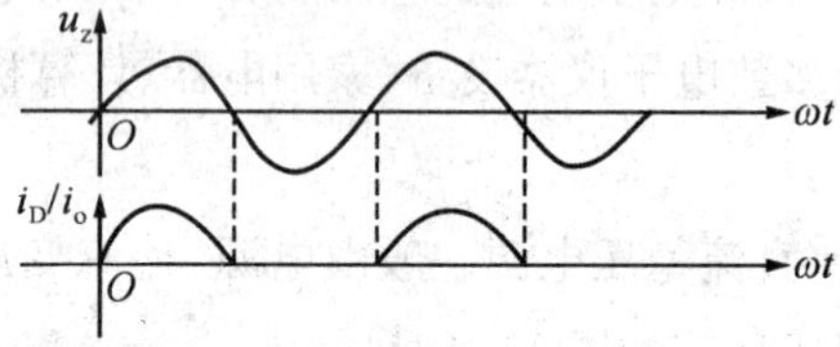

图 11.1.2　单相半波整流电路工作波形

在 u_2 正半周时，VD 正偏导通，忽略变压器副边内阻，此时输出电压 $u_o=u_2=\sqrt{2}U_2\sin\omega t$，负载电流等于二极管所流过的电流 $i_o=i_D=\dfrac{u_2}{R_L}$；u_2 在负半周时，VD 反偏截止，$i_o=i_D=0$，负载 R_L 两端电压 $u_o=0$，于是得到如图 11.1.2 所示的工作波形图。可见，在 u_2 的整个周期内，直流半个周期有电流流过负载，输出获得极性不变、大小变化的脉动直流电压，所以称为半波整流电路。

2）主要参数的计算

（1）输出电压平均值

为说明 u_o 的大小，常用它一个周期的平均值来衡量，则单相半波整流输出电压平均值为

$$U_o=\frac{1}{2\pi}\int_0^{\pi}\sqrt{2}U_2\sin\omega t\,\mathrm{d}(\omega t)=\frac{\sqrt{2}U_2}{\pi}=0.45U_2 \tag{11.1.1}$$

（2）直流电流 I_o 及流过二极管的平均电流 I_D

$$I_o=I_D=\frac{U_o}{R_L}=0.45\frac{U_2}{R_L} \tag{11.1.2}$$

（3）二极管承受的最大反向电压

$$U_{RM}=U_{2m}=\sqrt{2}U_2 \tag{11.1.3}$$

实际应用中，根据以上数值来选择合适的整流二极管，为保证电路可靠工作，一般留有 2 倍裕量。这种整流电路的优点是结构简单，所用元件少；缺点是输出波形脉动大，直流成分比较低，变压器利用率低，变压器电流含直流成分容易造成磁饱和。所以半波整流电路一般只用在输出电流较小、要求不高的场合。

11.1.2 单相桥式整流电路

1) 电路的组成与工作原理

为克服半波整流电路的缺点，实际采用最广泛的是桥式整流电路。它由 4 个二极管接成电桥的形式，如图 11.1.3(a)所示，图 11.1.3(b)是简化电路。设变压器二次侧电压 $u_2=\sqrt{2}U_2\sin\omega t$，设二极管为理想模型，$R_L$ 为电阻负载。在 u_2 正半周时，VD_1、VD_3 正偏导通，VD_2、VD_4 反偏截止，流过负载的电流的路径如图 11.1.3(a)中实线箭头所指方向。输出电压 $u_o=u_2=\sqrt{2}U_2\sin\omega t$，即在 0～π 段得到一个正弦半波电压；$u_2$ 在负半周时，VD_2、VD_4 正偏导通，VD_1、VD_3 反偏截止，此时电流的路径沿图 11.1.3(a)中虚线箭头所指方向流过负载，R_L 两端电压 $u_o=-u_2$，同样得到一个正弦半波电压，在 π～2π 段。如图 11.1.4 所示为工作波形图。可见，在 u_2 的两个半周中，都有电流流过负载 R_L，且电流方向不变，输出是单方向的脉动波形。

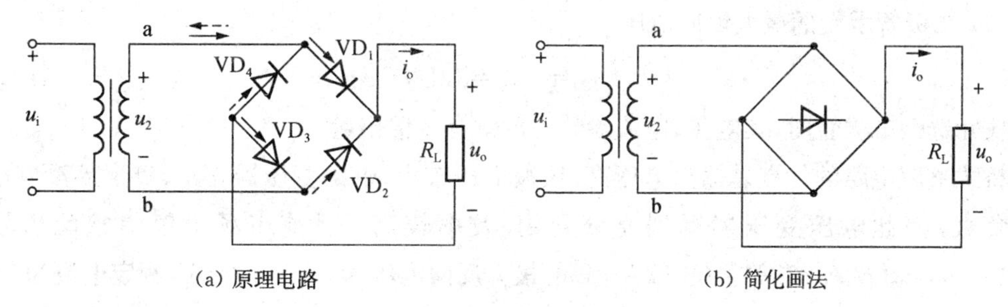

(a) 原理电路 (b) 简化画法

图 11.1.3 单相桥式整流电路

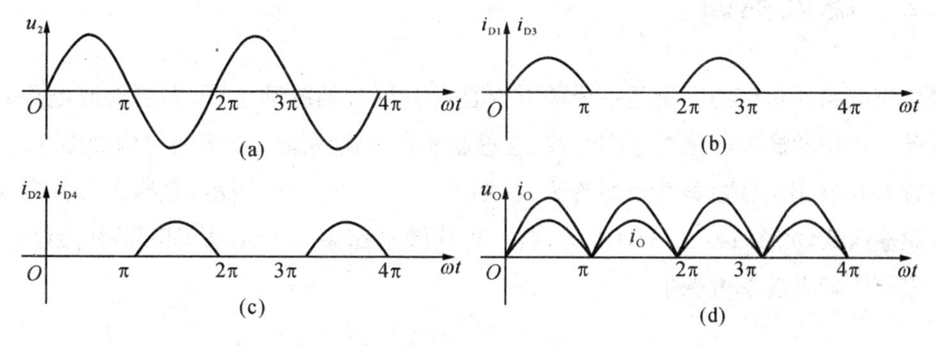

图 11.1.4 单相桥式整流电路工作波形

2) 主要参数的计算

(1) 输出电压

用傅里叶级数对输出 u_o 波形进行分解后可得

$$u_o=\sqrt{2}U_2\left(\frac{2}{\pi}-\frac{4}{3\pi}\cos2\omega t-\frac{4}{15\pi}\cos4\omega t-\frac{4}{35\pi}\cos6\omega t-\cdots\right) \tag{11.1.4}$$

式子中恒定分量即输出电压平均值

$$U_o=\frac{2\sqrt{2}U_2}{\pi}=0.9U_2 \tag{11.1.5}$$

u_o含偶次谐波分量，这些谐波分量总称为纹波，常用纹波系数K_γ来表示直流输出电压相对纹波电压的大小，即

$$K_\gamma=\frac{U_{o\gamma}}{U_o}=\frac{\sqrt{U_{o2}^2+U_{o4}^2+\cdots}}{U_o}=\frac{\sqrt{U_2^2-U_o^2}}{U_o} \tag{11.1.6}$$

式中，$U_{o\gamma}$为谐波电压总有效值，U_{o2}、U_{o4}为2次、4次谐波电压有效值。

可得，该桥式整流电路纹波系数$K_\gamma=\sqrt{\left(\frac{1}{0.9}\right)^2-1}\approx0.483$。

(2) 直流电流I_o及流过二极管的平均电流I_D

$$I_o=\frac{U_o}{R_L}=0.9\frac{U_2}{R_L} \tag{11.1.7}$$

$$I_D=\frac{1}{2}I_o=0.45\frac{U_2}{R_L} \tag{11.1.8}$$

(3) 二极管承受的最大反向电压

$$U_{RM}=U_{2m}=\sqrt{2}U_2 \tag{11.1.9}$$

实际选购二极管时，其电压、电流参数一般留有2倍裕量。

桥式整流电路的优点是输出电压高，纹波电压较小，电源变压器在正、负半周都有电流流过负载，因此电压变压器得到充分利用，效率较高。目前市场出售的整流桥堆有QL51A—G，QL62A—L等。QL62A—L的最大反向电压为25～1 000 V，额定电流为2 A。

11.2 滤波电路

经整流电路后得到的电压是一个单方向且含有纹波的脉动电压，需要滤波电路对纹波进行滤除。常用的滤波电路有电容滤波、电感滤波和复式滤波。常用的结构如图11.2.1所示。电容C接在最前面的称为电容输入式，如图11.2.1(a)、(c)所示，电感L接在最前面的称为电感输入式，如图11.2.1(b)所示，前一种滤波电路多用于小功率电源中，而后一种滤波电路多用于较大功率电源中。

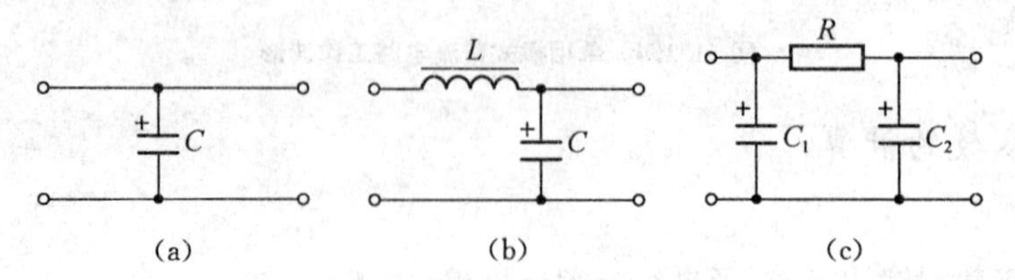

图11.2.1 滤波电路的基本结构

11.2.1 电容滤波电路

1) 电路的组成与工作原理

电容滤波是小功率整流电路的主要滤波形式，它利用电容两端电压不能突变的特性使负载电压波形平滑，因此电容应与负载并联。图 11.2.2 为单相桥式整流电容滤波电路。并联电容器在电源供给的电压升高时，能将部分能量存储起来，而当电源电压降低时，又把电场能量释放出来，以使负载电压比较平滑，达到滤波目的。

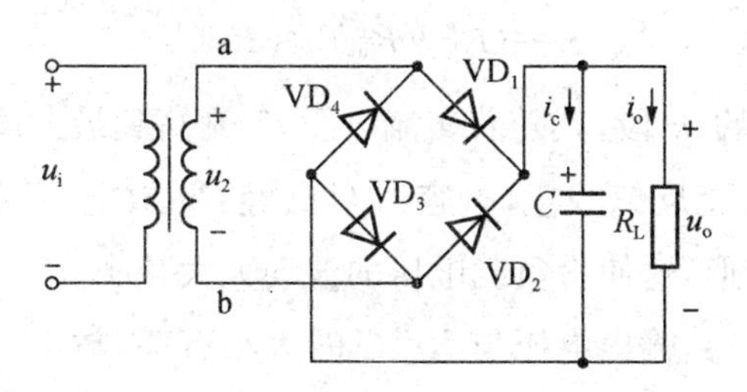

图 11.2.2 桥式整流、电容滤波电路

负载未接入时，设电容两端初始电压为零，接入交流电源后，当 u_2 为正半周时，通过 VD_1、VD_3 向电容充电；u_2 为负半周时，通过 VD_2、VD_4 向电容充电。充电时间常数为

$$\tau_c = R_{in}C \tag{11.2.1}$$

式中，R_{in}包括变压器二次绕组的直流电阻和二极管 VD 的正向电阻，其值一般很小，使电容充电后很快到达交流电压 u_2 的最大值$\sqrt{2}U_2$。而由于电容无放电回路，则输出电压(电容器 C 两端电压 u_C)保持在$\sqrt{2}U_2$，输出一个恒定的直流电压，如图 11.2.3 的 $\omega t<0$ 段所示。

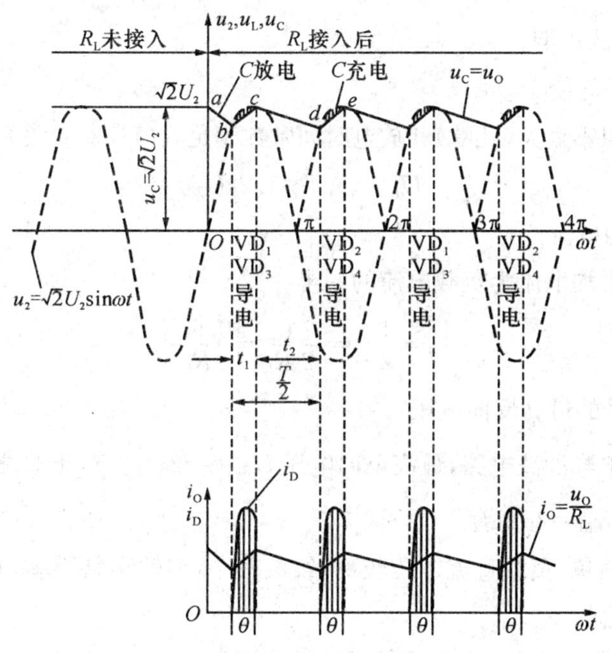

图 11.2.3 桥式电容滤波时电压、电流波形

假设 u_2 在正半周 0 开始上升时接入负载，因电容器在负载未接入前充了电，则刚接入时 $u_2<u_C$，二极管受反偏电压影响而截止，电容器 C 经 R_L 放电，放电的时间常数为

$$\tau_d=R_LC \tag{11.2.2}$$

τ_d 一般较大，所以电容两端电压 u_C 按指数规律缓慢下降。输出电压 $u_o=u_C$，如图 11.2.3 的 ab 段。同时，交流电压 u_2 按正弦上升。当 $u_2>u_C$ 时，二极管 VD_1、VD_3 正偏导通，此时 u_2 经二极管 VD_1、VD_3 一边向负载 R_L 提供电流，一边向电容器 C 充电。接入负载时的充电时间常数为

$$\tau_c=(R_L/\!/R_{in})C\approx R_{in}C \tag{11.2.3}$$

u_C 升高如图 11.2.3 的 bc 段，其随着交流电压 u_2 升高到最大值 $\sqrt{2}U_2$ 附近后，又按正弦规律下降；$u_2<u_C$ 时，二极管反偏截止，电容器 C 又经 R_L 放电，负载便得到如图 11.2.3 所示的近似锯齿波的电压波形，这使得负载电压的波动大大减小。

由此可见，电容滤波电路输出电压与 R_L、C 的大小有关，放电时间常数 τ_d 越大，电容放电越慢，u_o 的下降部分越平缓，U_o 值就越大；τ_d 越小，电容放电越快，u_o 的下降也快。$R_L=\infty$，即空载时，电容无放电回路，$U_o=\sqrt{2}U_2\approx1.4U_2$；$C=0$，即电路不接滤波电容时，$U_o=0.9U_2$。因此电路输出电压 U_o 在 $0.9U_2\sim1.4U_2$ 之间。

2）主要参数的计算

（1）滤波电容容量的确定

实际工作中，为获得较为平缓的输出电压，一般取

$$\tau_d=R_LC\geqslant(3\sim5)\frac{T}{2} \tag{11.2.4}$$

其中，T 为交流电源的周期。

（2）输出电压平均值

在整流电路内阻不太大（几欧）和放电时间常数满足式（11.2.4）关系时，负载电压 U_o 为

$$U_o=(1.1\sim1.2)U_2 \tag{11.2.5}$$

（3）二极管平均电流

流过二极管的平均电流为负载电流的一半

$$I_D=\frac{1}{2}I_o=\frac{1}{2}\frac{U_o}{R_L}=\frac{0.6U_2}{R_L} \tag{11.2.6}$$

（4）二极管承受的最高反向电压

对于桥式整流电容滤波电路，最高反向电压 $U_{RM}=\sqrt{2}U_2$。对于单相半波整流电容滤波电路，负载开路时，$U_{RM}=2\sqrt{2}U_2$。

电容滤波电路简单，负载直流电压较高，纹波较小，但输出特性差，用于负载电压较高，负载变动不大的场合。

【例 11.2.1】 单相桥式整流电容滤波电路如图 11.2.2 所示，采用 220 V、50 Hz 交流供

电。要求输出直流电压 $U_o=30$ V，负载电流 $I_o=120$ mA。试求变压器二次侧电压的有效值，并选择整流二极管和滤波电容。

解：(1) 由式(11.2.5)，取 $U_o=1.2U_2$，则

$$U_2=\frac{U_o}{1.2}=\frac{30}{1.2}=25\ \text{V}$$

(2) 由式(11.2.6)，流过整流二极管的电流

$$I_D=\frac{1}{2}I_o=0.5\times120=60\ \text{mA}$$

每个整流二极管承受的最高反向电压

$$U_{RM}=\sqrt{2}U_2=\sqrt{2}\times25\approx35\ \text{V}$$

因此可选用 2CZ52C 整流二极管(允许最大整流电流 100 mA，最大反向工作电压 100 V)。

(3) 由式(11.2.4)，取 $\tau_d=R_LC=4\times\frac{T}{2}$，则

$$\tau_d=R_LC=4\times\frac{T}{2}=4\times\frac{1}{2}\times\frac{1}{50}=0.04\ \text{s}$$

又因负载电阻

$$R_L=\frac{U_o}{I_o}=\frac{30\ \text{V}}{120\ \text{mA}}=250\ \Omega$$

所以

$$C=\frac{0.04\ \text{s}}{R_L}=\frac{0.04}{250}\ \text{F}=160\ \mu\text{F}$$

考虑电网电压波动±10%，则电容器承受的最高电压为 $U_{CM}=\sqrt{2}U_2\times1.1\approx38.5$ V，故选用标称值为 200 μF/50 V 的电解电容器。

11.2.2 电感滤波电路及复式滤波电路

1) 电感滤波

电感滤波主要利用电感中电流不能突变的特性使负载电流波形平滑，因此电感与负载串联。通过负载，电流平滑了，输出电压波形也就平稳了。如图 11.2.4 所示，当通过电感线圈的电流增大时，线圈产生自感电势来阻止电流增加，同时将一部分电能转化为磁场能储存在电感中；当电流减小时，自感电势又阻止电流减小，同时将磁场能释放出来，以补偿电流的减小。此时整流二极管 VD 仍导通，导电角增大，$\theta=\pi$，利用电感的储能作用，减小输出电压和电流的纹波，得到较平滑的直流电。忽略电感 L 上直流压降时，负载上输出的平均电压和纯电阻负载时一样，即 $U_o=0.9U_2$。要保证电感滤波电路中电流的连续性，需满足 $\omega L\gg R_L$，即电感储存的能量可维持负载电流连续。

电感滤波电路整流管的导电角较大，没有峰值电流，输出特性较平坦。缺点是由于铁芯的存在，体积大而且重，容易引起电磁干扰。一般仅适用于低电压、大电流场合。

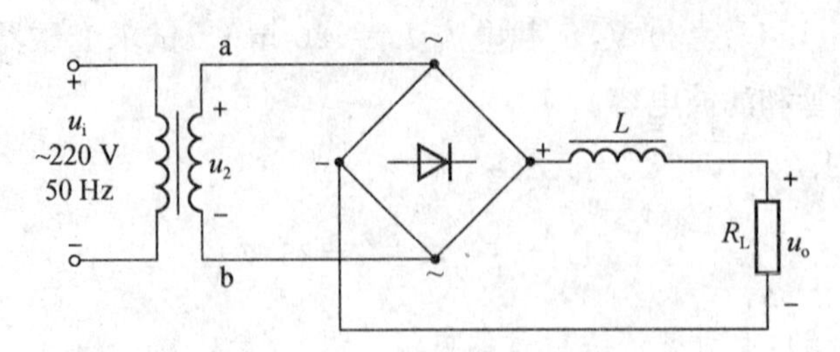

图 11.2.4 桥式整流、电感滤波电路

2) 复式滤波

为进一步减小输出电压的脉动程度，可以用电容和电感组成各种形式的复式滤波电路。如图 11.2.1(b)组成倒 L 型滤波电路。整流输出电压中的交流成分绝大部分降落在电感上，电容 C 对交流接近于短路，故输出电压中交流成分很少。因整流后先经电感滤波，总特性与电感滤波电路相近。如果要求输出电压脉动更小，可在倒 L 型滤波器的前面再并联一个电容，构成 Π 型 LC 滤波电路。

由于铁芯电感体积大，笨重，成本高，使用不方便，在负载电流不太大而要求输出脉动很小的场合，还可以将电路改进成如图 11.2.1(c)所示的 RC-Π 型滤波电路。其总特性与电容滤波电路相近。

在实际电路中应用最广泛的是电容滤波，它适用于负载电流较小且变化不大的场合。电感滤波和 LC 滤波的输出特性较好，带负载能力强，适用于大电流或负载变化大的场合，但因电感滤波器体积大且重，因此通常仅用于工频大功率整流或高频电源中。

11.3 稳压电路

经整流滤波电路输出的电压比较稳定，但若电网电压发生波动，输出电压也会随之改变，此外，整流电路存在一定内阻，当负载变化时，输出电压也会随负载电流(或 R_L 值)变化而波动。因此，为获得稳定直流电压输出，必须在整流滤波电路后接稳压电路。

稳压电源的技术指标分两种：一是特性指标，包括允许的输入电压、输出电压、输出电流及输出电压调节范围等；另一个是质量指标，用来衡量输出直流电压的稳定程度，包括电压调整率、电流调整率及纹波电压等。

由于输出电压 U_o 随输入电压 U_I(即整流滤波电路的输出电压，其数值可近似认为与交流电源电压成正比)、输出电流 I_o 和环节温度 T(℃)的变化而变动，即输出电压 $U_o=f(U_I, I_o, T)$，因此输出电压的变化量的一般式可表示为：

$$\Delta U_o=\frac{\partial U_o}{\partial U_I}\Delta U_I+\frac{\partial U_o}{\partial I_o}\Delta I_o+\frac{\partial U_o}{\partial T}\Delta T$$

或

$$\Delta U_o=K_V\Delta U_I+R_o\Delta I_o+S_T\Delta T$$

其中，K_V 反映输入电压波动对输出电压的影响，实用上常用输入电压变化 ΔU_I 时引起输出

电压的相对变化来表示，称为电压调整率，即

$$S_V=\frac{\Delta U_o/U_o}{\Delta U_I}\times 100\% \qquad (11.3.1)$$

有时也用电流调整率 S_I 表示，S_I 是指负载电流从零变到最大时，输出电压的相对变化，即

$$S_I=\frac{\Delta U_o/U_o}{U_O}\times 100\% \qquad (11.3.2)$$

上述系数越小，输出电压越稳定，它们的具体数值与电路形式和电路参数有关。

纹波电压在之前已定义，而纹波抑制比

$$R_R=20\lg\frac{\widetilde{U}_{IP-P}}{\widetilde{U}_{oP-P}}$$

式中，$\widetilde{U}_{IP-P}$、$\widetilde{U}_{oP-P}$分别表示输入纹波电压峰峰值、输出纹波电压峰峰值。

11.3.1 串联反馈式稳压电路

1）电路组成

图 11.3.1 是串联反馈式稳压电路的一般结构图，U_i 是整流滤波后的不稳定输入电压，U_o 是可调节大小的稳定输出电压。

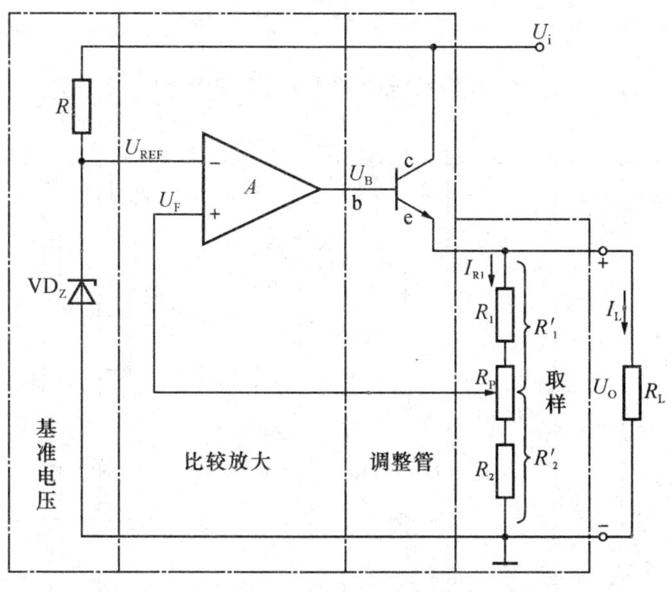

图 11.3.1 串联反馈式稳压电路一般结构图

① 电阻 R_1、R_P、R_2 组成了采样反馈电路，采集输出电压的变化量并反馈送至放大电路的反相输入端；② 限流电阻 R 和稳压管 VD_Z 构成基准电压源，其作用是提供一个稳定性较高的直流基准电压 U_{REF}，接入放大电路的同相输入端；③ 调整管 VT，其工作点设置在放大区，因采样电路电流 I_{R1} 远小于负载电流 I_L，则 VT 与负载 R_L 近似串联，故称为串联型稳压

电路；④ A 为比较放大电路，作用是将采样电压与基准电压源比较后的差值放大，传送到调整管 VT。

2）稳压原理

当输入电压 U_i 增大或负载电流 I_L 减小时，导致输出电压 U_o 增大，随之反馈电压 $U_F = R_2'U_o/(R_1'+R_2')$ 也增大，与基准电压 U_{REF} 相比较后，差值电压经 A 放大后，使 U_B 和 I_C 减小，调整管 VT 的 ce 极间电压 U_{CE} 增大，使 U_o 下降，从而维持 U_o 基本恒定。反之亦然。

可见，串联反馈型稳压电路的稳压过程实质上是通过电压串联负反馈实现的，调整管 VT 接成电压跟随器。

3）输出电压的调节范围

基准电压 U_{REF}、调整管 T 和 A 构成同相放大电路，则有输出电压

$$U_o = U_{REF}\left(1+\frac{R_1'}{R_2'}\right) \tag{11.3.3}$$

式(11.3.3)表明，U_o 与 U_{REF} 近似成正比，输出电压的调节范围如下：

R_P 动端在最上端时，输出电压最小

$$U_{omin} = U_{REF}\left(\frac{R_1+R_P+R_2}{R_P+R_2}\right) \tag{11.3.4}$$

R_P 动端在最下端时，输出电压最大

$$U_{omax} = U_{REF}\left(\frac{R_1+R_P+R_2}{R_2}\right) \tag{11.3.5}$$

【例 11.3.1】 如图 11.3.2 为某稳压电源电路，若变压器二次侧电压 $U_2 = 20$ V，

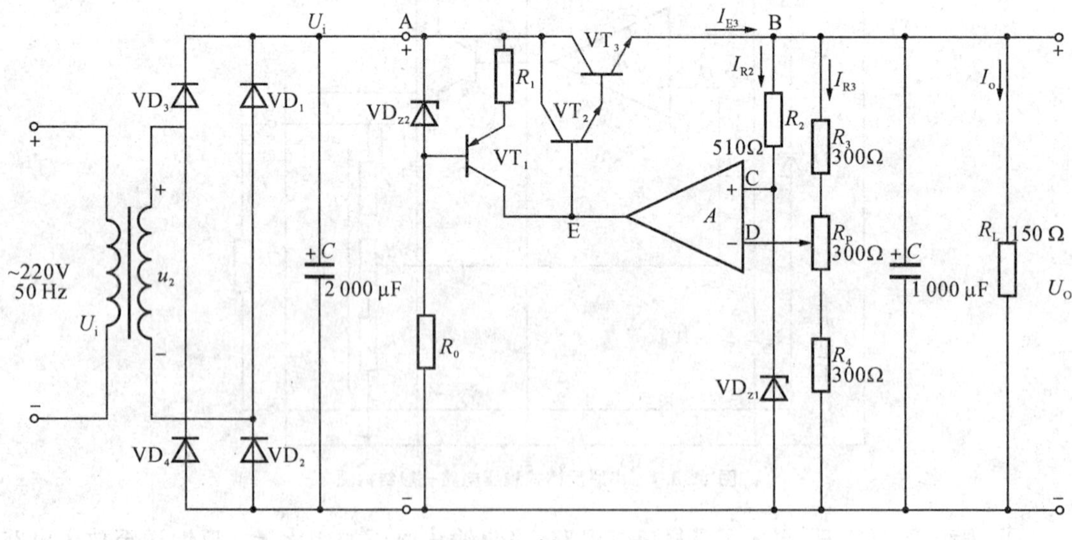

图 11.3.2 例 11.3.1 图

(1) 求 U_1，并说明 VT_1、R_1、VD_{Z2} 的作用；

(2) 当 $U_{Z1} = 6$ V，$U_{BE} = 0.7$ V，R_P 的箭头处于中间位置，不接负载 R_L 时，试计算 A、B、

C、D、E 各点电位及 U_{CE3}；

(3) 计算输出电压的调节范围；

(4) 当 $U_o=12\text{ V}$，$R_L=150\ \Omega$、$R_2=510\ \Omega$，U_1 有 10%变化时，计算调整管 VT_3 的最大功耗 P_{C3}。

解：(1) 由式(11.2.5)，取 $U_o=1.2U_2$，可得

$$U_1=1.2U_2=1.2\times20=24\text{ V}$$

电路中 VT_1、R_1、VD_{Z2} 是稳压电源的启动电路，当输入 U_1 为一定值，且高于 VD_{Z2} 的稳定电压 U_{Z2} 时，稳压管两端电压 U_{Z2} 使得 VT_1 导通，电路进入正常工作状态。

(2) R_P 箭头处中间位置时

$$U_A=U_1=24\text{ V}$$

$$U_B=U_o=\left(\frac{R_3+R_P+R_4}{R_4+\frac{1}{2}R_P}\right)U_{Z1}=\frac{300+300+300}{300+150}\times6\text{ V}=12\text{ V}$$

$$U_C=U_D=U_{Z1}=6\text{ V}$$

$$U_E=U_o+2U_{BE}=12\text{ V}+1.4\text{ V}=13.4\text{ V}$$

$$U_{CE3}=U_A-U_o=12\text{ V}$$

(3) 由式(11.3.4)和式(11.3.5)得

$$U_{omin}=U_{Z1}\left(\frac{R_3+R_P+R_4}{R_P+R_4}\right)=\frac{300+300+300}{300+300}\times6\text{ V}=9\text{ V}$$

$$U_{omax}=U_{Z1}\left(\frac{R_3+R_P+R_4}{R_4}\right)=\frac{300+300+300}{300}\times6\text{ V}=18\ V$$

则输出电压调节范围为 9～18 V。

(4) VT_3 的最大功耗 P_{C3}

$$I_o=\frac{U_o}{R_L}=\frac{12\text{ V}}{150\ \Omega}=80\text{ mA},\quad I_{R3}=\frac{12\text{ V}}{900\ \Omega}=13.3\text{ mA},\quad I_{R2}=\frac{(12-6)\text{ V}}{510\ \Omega}=11.7\text{ mA}$$

则

$$I_{C3}=I_L+I_{R3}+I_{R2}=(80+13.3+11.7)\text{ mA}=105\text{ mA}$$

$$U_{CE3max}=U_{Imax}-U_o=24\times1.1\text{ V}-12\text{ V}=14.4\text{ V}$$

$$P_{C3}=U_{CE3max}\times I_{C3}=14.4\text{ V}\times105\text{ mA}=1.5\text{ W}$$

其中，调整管 VT 是串联稳压电路中的核心元件，一般为大功率管，对它的选用主要考虑极限参数 I_{CM}、$U_{(BR)CEO}$ 和 P_{CM}。从图 11.3.1 电路可知，调整管的最大电流 $I_{CM}>I_{Lmax}$，承受的最大电压 $U_{CEmax}=U_{Imax}-U_{Omin}$，则要求 $U_{(BR)CEO}>U_{Imax}-U_{Omin}$。当调整管 T 通过的电流和承受的电压都最大时，功耗也最大 $P_{TCmax}=I_{Cmax}U_{CEmax}$，则要求 $P_{CM}\geqslant I_{Lmax}(U_{Imax}-U_{Omin})$。

11.3.2　三端集成稳压电路

集成稳压器目前已经成为模拟集成电路的一个重要组成部分，相对于分立元件的集成

电路，它具有体积小、稳定性好、可靠性高、组装调试方便、价格低廉等优点。其中，只有输入、输出和公共引出端的三端集成稳压器在电子设备中最常使用，它将取样、基准、比较放大、调整及保护环节集成于一个芯片，只对外引出三个接线端。分为固定输出和可调输出两种类型。

1）三端固定式集成稳压器

(1) 型号与封装形式

常用三端固定输出集成稳压器有 W78XX 系列(输出固定正电压)和 W79XX 系列(输出固定负电压)，外形如图 11.3.3(a)所示。型号中 XX 表示输出电压的稳定值，等级有±5 V、±6 V、±9 V、±12 V、±15 V、±18 V、±24 V。最大输出电流有 1.5 A(W78XX 和 W79XX 系列)、500 mA(W78MXX 和 W79MXX 系列)、100 mA(W78LXX 和 W79LXX 系列)。

电路如图 11.3.3(b)所示，三端稳压器由启动电路、基准电压电路、取样比较放大电路、调整电路和保护电路等部分组成。

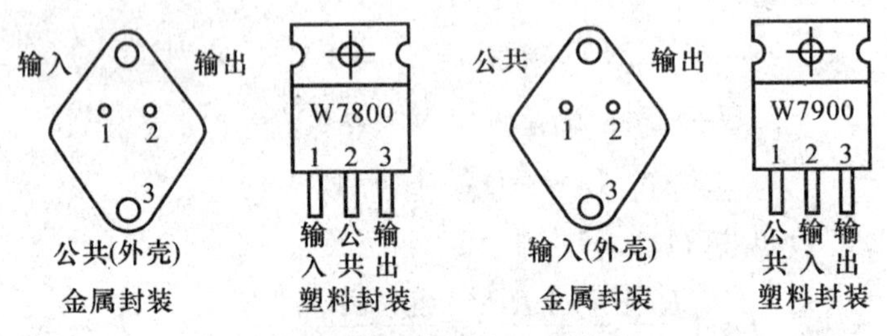

(a) 三端固定式集成稳压器外形

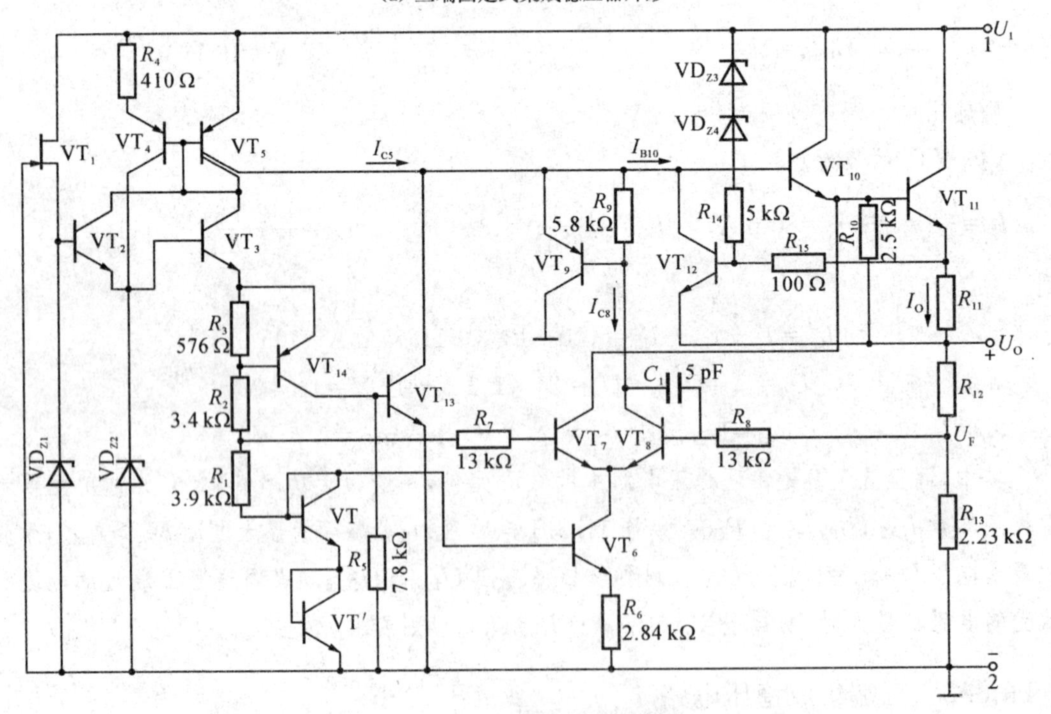

(b) 三端固定式集成稳压器原理图

图 11.3.3　三端固定式集成稳压器

其中，启动电路由 VT_1、VT_2 和 VD_{Z1} 组成，当输入电压 U_I 高于稳压管 VD_{Z1} 的稳定电压 U_{z1} 时，有电流通过 VT_1、VT_2，使得 VT_3 基极电位上升而导通，同时 VT_4、VT_5 也开始工作。VT_4 的集电极电流通过 VD_{Z2} 建立起正常工作电压，当达到与 VD_{Z1} 相等的稳压值时，整个电路进入正常工作状态。

基准电压电路由 VT_4、VD_{Z2}、VT_3、R_1、R_2、R_3 及 VT、VT′组成，其值为

$$U_{REF}=\frac{U_{Z2}-3U_{BE}}{R_1+R_2+R_3}R_1+2U_{BE} \tag{11.3.6}$$

取样比较放大电路和调整电路由 VT_4～VT_{11} 组成，VT_{10}、VT_{11} 组成复合调整管，R_{11}、R_{12} 组成取样电路，VT_7、VT_8 和 VT_6 组成差分式放大电路作为比较放大，VT_4、VT_5 组成电流源。

减流式保护电路用于使调整管（主要是 VT_{11}）在安全区内工作，由 VT_{12}、R_{11}、R_{15}、R_{14} 及 VD_{Z3} VD_{Z4} 组成。

过热保护电路由 VD_{Z2}、VT_3、VT_{14} 和 VT_{13} 组成。当某种原因使芯片温度上升到某一极限值时，R_3 上的压降随 VD_{Z2} 的工作电压升高而升高，而 VT_{14} 的发射结电压下降，导致 VT_{14} 导通，VT_{13} 也随之导通，调整管 VT_{10} 的基极电流被 VT_{13} 分流，输出电流 I_o 下降，从而实现过热保护。

（2）三端固定输出集成稳压器的典型应用

① 基本应用电路

如图 11.3.4 所示，整流滤波后得到的直流脉动电压接在输入端与公共端之间，在输出端即可得到稳定的输出电压 U_o。为使三端稳压器正常工作，U_i 与 U_o 之差应大于 2～3 V，且 $U_i \leqslant 35$ V。

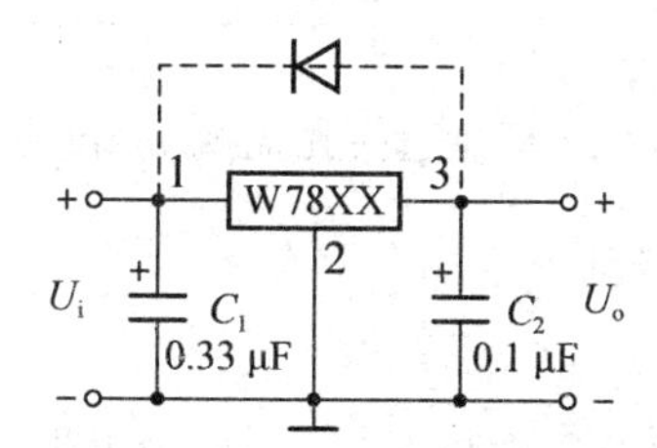

图 11.3.4　三端集成稳压器基本应用电路

输入端电容 C_1 用来抵消输入引线较长时的电感效应，防止产生自激，其容量一般在 0.1～1 μF。C_2 是为了瞬时增减负载电流时不致引起输出电压有较大波动，其容量为 0.1 μF，两个电容均应直接接在集成稳压器的引脚处。当输出电压 U_o 较高且 C_2 容量较大时，输入端和输出端之间应跨接一个保护二极管 VD 放电，保护稳压器的内部调整管。

使用时注意防止稳压器的公共接地端开路，因为当接地端断开时，输出电压接近于不稳定的输入电压，即 $U_o=U_i$，则可能导致负载受损。

② 提高输出电压的电路

如图 11.3.5 所示电路能使输出电压高于固定输出电压，其中 U_{XX} 为 W78XX 稳压器的固定输出电压。

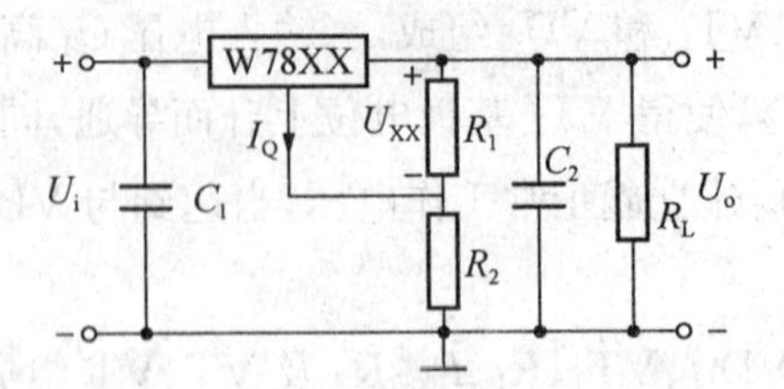

图 11.3.5　提高输出电压稳压电路

则有

$$U_o = U_{XX} + U_{R2} = U_{XX} + \left(I_Q + \frac{U_{XX}}{R_1}\right)R_2 \tag{11.3.7}$$

③ 能同时输出正、负电压的电路

当某些设备需要正、负两组电压供电时，可将正电压输出稳压器 W78XX 系列和同等级的负电压输出稳压器 W79XX 系列配合使用，如图 11.3.6 所示。

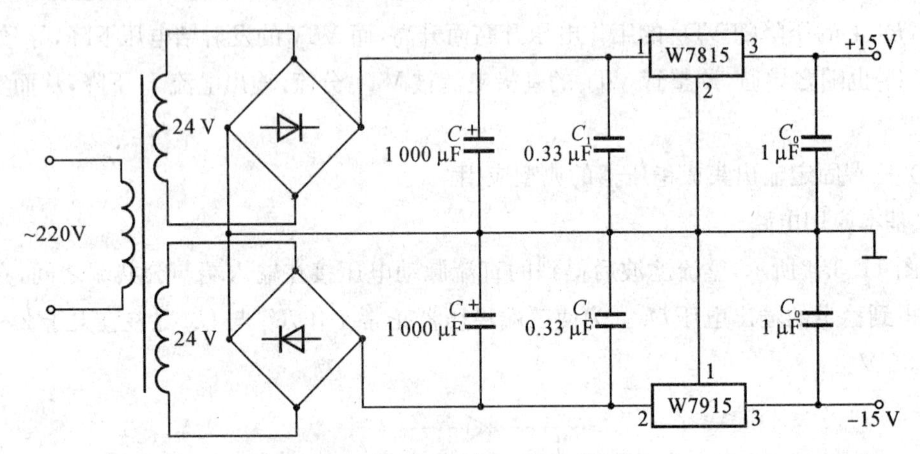

图 11.3.6　正、负电压同时输出的电路

2）三端可调集成稳压器

（1）型号与封装形式

常用三端可调集成稳压器为 W317 和 W337，外形如图 11.3.7 所示，型号中第一个数字 3 表示民用，第二位和第三位数字 17 表示输出正电压值，37 表示输出负电压数值。

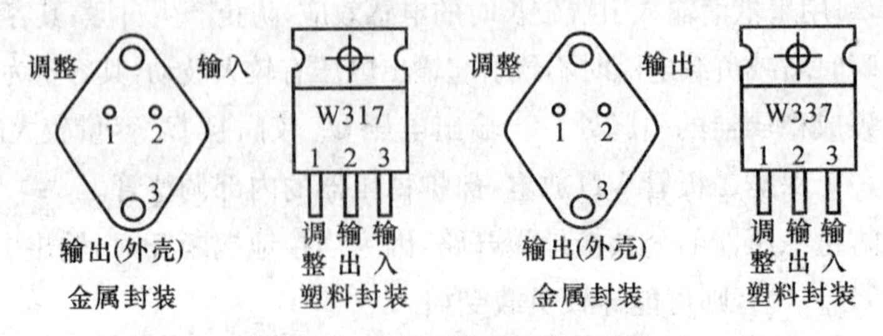

图 11.3.7　CW317 和 CW337 外形图

（2）基本应用电路

三端可调集成稳压器基本应用电路如图 11.3.8 所示，输出电压近似由式(11.3.8)决定

$$U_o \approx \left(1+\frac{R_P}{R_1}\right)\times 1.25\ \text{V} \tag{11.3.8}$$

式中，1.25 V 是集成稳压器输出端与调整端之间的固定参考电压。为使电路正常工作，一般输出电流不应小于 5 mA，输入电压在 2～40 V 之间。通过调节 R_P，U_o 可在 1.25～37 V 之间变化。

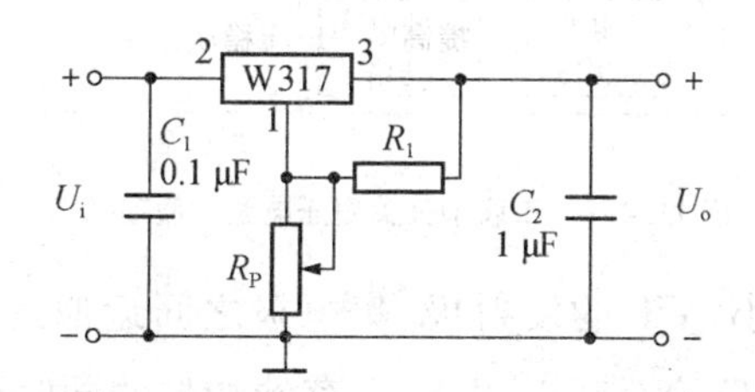

图 11.3.8　三端可调集成稳压器基本应用电路

11.4　开关式稳压电路

前面介绍的串联型稳压电路，包括三端可调集成稳压器，稳压电路中的调整管工作在线性区，所以统称线性稳压电源。其优点是结构简单、调整方便，输出电压脉动较小；主要缺点是效率低，一般为 40%～60%，有笨重的电源变压器，还得安装较大的散热装置及较大容量的滤波电容。这种电源的体积和重量大，难以实现微小型化。

开关稳压电路中调整管工作在开关（饱和导通和截止）状态，它克服了线性稳压电压的缺点，目前已广泛用在宇航、计算机、通信、数控装置、家用电器、大功率和超大功率电子设备等领域。因管子饱和导通时管压降 U_{CES} 和截止时管子的电流 I_{CEO} 都很小，电源效率可提高到 75%～95%，并且可省去散热装置而比较轻巧。主要缺点是含纹波较大，对电子干扰较大，且控制电路较复杂，对元件要求较高。

11.4.1　串联型开关稳压电路

1）电路组成

如图 11.4.1 所示是串联降压型稳压电源的基本组成框图，开关调整管 VT 与负载 R_L 串联；VD 为续流二极管，L 和 C 构成高频整流滤波器；R_1 和 R_2 组成取样电路，A_1 为误差放大器，A_2 为电压比较器，它们与产生固定频率的三角波发生器、基准电压源组成开关调整管的控制电路。

2）工作原理

基准电压电路产生稳定电压 U_{REF}，取样电压 u_{1-} 与 U_{REF} 的差值经 A_1 放大后输入 A_2 同相端，设为 u_{2+}。u_{2+} 与 A_2 反相端的三角波信号 u_{2-} 相比较，得到矩形波控制信号 u_B。u_B 控制调整管 VT，使得 VT 处于开关状态。当 u_B 为高电平时，VT 饱和导通（设导通时间为

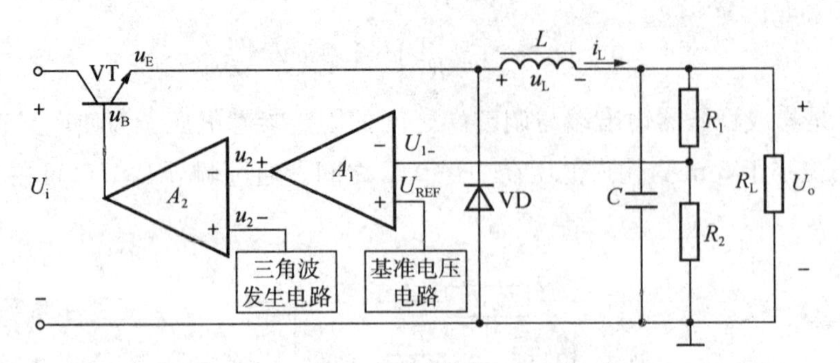

图 11.4.1　串联型开关稳压电源的原理框图

t_{on})，其饱和管压降 U_{CES} 很小，VT 的发射极、集电极之间近似短路，发射极电位 $u_E=U_i-U_{CES}\approx U_i$。此时二极管 VD 反偏而截止，电感 L 存储能量的同时向电容 C 充电，负载 R_L 中流过电流。当 u_B 为低电平时，VT 截止(设截止时间为 t_{off})，电感 L 产生的自感电动势使二极管 VD 导通，$u_E=-U_D\approx 0$。L 存储的能量通过 VD 向 R_L 释放，使 R_L 上继续有同方向的电流流过，因此称 VD 为续流二极管，同时电容 C 放电。

u_{2-}、u_B、u_E 和 u_o 的波形如图 11.4.2 所示，可见，电路利用 A_2 的输出信号 u_B 控制调整管 VT，进而将输入电压 U_i 变成矩形波电压 u_E，再经续流滤波环节作用，得到较平稳的直流输出电压。由于 R_L 的变化会影响 LC 滤波效果，故开关型稳压电路适用于负载固定、输出电压调节范围不大的场合。

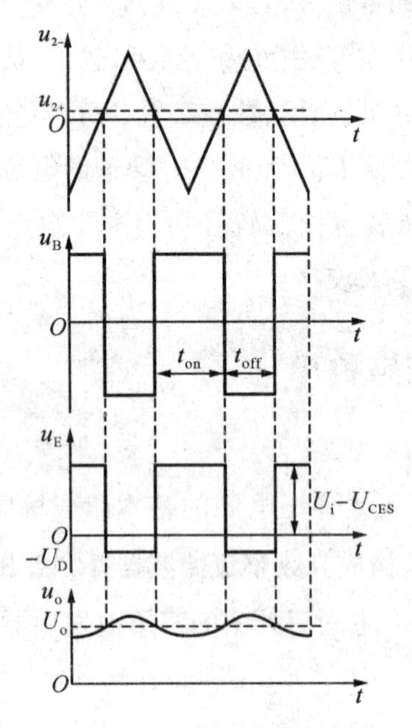

图 11.4.2　开关稳压电源的电压波形

在忽略 L 中的直流压降的情况下，U_o 即为 u_E 的直流分量，则

$$U_o=\frac{1}{T}\int_0^t u_E\mathrm{d}t=\frac{t_{on}}{T}(U_i-U_{CES})+\frac{t_{off}}{T}(-U_D)\approx\frac{t_{on}}{T}U_i=qU_i \tag{11.4.1}$$

式中，$T=t_{on}+t_{off}$为周期，$q=t_{on}/T$为脉冲波形的占空比。可见，对于一定的U_i值，调节占空比q可调节输出电压U_o。

3）稳压原理

当输入电压U_i增加使输出电压U_o增加时，比较放大器输出电压u_{2+}为负值，与固定频率三角波电压u_{2-}相比较，得到u_B波形，其占空比$q<50\%$，从而使输出电压下降到预定的稳定值，电路自动调整输出电压的过程可简述为$U_i\uparrow\rightarrow U_o\uparrow\rightarrow u_{1-}\uparrow\rightarrow u_{2+}\downarrow\rightarrow u_B\downarrow q\downarrow(t_{on}\downarrow)\rightarrow U_o\downarrow$，从而维持了输出电压的稳定，反之亦然。

11.4.2 并联型开关稳压电路

1）电路组成

并联型升压稳压电路主回路如图 11.4.3(a)所示，开关调整管 VT 为 MOSFET，与负载并联，电感接在输入端，LC为储能元件，VD 为续流二极管。图中控制电压u_G为矩形波，控制 VT 的导通与截止。

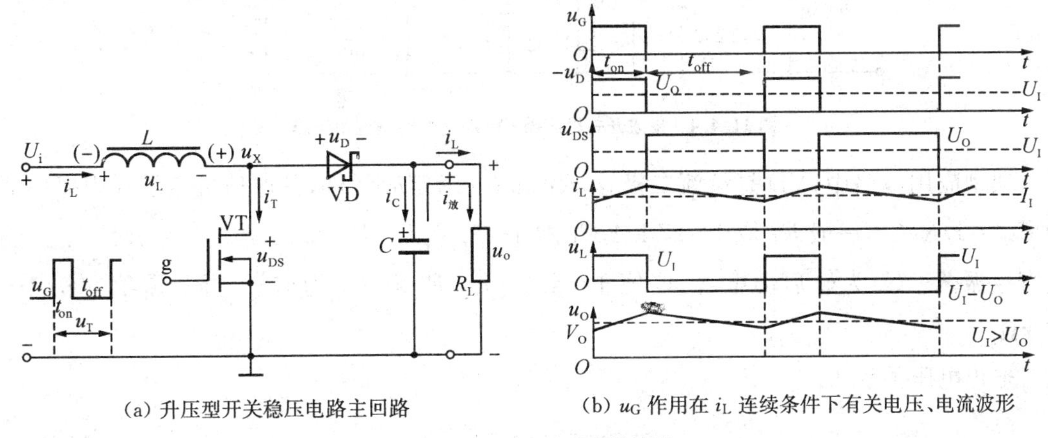

(a) 升压型开关稳压电路主回路　(b) u_G作用在i_L连续条件下有关电压、电流波形

图 11.4.3 稳压电路及其波形

2）工作原理

当控制电压u_G为高电平时，VT 饱和导通（时间为t_{on}），输入电压U_i直接加在电感L两端，i_L线性增长，电感两端产生左正右负的电压u_L，储存能量，$u_L\approx U_i$（VT 的$U_{DSS}\approx 0$），二极管 VD 反偏而截止，此时电容C向负载提供电流i_o，并维持U_o不变。

当控制电压u_G为低电平时，VT 饱和导通（时间为t_{off}），i_L不能突变，电感L产生u_L左负右正，当$U_i+u_L>U_o$时，VD 导通，U_i+u_L给负载提供电流i_o，并向C充电电流i_C，此时$i_L=i_o+i_C$，则输出电压$U_o>U_i$称升压型开关稳压电路。VT 导通时间越长，L储能越多，当 VT 截止时电感L向负载释放越多的能量，在一定负载电流条件下，输出电压越高。开关周期 VT 内，电感电流i_L连续时的u_D、u_{DS}、i_L、u_L和u_o的波形如图 11.4.3(b)所示。

开关稳压电源电路一般还有过流、过压等保护电路，并备辅助电源为控制电路提供电压电源。其控制电路通常用“电压—脉冲宽度调制器(PWM)”。

11.4.3　集成开关稳压器

常用的集成开关稳压器分为两类:一类是单片的脉宽调制器,在使用时需外接开关功率调整器。另一类是将脉宽调制器和开关功率器制作在同一芯片上,构成单片集成开关稳压器。

如图 11.4.4 是集成开关稳压器 CW4962 的典型接线图,其最大输入电压 50 V,在 5.1～40 V 范围内连续可调,额定输出电流 1.5 A。它还具有软启动及过流、过热保护功能,工作频率高达 100 kHz。

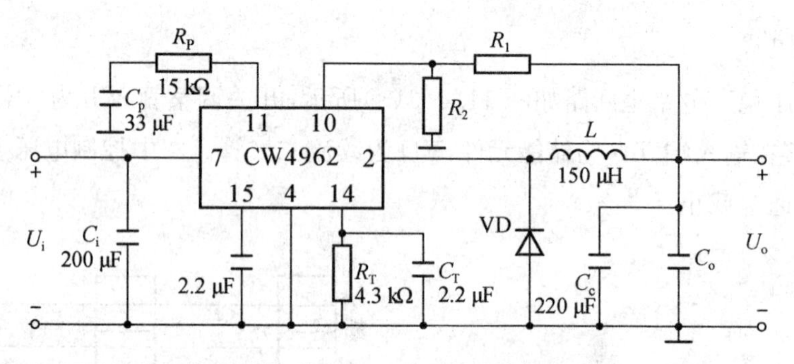

图 11.4.4　集成开关稳压器 CW4962 的典型应用电路

典型应用电路中,VD 是续流二极管,R_T 和 C_T 为定时元件,其取值决定了片内振荡器频率 $f=1/R_TC_T$,一般 R_T 取 1～27 kΩ,C_T 取 1～3.3 μF。R_P 和 C_P 构成频率补偿电路,防止寄生振荡。C_3 为软启动电容,取值 1～4.7 μF。R_1 和 R_2 为取样电阻,取值 500 Ω～10 kΩ。

输出电压关系

$$U_o=5.1\left(1+\frac{R_1}{R_2}\right) \tag{11.4.2}$$

11.5　微项目演练

直流稳压源设计

1）任务

设计并制作交流变换为直流的稳定电源。

2）要求

(1) 基本要求

① 稳压电源。在输入电压 220 V、50 Hz、电压变化范围+15%～−20%条件下:

a. 输出电压可调范围为+9～+12 V；

b. 最大输出电流为 1.5 A；

c. 电压调整率≤0.2%(电压变化范围+15%～－20%，满载)；

d. 负载调整率≤1%(最低输入电压，空载到满载)；

e. 纹波电压(峰峰值)≤5 mV(最低输入电压，满载)；

f. 效率≥40%(输入电压 220 V、输出电压 9 V，满载)；

g. 具有过流及短路保护功能。

② 稳流电源。在输入电压固定为直流+12 V 的条件下：

a. 输出电流为 4～20 mA；

b. 负载调整率≤1%(输入电压+12 V，负载电阻在 200～300 Ω 之间变化，输出电流为 20 mA 时的相对变化率)。

③ DC—DC 变换器。在输入电压为+9 ～+12 V 条件下：

a. 输出电压为+100 V，输出电流为 10 mA；

b. 电压调整率≤1%(输入电压为+9～+12 V)；

c. 负载调整率≤1%(输入电压+12 V，空载到满载)；

d. 纹波电压(峰－峰值)≤100 mV(输入电压为+9 V，满载)。

(2) 发挥部分

① 扩充功能

a. 排除短路故障后，自动恢复为正常状态；

b. 过热保护；

c. 防止开、关机时产生的“过冲”。

② 提高稳压电源的技术指标

a. 提高电压调整率和负载调整率；

b. 扩大输出电压调节范围和提高最大输出电流值。

③ 改善 DC－DC 变换器性能

a. 提高效率(在 100 V，100 mA 下测试)；

b. 提高输出电压。

④ 用数字显示输出电压和输出电流。

3) 说明

(1) 直流稳压电源部分不能采用 0.5 A 以上的集成稳压芯片；

(2) 书写设计报告。

习题 11

11.1 变压器二次侧有中心抽头的全波整流电路如图题 11.1 所示，二次侧电源电压为 $u_{2a}=-u_{2b}=\sqrt{2}U_2\sin\omega t$，忽略二极管的正向压降和变压器内阻。

(1) 试画出 u_{2a}、i_{VD1}、i_o、u_o 及二极管承受的反向电压 u_R 的波形；

(2) 已知 U_2，求输出电压、电流平均值 U_o、I_o；

(3) 计算整流二极管的平均电流 I_{VD}、最大反向电压 U_{RM}；

(4) 若已知 $U_o=30$ V，$I_o=80$ mA，计算 U_{2a} 的值，并选择整流二极管。

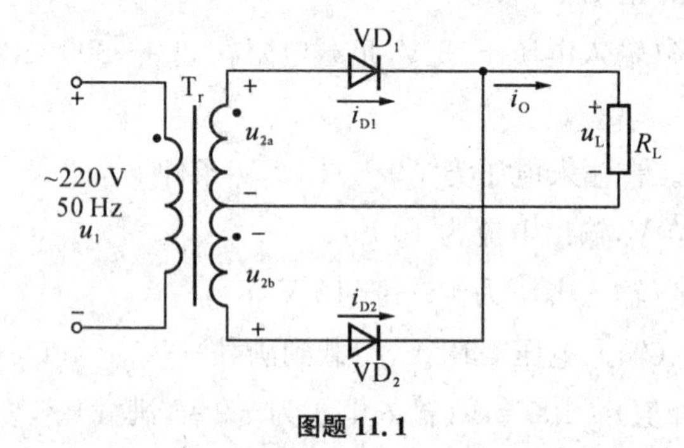

图题 11.1

11.2 设计一桥式整流电容滤波电路，要求输出电压 $U_o=4.8$ V，已知负载电阻 $R_L=100\ \Omega$，整流电源频率为 50 Hz，试选择整流二极管和滤波电容器。

11.3 整流电路中，采用滤波电路的主要目的是什么？就结构而言，滤波电路有电容输入式和电感输入式两种，各有什么特点，各应用于何种场合？

11.4 有温度补偿的稳压管基准电压源如图题 11.4 所示，稳压管的 $U_Z=6.3$ V，BJTVT$_1$ 的 $U_{BE}=0.7$ V，VD$_Z$ 具有正温度系数 +2.2 mV/℃，而 BJTVT$_1$ 的 U_{BE1} 具有负温度系数 −2 mV/℃。

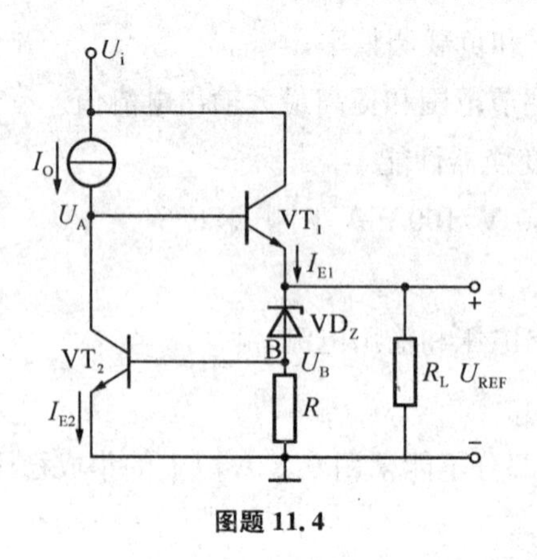

图题 11.4

(1) 当输入 U_i 增大(或负载电阻增大)时,说明它的稳压过程和温度补偿作用;

(2) 求 U_{REF},并标出电压极性。

11.5　串联型稳压电路如图题 11.5 所示,$U_Z=2$ V,$R_1=R_2=2$ kΩ,$R_p=10$ kΩ。试求:

(1) 输出电压的最大值、最小值;

(2) 如果将接在 U_i 的电阻 R_4 改接到较稳定的输出电压上,电路能否正常工作?为什么?

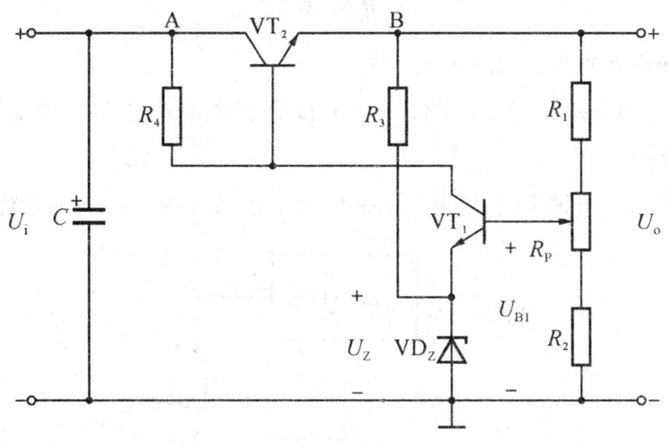

图题 11.5

11.6　直流稳压电路如图题 11.6 所示,已知 BJTVT$_1$ 的 $\beta_1=10$,VT$_2$ 的 $\beta_2=50$,$U_{BE}=0.7$ V。

(1) 说明电路的组成有何特点?

(2) 电路中 R_3 开路或短路时会出现什么故障?

(3) 电路正常工作时,输出电压的调节范围;

(4) 电网电压波动 10%时,电位器的滑动端在什么位置时,VT$_1$ 的 U_{CE1} 最大,值为多少?

(5) $U_o=15$ V,$R_L=50$ Ω 时,VT$_1$ 的功耗 P_{C1} 为多少?

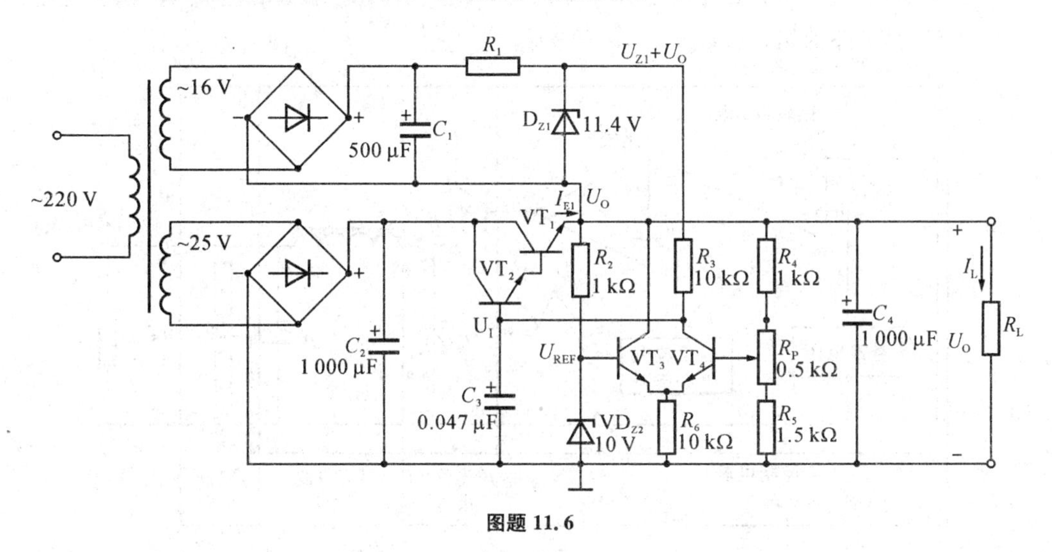

图题 11.6

11.7　三端稳压器构成的稳压电路如图题 11.7 所示,已知 BJTVT 的 $\beta=10$,$U_{BE}=-0.3$ V,电阻 $R=0.5$ Ω,稳压器输出电流为 1 A,求负载电流 I_o。

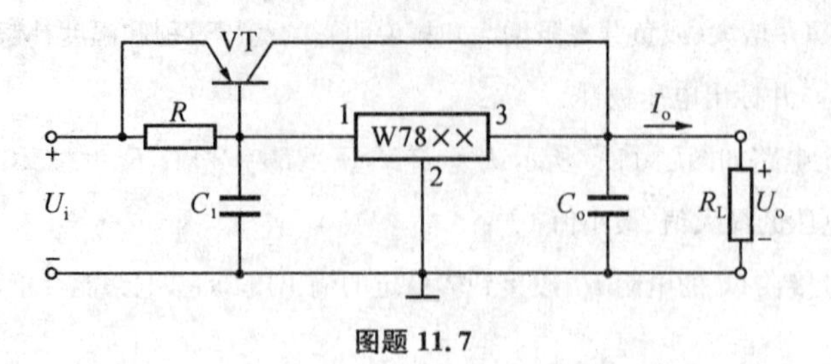

图题 11.7

11.8　可调恒流源电路如图题 11.8 所示。求：

(1) 当 $U_{31}=U_{REF}=1.2$ V，R 在 0.8～120 Ω 变化时，恒流电流 I_o 的变化范围如何？（设 $I_{adj}\approx 0$）；

(2) R_L 用待充电电池替代，若用 50 mA 恒流充电，充电电压 $U_E=1.5$ V，求 R_L 的值。

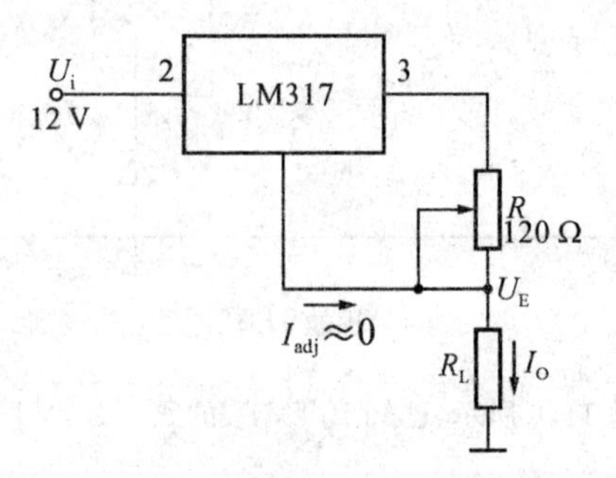

图题 11.8

11.9　电路如图题 11.9 所示。开关调整管 VT 的饱和压降 $U_{CES}=1$ V，穿透电流 $I_{CEO}=1$ mA，u_T 是幅度为 5 V，周期为 60 μs 的三角波，它的控制电压 u_B 为矩形波，续流二极管 VD 的正向电压 $U_D=0.6$ V。输入电压 $U_I=20$ V，u_E 脉冲波形的占空比 $q=0.6$，周期 $T=60$ μs，输出电压 $U_o=12$ V，输出电流 $I_o=1$ A。比较器 A_1 的电源电压 $U_{CC}=\pm 10$ V。试画出电路中整个开关周期 i_L 连续的情况下的 u_T、u_A、u_B、u_E、i_L、u_o 的波形。

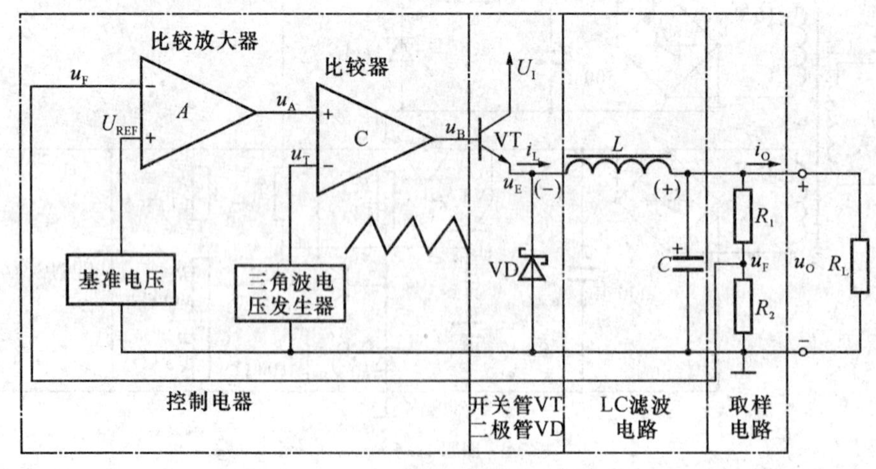

图题 11.9

参 考 文 献

[1] 康华光.电子技术基础(模拟部分)[M].6版.北京:高等教育出版社,2013

[2] 华成英,童诗白.模拟电子技术基础[M]. 4版.北京:高等教育出版社,2006

[3] 华成英.模拟电子技术基本教程[M].北京:清华大学出版社,2006

[4] 元增民.模拟电子技术(修订版)[M]. 北京:清华大学出版社,2013

[5] 劳五一,劳佳.模拟电子技术[M]. 北京:清华大学出版社,2015

[6] 刘京南.电子电路基础[D].南京:东南大学出版社,2003

[7] Bruce Carter. 运算放大器权威指南 [M].第4版.北京:人民邮电出版社,2014

[8] 杜树春.集成运算放大器应用经典实例 [M]. 北京:电子工业出版社,2015

[9] Walt Jung.运算放大器应用技术手册[M]. 北京:人民邮电出版社,2009

[10] 刘畅生. 运算放大器实用备查手册[M].北京:中国电力出版社,2011

[11] Donald Neamen. Microelectronic of Circuit Analysis and Design[M]. 4th ed.. McGraw-Hill, 2006

[12] Marty Brown. Power Sources and Supplies: World Class Designs[M]. Newnes, 2011

[13] Behzad Razavi. Fundamentals of Microelectronics[M]. Wiley,2008

[14] Sedra Adel S, Kenneth C. Smith. Microelectronic Circuits[M]. 6th ed.. Oxford University Press,2009